"十三五"普通高等教育规划教材

数字图像处理基础及工程应用

宋丽梅　王红一　主　编

李金义　杨燕罡　副主编

林文伟　茹　愿　李欣遥

郭素青　王佳炎　高艳艳　参　编

机械工业出版社

本书共分 12 章,第 1 章为绪论。第 2 章为数字图像的获取,主要针对图像采集装置进行介绍,包括相机、镜头、光源等硬件设施。第 3 章为数字图像预处理,包括图像变换、图像增强及数字形态学在预处理中的应用。第 4 章为图像分割技术,对 Hough 变换、区域分割等不同的边缘检测和图像分割算法的应用及特点进行总结。第 5 章为图像特征提取与选择,包括颜色特征和几何特征的提取方法、基于主成分分析和 Fisher 变化的特征选择方法。第 6 章为图像匹配,利用基于灰度和特征的匹配算法寻找与模板对应的图像区域。第 7 章是图像智能识别,对聚类识别、神经网络识别、支持向量机、模糊识别理论和实现方法进行了详细的讲解。第 8 至 12 章为数字图像案例,案例内容包括车牌识别、多气泡上升轨迹跟踪、人脸识别和图像三维识别、灯脚质量检测等。

本书第 3 至 7 章为数字图像处理的基本处理方法,对本书中涉及的数字图像处理算法进行了清晰明了的描述,并详细描述了其实现过程,配有相应的程序代码,使读者(学生)容易理解所讲内容的原理、理论知识。第 8 至 12 章主要是数字图像处理技术在实际工程问题中的应用,对问题的研究背景、设计方案、解决方法、实现过程及代码实现进行了细致的阐述。在案例的程序设计方面,采用 MATLAB 或 OpenCV (C++) 语言实现,加强学生程序编写、算法实现的能力,从而提升其在数字图像处理方面的软件开发能力。

本书总结了图像领域先进理论和算法,对工程应用系统的综合分析很有借鉴意义。可作为通信与信息工程、电子科学与技术、计算机科学与技术、控制科学与工程等相关专业教材及参考用书,也可供从事图像处理、分析和识别等相关领域的科技工作者和工程技术人员参考。

图书在版编目(CIP)数据

数字图像处理基础及工程应用/宋丽梅,王红一主编.—北京:机械工业出版社,2018.1(2023.8 重印)
"十三五"普通高等教育规划教材
ISBN 978-7-111-58296-0

Ⅰ. ①数… Ⅱ. ①宋… ②王… Ⅲ. ①数字图像处理-高等学校-教材
Ⅳ. ①TN911.73

中国版本图书馆 CIP 数据核字(2017)第 253826 号

机械工业出版社(北京市百万庄大街 22 号 邮政编码 100037)
责任编辑:尚 晨 责任校对:张艳霞
责任印制:邰 敏

北京富资园科技发展有限公司印刷

2023 年 8 月第 1 版·第 5 次印刷
184mm×260mm·17.5 印张·421 千字
标准书号:ISBN 978-7-111-58296-0
定价:49.90 元

前　言

进入 21 世纪，随着计算机技术和人工智能和思维科学研究的迅速发展，图像处理正向着高速、高分辨率、立体化、多媒体化、智能化和标准化的方向发展。在图像通信、办公自动化系统、地理信息系统、医疗设备、卫星照片传输及分析和工业自动化领域具有非常广泛的应用，并且出现了众多的图像处理理论和算法（小波分析、分形理论、形态学理论、遗传算法、神经网络等）。数字图像处理技术在许多应用领域受到广泛重视并取得了重大的开拓性成就，从事数字图像处理领域的人才也受到企业、研究所、高校等单位的重视。

数字图像处理涉及信号处理、模式识别、人工智能和光电子学等领域，是一门交叉学科，具有很强的专业性。由于数字图像是一门快速发展的学科，因此最近几年来的研究成果在一些优秀教材中体现的不是特别充分，尤其对工程应用的关注度不够。因此，建设理论与工程应用相结合的数字图像处理教材，对解决工程研究问题的重要性不言而喻。本书体现了作者多年来在数字图像处理领域的科研和教学成果，是一本面向控制工程专业本科及研究生的教材，教材包含经典和最新的数字图像处理案例，能够为教学提供丰富可靠的工程应用经验，有利于加强工程实际应用的理论和知识的学习。

本书第 3 至 7 章中涉及的图像处理方法都配有详细分析过程及程序实现代码。第 8 至 12 章以工程应用案例分析为中心，对工程实践中的实际问题进行理论分析、特征归纳、给出解决方案，并配备相应的程序源代码及执行效果展示。克服了以往教材中应用案例解决方案不完善，解决问题思路不清晰，脱离工程实际等缺陷。从工程实用角度出发，针对图像复杂工程领域中的实际问题，分析其研究背景，剖析解决方案，细化解决问题的过程，每个关键步骤均配有程序代码及运行效果展示，深化学习者对图像处理算法的理解，有助于增强读者对图像处理方法应用的掌握。

本书由天津工业大学宋丽梅教授和王红一任主编，天津工业大学李金义和天津职业技术师范大学杨燕罡任副主编，天津工业大学林文伟、茹愿、李欣遥、郭素青、王佳炎、高艳艳等参与了编写工作。其中，第 1 章由宋丽梅和王红一编写，第 2 章由李金义、杨燕罡和王佳炎编写，第 3 章由李金义和郭素青编写，第 4 章由宋丽梅和李欣遥编写，第 5 章由王红一和茹愿编写，第 6 章由王红一、李金义和郭素青编写，第 7 章由王红一、李金义和林文伟编写，第 8 章由王红一、李金义和林文伟编写，第 9 章由王红一和李金义编写，第 10 章由宋丽梅和王红一编写，第 11 章由王红一、茹愿和高艳艳编写，第 12 章由杨燕罡、李欣遥和王佳炎编写。

本书编著得到了全国工程教指委优秀教材建设立项支持。

由于作者水平有限，书中难免存在不妥之处，敬请读者批评指正。

编　者

目　　录

第1章 数字图像处理概述

人类是通过感觉器官从客观世界获取信息的，即通过耳、目、口、鼻、手的听、看、味、嗅和接触的方式获取信息，在这些信息中，视觉信息占70%。视觉信息的特点是信息量大，灵敏度高，传播速度快，作用距离远。人类视觉受到心理和生理作用影响，加上大脑的思维和联想，具有很强的判断能力，不仅可以辨别景物，还能辨别人的情绪。图像是人们从客观世界获取信息的重要来源，图像信息处理是人类视觉延续的重要手段。随着图像处理技术的发展，许多技术已日益趋于成熟，应用也越来越广泛。它已渗透到许多领域，如遥感、生物医学、通信、航空航天、军事、安防等。

1.1 数字图像的基本概念

1.1.1 图像

图像（Image）是通过各种观测系统，以不同的形式和手段观测客观世界而获得的，可以直接或间接作用于人眼，进而产生视知觉的实体。图像的种类有很多，根据人眼的视觉特性可分为可见图像和不可见图像。可见图像包括生成图像（通常称图形或图片）和光图像两类。生成图像侧重于根据给定的物体描述模型、光照及想象中的摄像机的成像几何，生成一幅图或像的过程。光图像侧重于用透镜、光栅、全息技术产生的图像。我们所说的图像通常指后者。不可见图像包括不可见光成像和不可见量形成的图，如：γ射线、X射线、紫外线、红外线、微波等。利用图像处理技术能够把不可见射线所成图像加以处理转换成可见图像。

1.1.2 数字图像及其存储方式

数字图像（Digital Image）指的是能用计算机处理的图像，其空间坐标和明暗程度都是离散的、不连续的。图像中每个基本单元叫作图像的元素，简称像素（Pixel）。数字图像由数组或矩阵表示，其光照位置和强度都是离散的。数字图像是由模拟图像数字化得到的、以像素为基本元素的、可以用数字计算机或数字电路存储和处理的图像。

1. 存储方式

数字化图像数据有两种存储方式：位图存储（Bitmap）和矢量存储（Vector）。

位图：位图又叫作光栅图，以点阵形式存储。当图像是单色（只有黑白二色）时，每个像素存储占1 bit（即用1位二进制数表示）；16色的图像每个像素点占4 bit（即用4位二进制表示）；256色图像每个像素点占8 bit（即用8位二进制数表示）。则一幅800×600像素的黑白图像的容量为：$800 \times 600/8 = 60000(B)$；一幅256色的800×600的图像的容量为：$800 \times 600 \times 8/8 = 480000(B)$。因此使用的位元素越多所能表现的色彩也越多。但随着分辨率以及颜色数的提高，图像所占用的磁盘空间也就越大；另外由于在放大图像的过程中，其图像势必要变得模糊而失真，放大后的图像像素点实际上变成了像素"方格"。数码相机和扫描仪获取的图像都属于位图。

位图的优点是能够制作出色彩和色调变化丰富的图像，可以逼真地表现自然界的景象，易于在不同软件之间交换文件；其缺点则是它无法制作真正的 3D 图像，并且图像缩放和旋转时会产生失真的现象，同时文件较大，对内存和硬盘空间容量的需求也较高。

矢量图像：矢量图像是用数学方法来描述图像，存储的是图像信息的轮廓部分，而不是图像的每一个像素点。例如，一个圆形图案只要存储圆心的坐标位置和半径长度，或圆的边线和半径长度，或圆的边线和内部的颜色即可。

该存储方式的缺点是经常耗费大量的时间做一些复杂的分析演算工作，图像的显示速度较慢；但图像缩放不会失真；图像的存储空间也要小得多。所以，矢量图比较适合存储各种图表和工程设计图。

2. 常用图像格式

图像处理的程序必须考虑图像文件的格式，否则无法正确地打开和保存图像文件。每一种图像处理软件几乎都有各自的方式处理图像，用不同的格式存储图像。为了利用已有的图像文件，或者在不同的软件中使用图像，就要注意图像格式的不同，必要时还得进行图像格式的转换。下面介绍的图像文件格式是基于位图的，而对于矢量图像文件格式不在此详述。

（1）BMP 格式

BMP（Bitmap – File）格式又称位图文件。由三部分组成：位图文件头、位图信息和位图列阵。位图文件头有 54 个字节，它给出文件的类型、大小和位图的起始位置等。位图信息给出图像的长、宽和每个像素的位数（1，4，8，24）、压缩方法、目标设备的水平和垂直分辨率。

BMP 图形文件是 Windows 采用的图形文件格式，在 Windows 环境下运行的所有图像处理软件都支持 BMP 图像文件格式。Windows 系统内部各图像绘制操作都是以 BMP 为基础的。

（2）TIFF 格式

TIFF 格式是桌面出版系统中使用最多的图像格式之一，它不仅在排版软件中普遍使用，也可以用来直接输出。

TIFF（Tagged Image File Format）由 Aldus Developer′s Desk 和 Microsoft Windows Marketing Group 公司联合开发。使用者可以与 Aldus 公司协商取得并使用有关图像性质的专门"标识"（Tag），在读取和保存文件时，首先处理这个标记。

TIFF 文件一般可分为文件头、参数指针表、参数数据表和图像数据四个部分。其中文件头长度为 8 位，包括字节顺序、标记号和指向第一个参数指针表的偏移。参数指针表由一系列每个长为 12 位的参数块构成，它们描写图像的压缩种类、长度、彩色数、扫描分辨率等许多参数。参数数据表中存储的是实际参数数据，比较常见的是 16 色或 256 色调色板；最后一部分是图像数据，它们按照参数表中所描述的形式按行排列。

TIFF 格式主要的优点是适用于广泛的应用程序，它与计算机的结构、操作系统和图形硬件无关。因此，大多数扫描仪不能输出 TIFF 格式的图像文件。

（3）JPEG 格式

严格地说，JPEG 不是一种图像格式，而是一种压缩图像数据的方法。但是，由于它的用途广泛而被人们认为是图像格式的一种。

JPEG（Joint Photographic Experts Group）是由联合图片专家组提出的，它定义了图片、图像的共用压缩和编码方法，这是目前为止最好的压缩技术。JPEG 主要用于硬件实现，但也用于 PC、Macintosh 和工作站上的软件。

JPEG 主要是存储颜色变化的信息，特别是亮度的变化。JPEG 格式压缩的是图像相邻行和列间的多余信息，只要压缩掉的颜色信息不至于引起人眼视觉上的明显变化（视觉可接受），则它就是一种很好的图像存储格式。

通过 JPEG 压缩方法处理图像而节省的空间是大量的。例如，一个 727×525 像素的真彩色图像，其原始的每个像素 24 位格式占用 1145 KB，GIF 格式是 240 KB，非常高质量的 JPEG 格式为 155 KB，而标准的 JPEG 格式则仅为 58 KB，当在显示器上观看时，58 KB 的 JPEG 图像同 GIF 图像格式的质量相同，155 KB 的 JPEG 图像比起 256 色的 GIF 图像则要好得多。当压缩比取得不太大时，由 JPEG 解压缩程序重建后的真彩色图像与使用一个像素存储的原始图片相比，几乎看不出什么区别，能预览显示。

JPEG 去除的是图像行与行、列与列间的相关性，必然要丢弃一些数据，所以被称为有损压缩。选用 JPEG 方法压缩图像时需在文件大小和颜色损失上做出权衡。在大多数情况下，如果采用较小的压缩比，则压缩后图像的颜色变化很难区别。

多次存储需采用同一压缩比对同一幅图像压缩后再解压缩，则得到的图像与原图像是不同的。因此，对同一幅图像应采用一个压缩比保存，如果在用 JPEG 方法压缩后存储，打开后保存为另外的格式，并在下一次又用 JPEG 方法压缩，这是不可取的。因此，图像一旦用 JPEG 方法压缩保存后，建议不要再存储为其他格式。如果确实要保存为其他格式，则应该记住该图像文件以后不再用 JPEG 格式保存。

（4）PNG 格式

PNG（Portable Network Graphics）是便携式网络图形，是网络流行的最新图像文件格式。PNG 能够支持较高级别的无损压缩图像文件，同时提供 24 位和 48 位真彩色图像支持以及其他诸多技术性支持。由于 PNG 非常新，所以并不是所有的程序都可以用它来存储图像文件。

此外，图像格式还有 GIF、PCX、TGA、EXIF 等。在对图像格式选择时，应视具体情况来决定，一般来说，Windows 下的位图文件 BMP 格式是目前使用的最广泛的文件格式之一。在应用程序设计中，应着重考虑图像的质量、图像的灵活性、图像的存储效率以及应用程序是否支持这种图像格式等几种格式。

1.1.3 数字图像的分类

根据每个像素所代表信息的不同，可将图像分为二值图像、灰度图像、RGB 图像和索引图像。

1. 二值图像

每个像素只有黑、白两种颜色的图像成为二值图像。在二值图像中，像素只有 0 和 1 两种取值，一般用 0 来表示黑色，用 1 来表示白色。

2. 灰度图像

在二值图像中进一步加入许多介于黑色和白色之间的颜色深度，就构成了灰度图像。这类图像通常显示为从最暗黑色到最亮的白色的灰度，每种灰度称为一个灰度级，通常用 L 表示。在灰度图像中，像素可以取 $0 \sim L-1$ 之间的整数值，根据保存灰度数值所使用的数据类型的不同，可能有 256 种取值或者 $2k$ 种取值，当 $k=1$ 时即退化为二值图像。

3. RGB 图像

RGB 色彩模式是工业界的一种颜色标准，是通过对红（R）、绿（G）、蓝（B）三个颜色通道的变化以及它们相互之间的叠加来得到各式各样的颜色，RGB 即是代表红、绿、蓝三个通道的颜色，这个标准几乎包括了人类视力所能感知的所有颜色，是目前运用最广的颜色系统之一。

在计算机中，RGB 的所谓"多少"就是指亮度，并使用整数来表示。通常情况下，RGB 各有 256 级亮度，用数字表示为从 0、1、2 直到 255。注意虽然数字最高是 255，但 0 也是数值之一，因此共 256 级。按照计算，256 级的 RGB 色彩总共能组合出约 1678 万种色彩，即 $256 \times 256 \times 256 = 16777216$。通常也被简称为 1600 万色或千万色。也称为 24 位色（2 的 24 次方）。

RGB 是从颜色发光的原理来设计定的，通俗点说它的颜色混合方式就好像有红、绿、蓝三盏灯，当它们的光相互叠合的时候，色彩相混，而亮度却等于两者亮度之总和，越混合亮度越高，即加法混合。红、绿、蓝三盏灯的叠加情况，中心三色最亮的叠加区为白色，加法混合的特点：越叠加越明亮。红、绿、蓝三个颜色通道每种色各分为 256 阶亮度，在 0 时"灯"最弱，是关掉的，而在 255 时"灯"最亮。当三色灰度数值相同时，产生不同灰度值的灰色调，即三色灰度都为 0 时，是最暗的黑色调；三色灰度都为 255 时，是最亮的白色调。

4. 索引图像

索引图像的文件结构比较复杂，除了存储图像的二维矩阵外，还包括一个称之为颜色索引矩阵 MAP 的二维数组。MAP 的大小由存储图像的矩阵元素值域决定，如矩阵元素值域为 [0,255]，则 MAP 矩阵的大小为 256×3，用 $MAP = [RGB]$ 表示。MAP 中每一行的三个元素分别指定该行对应颜色的红、绿、蓝单色值，MAP 中每一行对应图像矩阵像素的一个灰度值，如某一像素的灰度值为 64，则该像素就与 MAP 中的第 64 行建立了映射关系，该像素在屏幕上的实际颜色由第 64 行的 [RGB] 组合决定。也就是说，图像在屏幕上显示时，每一像素的颜色由存储在矩阵中该像素的灰度值作为索引通过检索颜色索引矩阵 MAP 得到。索引图像的数据类型一般为 8 位无符号整型（int8），相应索引矩阵 MAP 的大小为 256×3，因此一般索引图像只能同时显示 256 种颜色，但通过改变索引矩阵，颜色的类型可以调整。索引图像的数据类型也可采用双精度浮点型（double）。索引图像一般用于存储色彩要求比较简单的图像，如 Windows 中色彩构成比较简单的壁纸多采用索引图像存储，如果图像的色彩比较复杂，就要用到 RGB 真彩色图像。

1.1.4 数字图像处理系统

数字图像处理（Digital Image Processing）是指应用计算机来合成、变换已有的数字图像，从而产生一种新的效果，并把加工处理后的图像重新输出，这个过程称为数字图像处理，也称之为计算机图像处理（Computer Image Processing）。数字图像处理系统的组成架构如图 1-1 所示。数字图像处理模块是该系统的核心模块，它的研究水平直接决定该系统的质量。

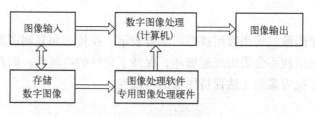

图 1-1 数字图像处理系统组成

1.2 数字图像处理发展史及发展趋势

数字图像处理技术起源于 20 世纪 20 年代，但真正发展是在 80 年代以后，随着计算机技术和人工智能和思维科学研究的迅速发展，图像处理正向着高速、高分辨率、立体化、多媒体化、智能化和标准化的方向发展。在图像通信、办公自动化系统、地理信息系统、医疗设备、卫星照片传输及分析和工业自动化领域具有非常广泛的应用，并且出现了众多的图像处理理论和算法（小波分析、分形理论、形态学理论、遗传算法、神经网络等）。

进入 21 世纪，随着计算机技术的迅猛发展和相关理论的不断完善，数字图像处理技术在许多应用领域受到广泛重视并取得了重大的开拓性成就，如航空航天、生物医学工程、工业检测、机器人视觉、公安司法、军事制导等。

20 世纪末到 21 世纪初在图像处理技术领域出现了一些新热点。

1）图像安全：图像数字水印、图像信息隐蔽。

2）图像自动识别：人体生物特征提取与验证。

3）图像理解：图像匹配与融合。

4）图像数据库：基于内容的图像和视频检索。

5）"传统的"图像分割和图像压缩编码等领域仍有研究的价值。

6）在硬件技术方面，要在进一步提高精度的同时着重解决处理速度问题。

7）智能图像信息处理新理论与新技术的研究。

8）图像处理领域的标准化的研究。

另外，作为边缘学科，图像处理技术更应该注意借鉴其他学科的理论、技术和方法，完善图像处理的理论和技术体系。

1.3 数字图像处理的特点

1. 数字图像处理具有数字信号处理技术共有的特点

（1）处理精度高

对于一幅图像进行数字化时不管是用 4 bit、8 bit 还是其他位数表示，只需改变计算机中程序的参数，处理方法不变。所以从原理上讲不管对多高精度的数字图像进行处理都是可能的。而在模拟图像处理中，要想使精度提高一个数量级，就必须对装置进行大幅度改进。

（2）重现性好

不管是什么数字图像，均用数组或数组集合表示。在传送和复制图像时，只在计算机内部进行处理，这样数据就不会丢失或遭破坏，保持了完好的再现性。而在模拟图像处理过程中，就会因为各种干扰因素而无法保持图像的再现性。

（3）灵活性高

改变处理图像的计算机程序，可对图像进行各种各样的处理，如上下滚动、漫游、拼接、合成、变换、放大、缩小和各种逻辑运算等，所以灵活性很高。

2. 数字图像处理的视觉效果

处理后的图像质量的优劣受人的主观因素的影响，其评价体系难以统一。机器视觉更不如人类视觉。

3. 数字图像处理技术适用面宽

原始模拟图像可以来自多种信息源，它们可以是可见光图像，也可以是不可见的波谱图像、超声波图像或红外图像。

4. 数字图像处理技术综合性强

交叉学科，涵盖了数学、物理、光学、计算机技术、电子技术、摄影技术、电视技术、通信技术等，与模式识别、计算机视觉、计算机图形学等专业相互交叉。

5. 数字图像处理不足之处

1）数字图像处理的信息大多是二维或二维以上的多维信息，数据量巨大。

2）数字图像信号占用的频带较宽。

3）处理费时。

1.4 数字图像处理的工程应用

数字图像处理在生物医学、遥感、工业、军事、通信、公安等领域有着广泛的应用。

生物医学：利用电磁波谱成像分析系统诊断病情，如显微镜图像分析、DNA 成像分析等；CT、MR1、B 超、血管造影、红外乳透、显微病理、电子显微镜、远程医疗图像、皮肤图像、X 射线、γ 刀与 χ 刀脑外科等都离不开图像，如通过三维测量可视化软件系统可对各类医学断层图像进行分析处理，提供诊断依据。

遥感：农、林等资源的调查，农作物长势监测，自然灾害监测、预报，地势、地貌测绘以及地质构造解释、找矿，环境污染检测等。

工业生产：无损探伤、石油勘探、生产过程自动化（识别零件、装配质量检查）、工业机器人等。

军事：航空及卫星侦察照片的测绘、判读，雷达、声纳图像处理，导弹制导，军事仿真等。

通信：图像传真，数字电视、网络可视聊天、可视电话、网页动画等。

公安：人脸、指纹、掌纹、虹膜等生物特征识别，印签、伪钞识别，安检，手迹、印记鉴别分析等。

气象预报：获取气象云图进行测绘、判读等。

1.5　数字图像处理的主要内容

数字图像处理的主要内容包括图像变换、图像增强、图像分割、图像特征提取、图像匹配和图像识别等。

（1）图像变换

图像变换是简化图像的处理过程和提高图像处理效果的基本技术。图像变换（Image Transformation）包括空间变换和频域变换。空间变换可以看成图像中物体（或像素）空间位置改变，如对图像进行缩放、旋转、平移、镜像翻转等。经采样得到数字图像为了保证空间和幅度分辨率，图像阵列很大，如果直接在空间域中进行处理，需要较高的计算量和存储空间。因此，往往采用各种图像变换的方法，如傅里叶变换、沃尔什变换、离散余弦变换等间接处理技术，将空间域的处理转换为变换域处理，不仅可减少计算量，而且可以更有效地进行运算。目前新兴研究的小波变换在时域和频域中都具有良好的局部化特性，而得到广泛应用。

（2）图像增强

图像增强（Image Enhancement）目的是改善图像质量，突出图像中感兴趣的区域或特征，使图像更加符合人类的视觉效果，从而提高图像判读和识别效果。图像增强方法分为两类：一类是空间域处理法；另一类是频域处理法。空间域是直接对图像的像素进行处理，基本上是以灰度映射变换为基础的。频域处理法是在图像的变换域内，对变换后的系数进行运算，然后再反变换到原来的空间域，得到增强的图像。

（3）图像分割

图像分割（Image Segmentation）是根据灰度、颜色、纹理和形状等特征把图像划分为有意义的若干区域或部分。图像分割是进一步进行图像识别、分析和理解的基础。常用的分割方法有阈值法、区域生长法、边缘检测法、聚类方法、基于图论的方法等。图像分割是图像分析的关键步骤，也是图像处理技术中最古老的和最困难的问题之一。近年来，许多研究人员致力于图像分割方法的研究，但是到目前为止还没有一种普遍适用于各种图像的有效方法和判断分割是否成功的客观标准。因此，对图像分割的研究还在不断深入之中，它是目前图像处理中研究的热点之一。所以分割技术的未来发展趋势是除了研究新理论和新方法还要实现多特征融合、多分割算法融合。

（4）图像特征提取

图像特征既包括图像承载的自然目标及背景的材质的反射和吸热特性，各组成部分表面的光滑与粗糙程度，各组成部分的形状、结构和纹理等特征在图像上的表象，也包括人们为了便于对图像进行分析而定义的属性和统计特征。图像特征提取是图像目标识别的基础。

（5）图像匹配

图像匹配是通过对影像内容、特征、结构、关系、纹理及灰度等的对应关系，相似性和一致性的分析，寻求相似影像目标的方法。图像匹配主要可分为以灰度为基础的匹配和以特征为基础的匹配。灰度匹配是基于像素的，特征匹配则是基于区域的，特征匹配在考虑像素灰度的同时还应考虑诸如空间整体特征、空间关系等因素。

（6）图像识别

图像识别是指利用计算机对图像进行处理、分析和理解，以识别各种不同模式的目标和对象的技术。图像识别问题的数学本质属于模式空间到类别空间的映射问题。图像识别是以图像的主要特征为基础的。图像经过某些预处理（增强、复原、压缩）后，进行图像分割和特征提取，从而进行分类。目前主要有三种识别方法：统计模式识别、结构模式识别和模糊模式识别。

【课后习题】

1. 什么是数字图像？
2. 数字图像处理系统主要有哪几部分组成？
3. 数字图像处理包括哪些内容？
4. 数字图像处理的主要特点有哪些？
5. 例举一个与图像处理技术相关的工程应用案例，分析数字图像处理技术在工程案例中所起的作用。

第 2 章 图 像 采 集

在数字图像处理中，采集一张高质量可处理的图像是至关重要的。一个成功的系统往往要保证采集的图像质量好且特征明显，而一个图像处理项目之所以失败，大部分情况是由于采集的图像质量不好，特征不明显引起的，所以图像采集可以视为数字图像处理过程中最初始并且非常重要的一环。

本章将详细介绍捕获测量图像时所需要的硬件以及相关的技术：照明为系统提供足够的光源信息，使得被测物体的基本特征可见；镜头将被测场景中的目标成像到视觉传感器的靶面上；相机将传感器上得到的图像转换为模拟或数字视频信号；相机通过与计算机的接口传送视频信号并将其存储在计算机端的内存中，最后由计算机实现图像的处理。

2.1 照明

照明是系统中的关键组成部分，它直接影响输入图像的质量。照明的主要功能是以合适的方式将光线投射到待测物体上，突出待测物体特征部分的对比度。好的照明能够改善整个系统，突显良好的图像效果（特征点），并且可以简化算法，降低后续图像处理的复杂度，提高检测精度，保证检测系统的稳定性。不恰当的照明，会给整个系统带来很多不必要的麻烦甚至让检测失败，例如相机过度曝光以及曝光不足会隐藏许多重要的图像信息；阴影会引起边缘的误检测；不均匀的照明会增加图像处理阈值选择的困难等。

采用照明光源的目的主要有以下几点。

1）将待测区域与背景明显区分开。

2）将运动目标"凝固"在图像上。

3）增强待测目标边缘清晰度。

4）消除阴影。

5）抵消噪光。

由于没有通用的数字图像处理系统的照明设备，所以针对每个特定的应用实例，要设计相应的照明装置，以达到最佳效果。下面我们将分析光源的分类以及光源的照明方式，让读者能够更深刻地理解数字图像处理系统的照明光源。

2.1.1 光源类型

光源是指能够产生光辐射的辐射源，一般分为天然光源和人造光源。天然光源是自然界中存在的辐射源，如太阳、天空等。人造光源是人为将各种形式的能量（热能、电能、化学能）转化成光辐射能的器件，按照发光机理，人造光源一般可以分为以下几类。

1）钨丝灯类：白炽灯（普灯）、卤素灯。

2）气体放电灯类。高强度气体放电灯（HID）类：高压汞灯、高压钠灯、金属卤化物

9

灯；荧光灯类：直管/环形荧光灯、紧凑型节能灯。

3）固体光源类：发光二极管（LED）。

在不同的场景和环境下，选择合适的发光元件对于系统非常重要。如图 2-1 所示，在目前的数字图像处理系统上的光源主要有荧光灯、卤素灯（光纤导管）、LED 光源。

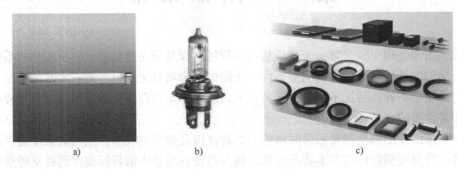

图 2-1　图像采集系统上主要的光源
a）荧光灯　b）卤素灯　c）LED 光源

1. 荧光灯

将弧光放电现象产生的紫外线作为荧光体，从而发出可视光的光源。一般来说，其结构为：在玻璃管的内侧涂上荧光体，将水银密封在里面，然后在管子的两端安装用来放电的电极。荧光灯由交流电供电，因此产生与供电相同的闪烁，对于图像采集系统应用中为了避免图像明暗的变化，需要使用不低于 22 kHz 的供电频率。

2. 卤素灯

卤素灯泡是在灯泡内注入碘或溴等卤素气体，在高温下，升华的钨丝与卤素进行化学作用，冷却后的钨会重新凝固在钨丝上，形成平衡的循环。一般以卤素灯 + 光纤导管组合，它是由一个卤素灯泡，在一个装置（通常称为灯箱）中发光，再由光纤导管将卤素灯所产生的强光，转向对被测物进行照明。

3. LED 光源

由数层很薄的掺杂半导体材料制成，一层带过量的电子，另一层因缺乏电子而形成带正电的"空穴"，当有电流通过时，电子和空穴相互结合并释放出能量，从而辐射出光芒。

LED 光源主要有如下几个特点：

1）可制成各种形状、尺寸及各种照射角度；

2）可根据需要制成各种颜色，并可以随时调节亮度；

3）通过散热装置，散热效果更好，光亮度更稳定；

4）使用寿命长；

5）反应快捷，可在 10 ms 或更短的时间内达到最大亮度；

6）电源带有外触发，可以通过计算机控制，起动速度快，可以用作频闪灯；

7）运行成本低、寿命长的 LED，会在综合成本和性能方面体现出更大的优势；

8）可根据客户的需要，进行特殊设计。

由于 LED 光源有如此多的优点，目前它是数字图像处理系统中应用最多的一种光源。为了更好地了解 LED 光源以及对后文的理解，下面我们将对 LED 光源按形状划分的类型进行介绍（如图 2-2 所示）。

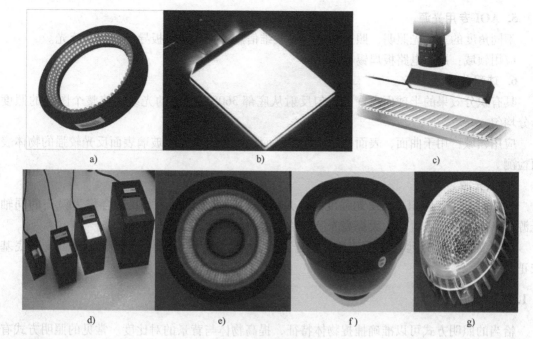

图 2-2 LED 光源分类

a）环形光源 b）背光源 c）条形光源 d）同轴光源 e）AOI专用光源 f）球积分光源 g）点光源

1. 环形光源

环形光源提供不同照射角度、不同颜色组合，更能突出物体的三维信息；高密度 LED 阵列，高亮度；多种紧凑设计，节省安装空间；解决对角照射阴影问题；可选配漫射板导光，光线均匀扩散。

应用领域：PCB 基板检测，IC 元件检测，显微镜照明，液晶校正，塑胶容器检测，集成电路印字检查等。

2. 背光源

用高密度 LED 阵列面提供高强度背光照明，能突出物体的外形轮廓特征，尤其适合作为显微镜的载物台。红白两用背光源、红蓝多用背光源，能调配出不同颜色，满足不同被测物多色要求。

应用领域：机械零件尺寸的测量，电子元件、IC 的外形检测，胶片污点检测，透明物体划痕检测等。

3. 条形光源

条形光源是较大方形结构被测物的首选光源；颜色可根据需求搭配，自由组合；照射角度与安装随意可调。

应用领域：金属表面检查，图像扫描，表面裂缝检测，LCD 面板检测等。

4. 同轴光源

同轴光源可以消除物体表面不平整引起的阴影，从而减少干扰；部分采用分光镜设计，减少光损失，提高成像清晰度，均匀照射物体表面。

应用领域：系列光源最适宜用于反射度极高的物体，如金属、玻璃、胶片、晶片等表面的划伤检测，芯片和硅晶片的破损检测，Mark 点定位，包装条码识别。

5. AOI 专用光源

不同角度的三色光照明，照射凸显焊锡三维信息；外加漫射板导光，减少反光。

应用领域：用于电路板焊锡检测。

6. 球积分光源

具有积分效果的半球面内壁，均匀反射从底部 360°发射出的光线，使整个图像的照度十分均匀。

应用领域：用于曲面，表面凹凸，弧形表面检测，或金属、玻璃表面反光较强的物体表面检测。

7. 点光源

大功率 LED，体积小，发光强度高；光纤卤素灯的替代品，尤其适合作为镜头的同轴光源等；高效散热装置，大大提高光源的使用寿命。

应用领域：适合远心镜头使用，用于芯片检测，Mark 点定位，晶片及液晶玻璃底基校正。

2.1.2 照明方式

恰当的照明方式可以准确捕捉物体特征，提高物体与背景的对比度。常见的照明方式有以下几种。

1. 前景光

照明光源位于被测物体的前方，利于表现物体的表面细节特征，可用于各种表面检测。一般情况下可分为角度照射、垂直照射、低角度照射、多角度照射。（不同的光源公司对角度的定义不同，在选购合适的光源时要慎重）

角度照射时光线方向与物体表面成较大的夹角（如 30°、45°、60°、75°等角度环光），在一定工作距离下，光束集中、亮度高、均匀性好、照射面积相对较小。常用于液晶校正、塑胶容器检查、工件螺孔定位、标签检查、引脚检查、集成电路印字检查等，如图 2-3 所示。

垂直照射时光线方向与物体表面成约 90°夹角，照射面积大、光照均匀性好、适用于较大面积照明。可用于基底和线路板定位、晶片部件检查等，如图 2-4 所示。

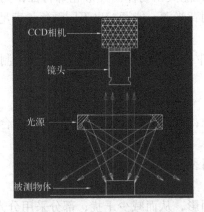

图 2-3 角度照射

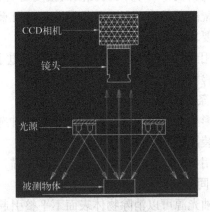

图 2-4 垂直照射

低角度照射时光线方向与物体表面成接近 0°夹角，此时光源对物体表面凹凸表现力强。适用于晶片或玻璃基片上的伤痕检查等，如图 2-5 所示。

多角度照射是前面三种方式的混合，例如用 RGB 三种不同颜色不同角度光照，可以实现焊点的三维信息的提取。适用于组装机板的焊锡部分、球形或半圆形物体、其他异形物体、接脚头等，如图 2-6 所示。

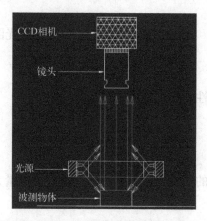

图 2-5　低角度照射

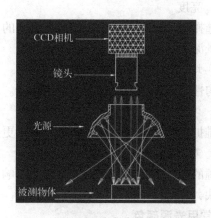

图 2-6　多角度照射

2. 背景光

前景光的照明方式很多，而背景光的照明方式通常比较单一，利用背景光创造一个明亮的背景，而不透明或半透明的目标形成暗区，反差强烈，如图 2-7 所示。背景光更适合检查底片中缺陷和测量外形尺寸。

背景光照明有两种截然不同的使用：以投射方式观察的透明物体和使不透明物体轮廓成像。薄玻璃就是用背光观察的透明产品。那些与透镜不是同轴的点状照明突出了表面瑕疵（刮痕、凿沟）以及内部缺陷（气泡、夹杂物）；背光照明更常用于表现不透明部分的轮廓。轮廓是容易处理的图像，因为它本身就是二维和二元的。灵活的零件进料器经常用背光照明的图像来确定装配中机器人选取的机械零件的定位。

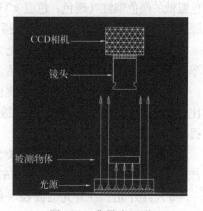

图 2-7　背景光照明

2.1.3　选择合适的照明光源及照明方式

随着市场上各种视觉光源越来越多，如何选择一款适合项目需求的光源产品，是摆在很多应用工程师面前的一个难题。这个问题本身很难总结出一个普适的结论，这里只是提出一些需要注意的地方供大家参考。

1. 如何评价一个光源的好坏

（1）对比度

对比度对图像处理来说非常重要，数字图像处理系统应用的照明最重要的任务就是使需要被观察的特征与需要被忽略的图像特征之间产生最大的对比度，从而易于特征的区分。对比度定义为在特征与其周围的区域之间有足够的灰度量区别。好的照明应该能够保证需要检测的特征突出于其他背景。

（2）鲁棒性

鲁棒性就是对环境有一个好的适应。好的光源应在实际工作中与其在实验室中的有相同的效果。

（3）亮度

当选择两种光源的时候，应选择更亮的光源。光源的亮度不够，必然要加大光圈，从而减小了景深。

（4）均匀性

均匀性是光源一个很重要的技术参数。均匀性好的光源使系统工作稳定。

（5）可维护性

可维护性主要指光源易于安装，易于更换。

（6）寿命及发热量

光源的亮度不宜衰减过快，这样会影响系统的稳定，增加维护的成本。发热量大的灯亮度衰减快，光源的寿命也会受到很大影响。

2. 常用光源颜色

1）白色光源：白色光源通常用色温来界定，色温高的颜色偏蓝色（冷色，色温 >5000 K），色温低的颜色偏红（暖色，色温 <3300 K），界于 3300 K ~ 5000 K 之间称之为中间色，白色光源适用性广，亮度高，特别是拍摄彩色图像时使用更多。

2）蓝色光源：蓝色光源波光为 430 nm ~ 480 nm，适用产品：银色背景产品（如钣金、车加工件等）、薄膜上金属印刷品。

3）红色光源：红色光源的波长通常在 600 nm ~ 720 nm，其波长比较长，可以透过一些比较暗的物体，例如底材黑色的透明软板孔位定位、透光膜厚度检测等，采用红色光源更能提高对比度。

4）绿色光源：绿色光源波长 510 nm ~ 530 nm，界于红色与蓝色之间，主要针红色背景产品，银色背景产品（如钣金、车加工件等）。

5）红外光：红外光的波长一般为 780 nm ~ 1400 nm，公司大多采用 940 nm 波长的红外光，红外光属于不可见光，其透过力强。一般 LCD 屏检测、视频监控行业应用比较普遍。

6）紫外光：紫外光的波长一般为 190 nm ~ 400 nm，公司主要采用 385 nm 波长的紫外光，其波长短，穿透力强，主要应用于证件检测、触摸屏 ITO 检测、布料表面破损、点胶溢胶检测等方面，金属表面划痕检测等。

3. 互补色与近邻色——色光混合规律

光的三原色是红、绿、蓝，三原色中任意一色都不能由另外两种原色混合产生，而其他色光可有这三色光按照一定的比例混合出来。

色光连续变化规律：由两种色光组成的混合色中，如果一种色光连续变化，混合色也连续变化。

补色律：三原色光等量混合，可以得到白光。如果先将红光与绿光混合得到黄光，黄光再与蓝光混合，也可以得到白光。这两种颜色称为补色。最基本的互补色有三对：红 - 青，绿 - 品红，蓝 - 黄。补色的一个重要性质：一种色光照射到其补色的物体上，则被吸收。如用蓝光照射黄色物体，则呈现黑色。

中间色律：任何两种非补色光混合，便产生中间色。其颜色取决于两种色光的相对能量，其鲜艳程度取决于二者在色相顺序上的远近。

代替律：颜色外貌相同的光，不管它们的光谱成分是否一样在色光混合中都具有相同的效果。凡是在视觉上相同的颜色都是等效的，即相似色混合后仍相似。

色光混合的代替规律表明：只要在感觉上颜色是相似的便可以相互代替，所得的视觉效果是同样的。

以上四个规律是色光混合的基本规律。这些规律可以指导照明光源系统设计。例如可以根据目标的颜色不同来选择不同光谱的光源照射，利用补色律和亮度相加律得到突出目标亮度，削弱背景的目的，以达到最终突出目标的效果。

4. 选光源的一些技巧

1）需要前景与背景更大的对比度时，可以考虑用黑白相机与彩色光源。

2）如果是环境光的问题，可以尝试用单色光源，配一个滤镜。

3）闪光曲面，考虑用散射圆顶光。

4）闪光、平坦但粗糙的表面，尝试用同轴散射光。

5）检测塑料的时候，尝试用紫外或红外光。

6）需要通过反射的表面看特征，尝试用角度线光源。

7）单个光源不能有效解决问题时考虑用组合光源。

8）频闪能够产生比常亮照明 20 倍强的光。

5. 几种光源的照明方式要领

（1）条形光源及其组合光源选型要领

① 条形光源照射宽度最好大于检测的距离，否则可能会照射距离远造成亮度差，或者是距离近而辐射面积不够。

② 条形光源长度能够照明所需打亮的位置即可，无须太长造成安装不便，同时也增加成本，在一般情况下，光源的安装高度会影响到所选用条形光源的长度，高度越高，光源长度要求越长，否则图像两侧亮度比中间暗。

③ 如果照明目标是高反光物体，最好加上漫射板，如果是黑色等暗色不反光产品，也可以拆掉漫射板以提高亮度。

④ 条形组合光在选择时，不一定要按照资料上的型号来选型，因为被测的目标形状、大小各不一样，所以可以按照目标尺寸来选择不同的条形光源进行组合。

⑤ 组合光在选择时，一定要考虑光源的安装高度，再根据四边被测特征点的长度、宽度选择相对应的条形光进行组合。

（2）环光选型要领

① 了解光源安装距离，过滤掉某些角度光源。例如要求光源安装尺寸高，就可以过滤掉大角度光源，选择用小角度光源，同样，安装高度越高，要求光源的直径越大。

② 目标面积小，且主要特性在表面中间，可选择小尺寸 0° 或小角度光源。

③ 目标需要表现的特征如果在边缘，可选择 90° 环光，或大尺寸高角度环形光。

④ 检测表面划伤，可选择 90° 环光，尽量选择波长短的光源。

（3）背光源选型要领

① 选择背光源时，根据物体的大小选择合适大小的背光源，以免增加成本造成浪费。

② 背光源四周由于外壳遮挡，因此其亮度会低于中间部位，因此，选择背光源时，尽

量不要使目标正好位于背光源边缘。

③ 背光源一般在检测轮廓时，可以尽量使用波长短的光源，波长短的光源其衍射性弱，图像边缘不容易产生重影，对比度更高。

④ 背光源与目标之间的距离可以通过调整来达到最佳的效果，并非离得越近效果越好，也非越远越好。

⑤ 检测液位可以将背光源侧立使用。

⑥ 圆轴类的产品，螺旋状的产品尽量使用平行背光源。

（4）同轴光造型要领

① 选择同轴光时主要看其发光面积，根据目标的大小来选择合适发光面积的同轴光。

② 同轴光的发光面积最好比目标尺寸大 1.5 ~ 2 倍，因为同轴光的光路设计是让光路通过一片 45° 半反半透镜，光源靠近灯板的地方会比远离灯板的亮度高，因此，尽量选择大一点的发光面以避免光线左右不均匀。

③ 同轴光在安装时尽量不要离目标太高，越高则要求选用的同轴光越大，才能保证匀性。

平行同轴光选型要领如下。

① 平行同轴光光路设计独特，主要适用于检测各种划痕。

② 平行同轴光与同轴光表现的特点不一样，不能替代同轴光使用。

③ 平行同轴光检测划伤之类的产品，尽量不要选择波长过长的光源。

（5）其他光源选型要领

① 了解特征点面积大小，选择合适尺寸的光源。

② 了解产品特性，选择不同类型的光源。

③ 了解产品的材质，选择不同颜色的光源。

④ 了解安装空间及其他可能会产生障碍的情况，选择合适的光源。

6. 常见的辅助光学器件

数字图像处理系统是一门应用性很强的系统工程，不同的工厂，不同的生产线，不同的工作环境对光源亮度，工作距离，照射角度等的要求差别很大。有时受限于具体的应用环境，不能直接通过光源类型或照射角度的调整而获取良好的视觉图像，我们就常常需要借助于一些特殊的辅助光学器件。

反射镜：反射镜可以简单方便地改变优化光源的光路和角度，从而为光源的安装提供了更大的选择空间。

分光镜：分光镜通过特殊的镀膜技术，不同的镀膜参数可以实现反射光和折射光比例的任意调节。光源中的同轴光就是分光镜的具体应用。

棱镜：不同频率的光在介质中的折射率是不同的，根据光学的这一基本原理可以把不同颜色的复合光分开，从而得到频率较为单一的光源。

偏振片：光线在非金属表面的反射是偏振光，借助于偏振片可以有效地消除物体的表面反光。同时，偏振片在透明或半透明物体的检测上也有很好的应用。

漫射片：漫射片是光源中比较常见的一种光学器件，它可以使光照变得更均匀，减少不需要的反光。

光纤：光纤可以将光束聚集于光纤管中，使之像水流一样便于光线的传输，为光源的安装提供了很大的灵活性。

2.2 镜头

镜头的基本功能是实现光束变换（调制），在数字图像处理系统中，镜头的主要作用是将目标成像在图像传感器的光敏面上，使成像单元能获得清晰影像。镜头的质量直接影响到整个系统的整体性能，合理地选择和安装镜头，是数字图像处理系统设计的重要环节。

2.2.1 镜头的基本常识

1. 镜头的基本构成

常见的以成像为目的的镜头，可以分为透镜和光阑两部分。

（1）透镜

单个透镜是进行光束变换的基本单元。常见的有凸透镜和凹透镜两种，凸透镜对光线具有会聚作用，也称为会聚透镜或正透镜；凹透镜对光线具有发散作用，也称为发散透镜或负透镜。镜头设计中常常将这两类镜头结合使用，校正各种像差和失真，以达到满意的成像效果。

（2）光阑

光阑的作用就是约束进入镜头的光束部分。使需要的光束进入镜头成像，而无用的光束不能进入镜头。根据光阑设置的目的不同，光阑又进一步细分为以下几种。

孔径光阑：它决定了进入镜头的成像光束的多寡（口径）。从而决定了镜头成像面的亮度，是镜头的关键部件之一。通常讲的"调节光圈"，就是调节孔径光阑的口径，从而改变成像面的亮度。

视场光阑：它限制、约束着镜头的成像范围。镜头的成像范围可能受一系列物理的边框、边界约束，因此实际镜头大多存在多个视场光阑。例如，每个单透镜的边框都能限制斜入射的光束，因此它们都可以算作视场光阑；CCD、CMOS 或者其他感光器件的物理边界也限制了有效成像的范围，因此这些边界也是视场光阑。

消杂光光阑：为限制杂散光到达像面而设置的光阑。镜头成像的过程中，除了正常的成像光束能到达像面外，仍有一部分非成像光束也到达像面，它们被统称为杂散光。杂散光对成像来说是非常有害的，相对于成像光束它们就是干扰、噪声，它们的存在降低了成像面的对比度。为了减少杂散光的影响，可以在设计过程中设置光阑来吸收阻挡杂散光到达像面，为此目的而引入的光阑都称为消杂光光阑。

总而言之，透镜和光阑都是镜头的重要光学功能单元，透镜侧重于光束的变换（例如实现一定的组合焦距、减少像差等），光阑侧重于光束的取舍约束。

2. 镜头的成像原理

图 2-8 展示了工业镜头成像的基本性质，如图 2-8a 所示假设发光体位于无限远处（无穷远处物体所发光被认为是平行光），放置工业镜头与这些平行光垂直，这些光线将聚集在一点，这一点就是焦点。换句话说，焦点是无限远处光源的映射。工业镜头与焦点之间的距离成为焦距 f。因此，如果我们想要获取一个传感器上的无限远的物体，工业镜头与传感器的距离就会正好是镜头的焦距。如果将发光体移近工业镜头，如图 2-8b 所示，工业镜头就

将光线聚焦在焦点前面，因此如果要获取尖锐的图像，就必须增加镜头与传感器的距离。这不仅仅应用于理想的薄透镜，也可以应用于实际由多镜片组成的复合镜头。当镜头应用于高精度的检测场合时，必须清楚理想薄透镜公式与实际透镜组计算公式。对于一般的应用，理想薄透镜或是小孔成像原理可以被应用到一般的系统中。因此，镜头对焦意味着改变工业镜头本身与 CCD 传感器的距离，距离改变靠机械装置进行约束。

式（2-1）是对于理想薄透镜的基本透镜公式，在平常使用中，我们经常需要决定其焦距。由图 2-9 可以得到式（2-2），通过以上两式可以得到式（2-3）。

$$\frac{1}{U} + \frac{1}{V} = \frac{1}{f} \tag{2-1}$$

$$m = \frac{y}{y'} = \frac{V}{U} \tag{2-2}$$

$$f = \frac{V}{1 + V/U} = \frac{V}{1 + m} \tag{2-3}$$

其中，V 和 U 分别是工业镜头光心到图像传感器的距离和工业镜头光心到物体的距离，y' 和 y 分别是图像的大小和物体的大小。V 与 U 之比就是放大因子 m（或称放大倍率）。

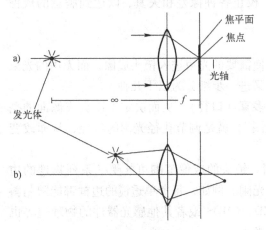

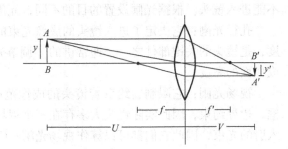

图 2-8　镜头成像的基本性质　　　　　　图 2-9　理想薄透镜成像

3. 镜头的主要参数

（1）视场角

如图 2-10 所示，视场（Field of View，FOV）就是整个系统能够观察的物体的尺寸范围，进一步可以分为水平视场和垂直视场，也就是芯片上能够成像对应的实际物体大小，定义为 FOV = L/m，其中，L 是芯片的高或者宽，m 是放大率，定义为 $m = v/u$，v 是相距，u 是物距，FOV 即是相应方向的物体大小。当然，FOV 也可以表示成镜头对视野的高度和宽度的张角，即视场角 α，定义为

$$\alpha = 2\beta = 2\arctan(L/(2v)) \tag{2-4}$$

（2）光圈

如图 2-11 所示，光圈（Aperture）是机械装置，是一个用来控制光线透过镜头，进入机身内感光面的光量的装置，它通常在镜头内，通过控制镜头光孔的大小来达到这一作用。当外界光线较弱时，就将光圈开大；反之，就将光圈关小，表达光圈大小通常是用 F 值表

示的。

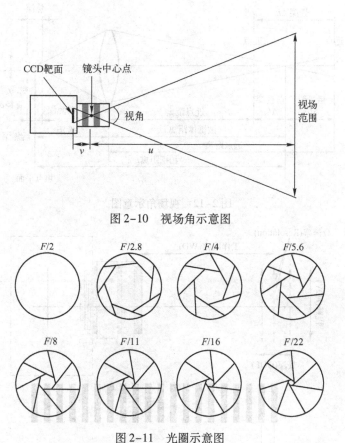

图 2-10　视场角示意图

图 2-11　光圈示意图

完整的光圈值由小到大依次为：F1，F1.4，F2.8，F4，F5.6，F8，F11，F16，F22，F32，F44 和 F64。

光圈 F 值愈小，光圈开得愈大，在同一单位时间内的进光量便愈多，而且上一级的进光量刚好是下一级的一倍，例如光圈从 F8 调整到 F5.6，进光量便多一倍，也可以说光圈开大了一级。

（3）景深

如图 2-12 所示，景深是指在摄影机镜头前沿能够取得清晰图像的成像所测定的被摄物体前后距离范围。在聚焦完成后，在焦点前后的范围内都能形成清晰的像，这一前一后的距离范围，便叫作景深。景深随镜头的光圈值、焦距、拍摄距离而变化。光圈越大，景深越小；光圈越小、景深越大。焦距越长，景深越小；焦距越短，景深越大。距离拍摄体越近时，景深越小；距离拍摄体越远时，景深越大。

（4）分辨率

如图 2-13 所示，分辨率描述的是图像采集系统能够分辨的最小物体的距离。通常用黑白相间的线来标定镜头的分辨率，即像面处镜头在单位毫米内能够分辨的黑白相间的条纹对数，即每毫米多少线对，大小为 $1/2d$，单位是"线对/毫米"（lp/mm）。

（5）畸变

一条直线经过镜头拍摄后，变成弯曲的现象，称为畸变像差。

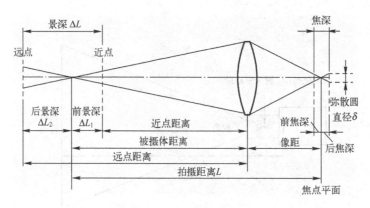

图 2-12 视场角示意图

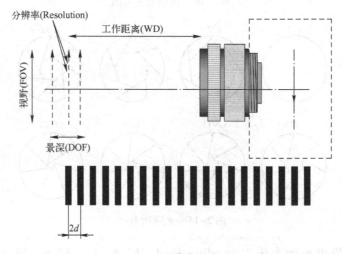

图 2-13 分辨率示意图

　　理想成像中，物像应该是完全相似的，就是成像没有带来局部变形，如图 2-14 中的图 2-14a 所示。但是实际成像中，往往有所变形，如图 2-14b 和图 2-14c，向内弯的是桶状变形（Barrel），向对角线往外弯的是枕状变形（Pincushion）。畸变的产生源于镜头的光学结构、成像特性使然。畸变可以看作是像面上不同局部的放大率不一致引起的，是一种放大率像差。

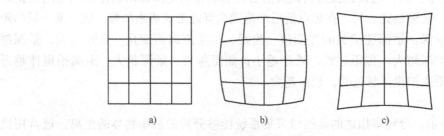

图 2-14 图像畸变类型
a）理想成像 b）桶状变形 c）枕状变形

20

2.2.2　镜头的类型

镜头的种类繁多，已经发展成了一个庞大的体系，以适应各种场合条件下的应用。对镜头的划分也可以从不同的角度来进行。

1. 根据镜头接口类型划分

镜头和相机之间的接口有许多不同的类型，工业相机常用的包括 C 接口、CS 接口、F 接口、V 接口、T2 接口、M42 接口、M50 接口等。接口类型的不同和镜头性能及质量并无直接关系，只是接口方式的不同，一般也可以找到各种常用接口之间的转接口。

C 接口和 CS 接口是工业相机最常见的国际标准接口，C 型接口和 CS 型接口的螺纹连接是一样的，区别在于 C 型接口的后截距为 17.5 mm，CS 型接口的后截距为 12.5 mm。所以 CS 型接口的相机可以和 C 口及 CS 口的镜头连接使用，只是使用 C 口镜头时需要加一个 5 mm 的接圈；C 型接口的摄像机不能用 CS 口的镜头。

F 接口镜头是尼康镜头的接口标准，所以又称尼康口，也是工业摄像机中常用的类型，一般摄像机靶面大于 1 英寸时需用 F 口的镜头。

V 接口镜头是著名的专业镜头品牌施奈德镜所主要使用的标准，一般也用于摄像机靶面较大或特殊用途的镜头。

2. 根据变焦与否划分

按照变焦与否可将镜头分为定焦镜头和变焦镜头。

定焦镜头，特指只有一个固定焦距的镜头，只有一个焦段，或者说只有一个视野。定焦镜头按照等效焦距（实际焦距×43 mm/镜头成像圆的直径）又可以划分为：鱼眼镜头（6～16 mm）、超广角镜头（17～21 mm）、广角镜头（24～35 mm）、标准镜头（45～75 mm）、长焦镜头（150～300 mm）、超长焦镜头（300 mm 以上）。定焦镜头的设计相对变焦镜头而言要简单得多，但一般变焦镜头在变焦过程中对成像会有所影响，而定焦镜头相对于变焦机器的最大好处就是对焦速度快，成像质量稳定。不少拥有定焦镜头的相机所拍摄的运动物体图像清晰而稳定，对焦非常准确，画面细腻，颗粒感非常轻微，测光也比较准确。

变焦镜头是在一定范围内可以变换焦距，从而得到不同宽窄的视场角，不同大小的影像和不同景物范围的相机镜头。变焦镜头有可分为手动变焦和电动变焦两大类。变焦镜头在不改变拍摄距离的情况下，可以通过变动焦距来改变拍摄范围，因此非常有利于画面构图。

3. 根据相机规格划分

相机镜头规格应视相机的 CCD 尺寸而定，两者应相对应。即相机的 CCD 靶面大小为 1/2 平方英寸时，镜头应选 1/2 平方英寸；相机的 CCD 靶面大小为 1/3 平方英寸时，镜头应选 1/3 平方英寸；相机的 CCD 靶面大小为 1/4 平方英寸时，镜头应选 1/4 平方英寸。如果镜头尺寸与摄像机 CCD 靶面尺寸不一致时，观察角度将不符合设计要求，或者发生画面在焦点以外等问题。

4. 根据镜头光圈分类

镜头有手动光圈和自动光圈之分。

手动光圈镜头适合于亮度不变的应用场合，自动光圈镜头因亮度变更时其光圈亦做自动调整，故适用亮度变化的场合。

自动光圈镜头有两类：一类是将一个视频信号及电源从相机输送到透镜来控制镜头上的

光圈，称为视频输入型，另一类则利用相机上的直流电压来直接控制光圈，称为 DC 输入型。自动光圈镜头上的 ALC（自动镜头控制）调整用于设定测光系统，可以整个画面的平均亮度，也可以画面中最亮部分（峰值）来设定基准信号强度，供给自动光圈调整使用。一般而言，ALC 已在出厂时经过设定，可不做调整，但是对于拍摄景物中包含有一个亮度极高的目标时，明亮目标物的影像可能会造成"白电平削波"现象，而使得全部屏幕变成白色，此时可以调节 ALC 来变换画面。

5. 特殊用途的镜头

微距镜头：按德国的工业标准，成像比例大于 1:1 的称为微距摄影范畴。这里我们所说的比率指像的大小与实物之间的比例关系，也就是镜头的放大率。事实上放大率在 1:1 ~ 1:4 的都属微距镜头。

显微镜头：一般是指成像比例大于 1:10 的拍摄系统所用，为了看清目标的细节特征，显微镜头一般使用在高分辨率的场合。它们基本的特点是工作距离短，放大倍率高，视场小。

紫外镜头、红外镜头：一般镜头是针对可见光范围内使用设计的，由于同一光学系统对不同波长的光线折射率的不同，导致同一点发出的不同波长的光成像时不能汇聚成一点，产生色差。常用镜头的消色差设计也是针对可见光范围的，紫外镜头和红外镜头即是专门针对紫外线和红外线进行设计的镜头。

远心镜头：主要是为纠正传统工业镜头视差而设计，它可以在一定的物距范围内，使得到的图像放大倍率不会变化，这对被测物不在同一物面上的情况是非常重要的应用。远心镜头主要有如下特点。

（1）高影像分辨率

图像分辨率一般以量化图像传感器既有空间频率对比度的 CTF（对比传递函数）衡量，单位为 lp/mm（线耦数每毫米）。大部分视觉集成器往往只是集合了大量廉价的低像素、低分辨率镜头，最后只能生成模糊的影像。而采用远心镜头，即使是配合小像素图像传感器（如 550 万像素，2/3 平方英寸），也能生成高分辨率图像。

（2）近乎零失真度

畸变系数即实物大小与图像传感器成像大小的差异百分比。普通机器镜头通常有高于 1% ~2% 的畸变，可能严重影响测量时的精确水平。相比之下，远心镜头通过严格的加工制造和质量检验，将此误差严格控制在 0.1% 以下。

（3）无透视误差

在计量学应用中进行精密线性测量时，经常需要从物体标准正面（完全不包括侧面）观测。此外，许多机械零件并无法精确放置，测量时间距也在不断地变化。而软件工程师却需要能精确反映实物的图像。远心镜头可以完美解决以上困惑：因为入射光瞳可位于无穷远处，成像时只会接收平行光轴的主射线。

（4）远心设计与超宽景深

双远心镜头不仅能利用光圈与放大倍率增强自然景深，更有非远心镜头无可比拟的光学效果：在一定物距范围内移动物体时成像不变，即放大倍率不变。

由以上特性可知，远心镜头依据其独特的光学特性一直为对镜头畸变要求很高的视觉应用场合所青睐。

2.2.3　选择合适的镜头

镜头的基本光学性能由焦距、相对孔径（光圈系数）和视场角（视野）这三个参数表征。因此，在选择镜头时，首先需要确定这三个参数，最主要是确定焦距，然后再考虑分辨率、景深、畸变、接口等其他因素。

选择镜头的基本步骤可以参考以下几条。

1) 根据目标尺寸和测量精度，可以确定传感器尺寸和像素尺寸、放大倍率等。

2) 根据系统整体尺寸和工作距离，结合放大倍率，可以大概估算出镜头的焦距。当焦距、传感器尺寸确定以后，视场角也可以确定下来。

3) 根据现场的照明条件确定光圈大小和工作波长。

4) 最后考虑镜头畸变、景深、接口等其他要求。

2.3　相机

相机是获取图像的前端采集设备，它主要以 CCD 或 CMOS 图像传感器为核心部件，外加同步信号产生电路、视频信号处理电路及电源等组合而成。它的作用是将通过镜头聚焦于像平面的光线生成图像，而其采集图像质量的好坏直接影响后期图像处理的速度和效果，所以选取一个各项指标符合要求的相机至关重要。下面针对工业相机的各方面知识做简要讲解，希望读者能够好好体会。

1. 芯片的主要参数

在图像处理系统中主要采用的两类光电传感芯片分别为 CCD 芯片和 CMOS 芯片，CCD 是 Charge Coupled Device（电荷耦合器件）的缩写，CMOS 是 Complementary Metal - Oxide - Semiconductor Transistor（互补金属氧化物半导体）的缩写。无论是 CCD 还是 CMOS，它们的作用都是通过光电效应将光信号转换成电信号（电压/电流），进行存储以获得图像。

像元尺寸：像元尺寸指芯片像元阵列上每个像元的实际物理尺寸，通常的尺寸包括 14 μm、10 μm、9 μm、7 μm、6.45 μm、3.75 μm 等。像元尺寸从某种程度上反映了芯片的对光的响应能力，像元尺寸越大，能够接收到的光子数量越多，在同样的光照条件和曝光时间内产生的电荷数量越多。对于弱光成像而言，像元尺寸是芯片灵敏度的一种表征。

灵敏度：灵敏度是芯片的重要参数之一，它具有两种物理意义。一种指光器件的光电转换能力，与响应率的意义相同。即芯片的灵敏度指在一定光谱范围内，单位曝光量的输出信号电压（电流），单位可以为纳安/勒（nA/lx）、伏/瓦（V/W）、伏/勒（V/lx）、伏/流明（V/lm）。另一种是指器件所能传感的对地辐射功率（或照度），与探测率的意义相同，单位可用瓦（W）或勒（lx）表示。

坏点数：由于受到制造工艺的限制，对于有几百万像素点的传感器而言，所有的像元都是好的情况几乎不太可能，坏点数是指芯片中坏点（不能有效成像的像元或相应不一致性大于参数允许范围的像元）的数量，坏点数是衡量芯片质量的重要参数。

光谱响应：光谱响应是指芯片对于不同光波长光线的响应能力，通常用光谱响应曲线给出。

2. 相机的主要参数

分辨率：分辨率是相机最基本的参数，由相机所采用的芯片分辨率决定，是芯片靶面排列的像元数量。通常面阵相机的分辨率用水平和垂直分辨率两个数字表示，如：1920(H) x 1080(V)，前面的数字表示每行的像元数量，即共有 1920 个像元，后面的数字表示像元的行数，即 1080 行。相机的分辨率对图像质量有很大的影响，在对同样大的视场（景物范围）成像时，分辨率越高，对细节的展示越明显。

速度（帧频/行频）：相机的帧频/行频表示相机采集图像的频率，通常面阵相机用帧频表示，单位 fps（Frame Per second），如 30 fps，表示相机在 1 s 内最多能采集 30 帧图像；线阵相机通常用行频便是单位 kHz，如 12 kHz 表示相机在 1 s 内最多能采集 12000 行图像数据。速度是相机的重要参数，在实际应用中很多时候需要对运动物体成像。相机的速度需要满足一定要求，才能清晰准确地对物体成像。相机的帧频和行频受到芯片的帧频和行频的影响，芯片的设计最高速度则主要是由芯片所能承受的最高时钟决定。

噪声：相机的噪声是指成像过程中不希望被采集到的，实际成像目标外的信号。根据欧洲相机测试标准 EMVA1288 中，定义相机中的噪声可分为两类：一类是由有效信号带来的符合泊松分布的统计涨落噪声，也叫散粒噪声（shot noise），这种噪声对任何相机都是相同的，不可避免，尤其确定的计算公式（即：噪声的平方 = 信号的均值）。第二类是相机自身固有的与信号无关的噪声，它是由图像传感器读出电路、相机信号处理与放大电路等带来的噪声，每台相机的固有噪声都不一样。另外，对数字相机来说，对视频信号进行模拟转换时会产生量化噪声，量化位数越高，噪声越低。

信噪比：相机的信噪比定义为图像中信号与噪声的比值（有效信号平均灰度值与噪声均方根的比值），代表了图像的质量，图像信噪比越高，图像质量越好。

动态范围：相机的动态范围表明相机探测光信号的范围，动态范围可用两种方法来界定，一种是光学动态范围，指饱和时最大光强与等价于噪声输出的光强的比值，由芯片的特性决定。另一种是电子动态范围，指饱和电压和噪声电压之间的比值。对于固定相机其动态范围是一个定值，不随外界条件变化而变化。在线性响应曲线，相机的动态范围定义为饱和曝光量与噪声等效曝光量的比值，动态范围可用倍数、dB 或 Bit 等方式来表示。动态范围大，则相机对不同的光照强度有更强的适应能力。

像元深度：数字相机输出的数字信号，即像元灰度值，具有特殊的比特位数，称为像元深度。对于黑白相机这个值的方位通常是 8 ~ 16 bit。像元深度定义了灰度由暗道亮的灰阶数。例如，对于 8 bit 的相机 0 代表全暗而 255 代表全亮。介于 0 和 255 之间的数字代表一定的亮度指标。10 bit 数据就有 1024 个灰阶而 12 bit 有 4096 个灰阶。每一个应用都要仔细考虑是否需要非常细腻的灰度等级。从 8 bit 上升到 10 bit 或者 12 bit 的确可以增强测量的精度，但是也同时降低了系统的速度，并且提高了系统集成的难度（线缆增加，尺寸变大），因此也要慎重选择。

光谱响应：光谱响应是指相机对于不同波长光线的响应能力，通常指其所采用芯片的光谱响应。通常用光谱曲线表示，横轴表示不同波长，纵轴表示量子效率。按照响应光谱不同也把相机分为可见光相机（400 nm ~ 1000 nm，峰值在 500 nm ~ 600 nm），红外相机（响应波长在 700 nm 以上），紫外相机（可以响应到 200 nm ~ 400 nm 的短波），我们需要根据接收被测物发光波长的不同来选择不同的光谱响应的相机。

3. 相机的分类

1）按照芯片结构分类：CCD 相机 & CMOS 相机。

采用 CCD 成像芯片的相机是 CCD 相机，采用 CMOS 芯片的是 CMOS 相机。CCD 相机与 CMOS 相机主要差异在于将光转换为电信号的方式。对于 CCD 传感器，光照射到像元上，像元产生电荷，电荷通过少量的输出电极传输并转化为电流、缓冲、信号输出。对于 CMOS 传感器，每个像元自己完成电荷到电压的转换，同时产生数字信号。

从技术的角度比较，CCD 与 CMOS 主要有如下四个方面的不同。

信息读取方式：CCD 电荷耦合器存储的电荷信息，需在同步信号控制下一位一位地实施转移后读取，电荷信息转移和读取输出需要有时钟控制电路和三组不同的电源相配合，整个电路较为复杂。CMOS 光电传感器经光电转换后直接产生电流（或电压）信号，信号读取十分简单。

速度：CCD 电荷耦合器需在同步时钟的控制下，以行为单位一位一位地输出信息，速度较慢；而 CMOS 光电传感器采集光信号的同时就可以取出电信号，还能同时处理各单元的图像信息，速度比 CCD 电荷耦合器快很多。

电源及耗电量：CCD 电荷耦合器大多需要三组电源供电，耗电量较大；CMOS 光电传感器只需使用一个电源，耗电量非常小，仅为 CCD 电荷耦合器的 1/8 到 1/10，CMOS 光电传感器在节能方面具有很大优势。

成像质量：CCD 电荷耦合器制作技术起步早，技术成熟，采用 PN 结或二氧化硅（SiO_2）隔离层隔离噪声，成像质量相对 CMOS 光电传感器有一定优势。由于 CMOS 光电传感器集成度高，各光电传感元件、电路之间距离很近，相互之间的光、电、磁干扰较严重，噪声对图像质量影响很大，使 CMOS 光电传感器很长一段时间无法进入使用。近年，随着 CMOS 电路消噪技术的不断发展，为生产高密度优质的 CMOS 图像传感器提供了良好的条件。

在相机的选择中，不能绝对地说 CCD 相机好还是 CMOS 相机更好，具体选择过程要根据应用的具体需求和所选择相机的参数指标。

2）按照传感器结构分：面阵相机 & 线阵相机。

有两种主要的传感器架构：面扫描和线扫描，响应的相机称为面阵相机和线阵相机。面阵相机通常用于，在一幅图像采集期间相机与被成像目标之间没有相对运动的场合，如监控显示、直接对目标成像等，图像采集用一个事件触发（或条件的组合）。线扫描相机用于在一幅图像采集期间相机与被成像目标之间有相对运动的场合，通常是连续运动目标成像或需要对大视场高精度成像。线扫描相机主要应用于蜷曲表面或平滑表面、连续产品进行成像，比如印刷检测、纺织品检测、LCD 面板、PCB、纸张、玻璃、钢板等。

3）按照输出模式分类：模拟相机 & 数字相机。

根据相机视频信号输出模式的不同分为模拟相机和数字相机，模拟相机输出模拟视频信号，可以通过相应的模拟显示器直接显示图像，也可以通过采集卡进行模拟转换后，形成数字视频信号的采集与存储；数字相机在相机内部完成模拟转换，直接输出数字视频信号。随着数字技术的不断发展，模拟相机越来越多地被数字相机所替代，模拟相机所占市场份额正越来越小。数字相机具有通用性好、控制简单、可增加更多图像处理功能，以及后续升级等的优势。数字相机还可以进一步细分，其输出接口又包括 Camera Link 接口、Firewire（IEEE

1394）、USB 接口和 GigE 接口。模拟相机分为逐行扫描和隔行扫描两种，隔行扫描相机又包含 EIA、NTSC、CCIR、PAL 等标准制式。

4）彩色相机 & 黑白相机。

黑白相机直接将光强信号转换成图像灰度值，生成的是灰度图像；彩色相机能获得景物中红、蓝、绿三个分量的光信号，输出彩色图像。彩色相机能够提供比黑白相机更多的图像信息。彩色相机的实现方法主要有两种，棱镜分光法和 Bayer 滤波法。棱镜分光彩色相机利用光学透镜将入射光学的 R、G、B 分量分离，在三片传感器上分别将三种颜色的光信号转换成电信号，最后对输出的数字信号进行合成，得到彩色图像。Bayer 滤波彩色相机是在传感器像元表面按照 Bayer 马赛克规律增加 RGB 三色滤光片，输出信号时，像素 RGB 分量值是由其对应像元和其附近边缘共同获得的。

事实上相机按不同的方式还有其他的分类，比如按照输出速度可分为低速、标准速度和高速相机，按照光谱可分为可见光、紫外和红外相机等。

4. 镜头与相机搭配选型

选型示例：被测物体 100×100 mm，精度要求 0.1 mm，相机距被测物体为 $200 \sim 400$ mm，要求选择合适的相机和镜头。

分析如下：

如图 2-15 所示，被测物体是 100×100 mm 的方形物体，而相机靶面通常为 4:3 的矩形，因此，为了将物体全部摄入靶面，应该以靶面的短边长度为参考来计算视场。系统精度要求为 0.1 mm，100/0.1 = 1000，因此相机靶面短边的像素数要大于 1000。相机到物体的距离为 $200 \sim 400$ mm，考虑到镜头本身的尺寸，可以假定物体到镜头的距离为 $200 \sim 320$ mm，取中间值，则系统的物距为 260 mm。根据估算的像素数目，可选定大恒 CCD 相机 SV1410FM 靶面尺寸 2/3 平方英寸（8.8×6.6 mm），分辨率 1392×1040，像元尺寸为 6.45 μm。镜头放大率为 $\beta = 6.6/100 = 0.066$，可以达到的精度为：像素尺寸/放大率 = 0.00645/0.066 = 0.098 mm，满足精度要求。镜头的焦距为 $f = 260/(1 + 1/0.066) = 16.1$ mm，则镜头可选择 Computar M1614 - MP，其光圈数从 F1.4 到 F16。

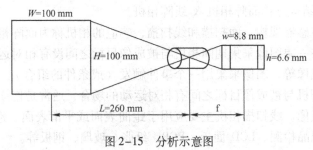

图 2-15 分析示意图

2.4 相机接口技术

相机将采集到的图像信息通过相机接口传送到计算机中，从而才有了后续的图像处理。相机的接口技术可以分为模拟接口技术和数字接口技术两大类。模拟接口技术主要是利用模拟数据采集卡与图像处理设备相连，数据传输的速度和精度都较差，并且随着数字化技术的发展，模拟接口技术终究会消亡，但其消亡还要有相当长的一段时间，由于模拟视频设备的低价格，在图像处理应用的低端领域还是有相当的市场。数字接口技术是目前相机接口的主流技术，以下我们介绍最常用的几种数字相机接口。

1. Camera Link 接口

Camera Link 就是专门为图像处理的高端应用设计的，其基础是采用美国 National Semiconductor 公司驱动平板显示器的 Channel Link 技术，在 2000 年由几家专门做图像卡和相机的公司联合发布，如图 2-16 所示。Camera Link 对接线、数据格式、触发、相机控制、高分辨率和帧频等做了考虑，为图像处理系统的应用提供了很多方便。例如数据的传输率高达 1 Gbit/s，数字格式输出提供了高分辨率、高数字化和各种帧频输

图 2-16　Camera Link 线缆

出。根据应用的要求不同，提供了低、中、高档三种支持格式，可根据分辨率、速度等自由选择。图像卡与相机之间的通信采用了 LVDS（Low Voltage Differential Signaling）格式，实用了专门的连接线，距离最远 10 m，标准的是 3 m MDR 26 针接线，速度快，抗噪性好。

Camera Link 标准中包含 Base、Medium、Full 3 个规范，但都使用统一的线缆和接插件。Camera Link Base 使用 4 个数据通道，Medium 使用了 8 个数据通道，Full 使用 12 个数据通道。

Camera Link 基础配置如下：
- 数据量 2.04 Gbit/s（255 MB/s）。
- Channel Link 芯片数：1；线缆数量：1。
- 5 个 LVDS 线对传输串行视频数据（24 bit 数据及 4 位视频同步信号，分别是：FVAL（帧有效）、LVAL（行有效）、DVAL（数据有效）、Spare（保留）），一组同步信号传送 4 个 LVDS 线对控制信号（cc1 ~ cc4）。
- 2 个 LVDS 线对串口信号与相机通信。
- Medium Configuration：
- 数据量 4.08 Gbit/s（510 MB/s）。
- Channel Link 芯片数：2；线缆数量：2。
- 在 Base 的基础上提供了额外的 24 bit 数据通道，用于传递图像数据，达到 48 bit。
- Full Configuration：
- 数据量 5.44 Gbit/s（680 MB/s）。
- Channel Link 芯片数：3；线缆数量：2。
- 在 Medium 基础上提供额外的 16 bit 数据带宽，达到 64 bit。

Camera Link 规范成为包含线阵相机、高速或高分辨率面阵相机在内的高速数字图像采集的标准。同时，这一标准也有一个缺点就是标准过高：计算机端需要额外的图像采集卡来完成数据重构，这就使得应用的成本增加了。对于一些应用来说，使用计算机上已有的数字口来传输数字图像信号就可以了，是一个可选择的低成本方案。

2. IEEE 1394（Fire Wire）接口

IEEE 1394 又称作火线，是高速串行总线标准，如图 2-17
所示。最初的标准 IEEE 1394 颁布于 1995 年，规定数据量为
93.304 Mbit/s、196.608 Mbit/s 和 393.216 Mbit/s，也就是
12.288 MB/s、24.576 MB/s 和 49.152 MB/s。使用 6 针线插件，
数据传输时使用两对双绞线传输信号、一根电缆用于电源、另
一根电缆用于地线。因此，对于低功耗产品可以直接使用电缆
提供的电源而不需要额外的电源。标准还定义了带锁固的接插
件，这对于工业应用非常重要，锁固的电缆防止了电缆线意外
脱开。IEEE 1394a 增加了其他分类，包括不含电源的 4 针连接

图 2-17　IEEE 1394
（Fire Wire）接口

方式。最新版本 IEEE 1394b 定义了 800 Mbit/s 和 1600 Mbit/s 速率以及 3200 Mbit/s 结构，同
时也对 9 针接插件和光缆接口以及电缆做了规定。

早在 1998 年就颁布了家用电器数字视频信号传输协议的原型，这导致了像家用摄像机
等 IEEE1394 设备的广泛传播。由于此标准不是针对数字图像处理应用的，1394 贸易学会仪
器和工业控制小组数字摄像机分组对 IEEE 1394 针对工业相机进行了修订，这一修订后的标
准常称作 IIDC。

IIDC 定义了多种视频输出格式，包括分辨率、帧率以及传输的像素数据格式。标准
中的分辨率从 160×120 到 1600×1200。帧率从每秒 3.5 帧到每秒 240 帧。像素数据格式
包括黑白（每像素 8 位和 16 位）、RGB（每通道 8 位和 16 位，也就是每个像素 24 位和
48 位）、不同色度压缩比率的 YUV（4:1:1，每像素 12 位；4:2:2，每像素 16 位；4:4:4，每像
素 24 位）以及原始 Bayer 图像（每像素 8 位和 16 位）。以上每种分辨率、帧率和数据格
式并不是可以随意组合的。另外，IIDC 还规定了标准的方法来控制相机的设置，比如曝
光时间（IIDC 中称为快门）、光圈、增益、外触发、外触发延时及相机的上下左右旋
转等。

IEEE 1394 支持热插热拔，可以随意插拔所有硬件并形成星状、链状等连接方式。采用
6 针接头，直接给相机供电，电流可达 1.5 A。4 针接头的线只能传输数据而不能供电。
IEEE 1394 接口具有许多优点，它既能保证足够快的速度，又能传输较远的距离，自带电
源，体积较小，也可以支持高分辨率和帧频。近些年来发展较快，特别是对于显微、医学成
像和实时速度要求不是非常极端的场合尤为合适。

3. USB 接口

USB（Universal Serial Bus，通用串行总线）用于
规范计算机与外部设备的连接和通信，是连接计算机
系统与外部设备的一种串口总线标准，也是一种输入
输出接口的技术规范，被广泛地应用于个人计算机和
移动设备等信息通信产品，并扩展至摄影器材、数字
电视（机顶盒）、游戏机等其他相关领域，如图 2-18
所示。

图 2-18　USB 接口

USB 是在 1994 年底由英特尔等多家公司联合在
1996 年推出后，已成功替代串口和并口，已成为当今计算机与大量智能设备的必配接口。

但是1996年初次发布USB 1.0规范时，它被设计的传输速率为1.5 Mbit/s和12 Mbit/s，此规范访问外围设备，如键盘、鼠标和大容量存储设备的速度一般，访问扫描仪的速度较慢，而对于像网络摄像机这种视频设备只能采集低分辨率和低帧率的图像。最新一代是USB 3.1，传输速率为10 Gbit/s，三段式电压5 V/12 V/20 V，最大供电100 W，新型Type C插型不再分正反，对图像处理系统由很大的吸引力。

USB使用4针接插件，一对电缆用于信号传输，另外两根电缆分别用于电源和地线。因此，对于低功耗产品可以不外接电源。USB没有锁紧插头或其他固定防止电缆意外脱落的规范。USB体系结构定义了4种数据传输类型：控制（Control）传输方式、批量（Bulk）传输方式、中断（Interrupt）传输方式、等时（Isochronous）传输方式。控制传输用于设备首次连接到总线时的配置。批量传输通常用于打印机、传真机等大量数据传输，批量传输带宽为其他三种传输类型剩余的带宽。中断传输为有限延时传输，通常有事件通知，比如键盘和鼠标的输入。对于以上三种传输方式，数据不会有丢失的情况，而等时传输可以使用预先商定的USB带宽和预先商定的传输延时，为了达到要求的带宽，数据包可以有传输错误，也可以被丢掉，而且不会重传数据修正错误。视频数据常用等时传输方式或批量传输方式。

4. Gigabit Ethernet 接口

20世纪70年代发明了作为局域网物理层的以太网。最初实验性的以太网可以提供2.94 Mbit/s的速率。1995年以太网第一次被标准化为10 Mbit/s，目前以太网标准IEEE 802.3定义了速率为10 Mbit/s，100 Mbit/s（Fast Ethernet，高速以太网），1 Gbit/s（Gigabit Ethernet，千兆以太网）和10 Gbit/s。Gigabit Ethernet（GigE）接口（如图2-19所示）是工业应用所新开发的一种图像接口技术，以Gigabit Ethernet协议为标准，主要用做高速、大数据量的图像传输，

图2-19　Gigabit Ethernet 接口

远距离图像传输及降低远距离传输时电缆线的成本。可通过一台控制单元对多台千兆网工业相机进行图像采集，目前千兆网工业相机已逐步代替其他接口成为主流。

目前千兆网被广泛使用，实际上被用作为所有局域网的物理层，千兆以太网被广泛应用以及其高速率对数字图像处理系统很有吸引力，使用价格低廉的RJ45接口和网线，可以达到100 m的传输距离。它还有如下特点，简易型：千兆以太网继承了以太网、快速以太网的简易型，因此其技术原理、安装实施和管理维护都很简单；扩展性：由于千兆以太网采用了以太网、快速以太网的基本技术，因此由10Base-T、100 Base-T升级到千兆以太网非常容易；可靠性：由于千兆以太网保持了以太网、快速以太网的安装维护方法，采用星型网络结构，因此网络具有很高的可靠性；经济性：由于千兆以太网是10 Base-T和100 Base-T的继承和发展，一方面降低了研究成本，另一方面由于10Base-T和100Base-T的广泛应用，作为其升级产品，千兆以太网的大量应用只是时间问题；可管理维护性：千兆以太网采用基于简单网络管理协力（SNMP）和远程网络监视（RMON）等网络管理技术，许多厂商开发了大量的网络管理软件，使千兆以太网的集中管理和维护非常简便；广泛应用性：千兆以太网为局域主干网和城域主干网（借助单模光纤和光收发器）提供了一种高性能价格比的宽带传输交换平台，使得许多宽带应用能施展其魅力。

【课后习题】

1. 人造光源主要有哪些类型？其各自的特点是什么？
2. 评价光源的性能指标有哪些？
3. 镜头的主要参数有哪些？

第 3 章　图像预处理技术

3.1　图像的灰度变换

图像灰度变换（Gray – Scale Transformation，GST）是图像增强的一种重要手段，它常用于改变图像的灰度范围及其分布，使图像的动态范围增大及对比度扩展，是图像数字化及图像显示的重要工具之一。灰度变换是指根据某种目标条件按一定变换关系逐点改变原图像中每一个像素灰度值的方法。灰度变换的目的是为了改变图像的质量，使图像的显示效果更加清晰，并且有选择地突出图像中感兴趣的特征或者抑制图像中某些不需要的特征，使图像与视觉响应特性相匹配。

一般成像系统只具有一定的亮度响应范围，常出现对比度不足的情况，使人眼观看图像时视觉效果很差。另外，在某些情况下，需要将图像的灰度级整个范围或者其中的某一段扩展或压缩到记录器件输入灰度级动态范围之内。采用下面介绍的灰度变换方法可以充分利用相机的灰度级动态范围，记录显示出图像中需要的图像细节，从而大大改善人的视觉效果。灰度变化可分为线性变化、分段线性变化、非线性变化、灰度对数变换、直方图均衡化等，下面进行详细介绍。

3.1.1　线性变化

灰度变换可以使图像动态范围增大，对比度得到扩展，使图像清晰、特征明显，是图像增强的重要手段之一。它主要利用点运算来修正像素灰度，由输入像素点的灰度值确定相应输出点的灰度值，是一种基于图像变换的操作。灰度变换不改变图像内的空间关系，除了灰度级的改变是根据某种特定的灰度变换函数进行之外，可以看作是"从像素到像素"的复制操作。基于点运算的灰度变换可表示为式（3-1）：

$$g(x,y) = Tf(x,y) \tag{3-1}$$

其中 T 被称为灰度变换函数，它描述了输入灰度值和输出灰度值之间的转换关系。一旦灰度变换函数确定，该灰度变换就被完全确定下来。

简单的线性灰度变换法可以表示为式（3-2）：

$$g(x,y) = \frac{d-c}{b-a} \times [(x,y) - a] + c \tag{3-2}$$

其中，b 和 a 分别是输入图像亮度分量的最大值和最小值，d 和 c 分别是输出图像亮度分量的最大值和最小值。假定原图像 $f(x,y)$ 的灰度范围为 $[a,b]$，变换后的图像 $g(x,y)$ 的灰度范围线性扩展至 $[c,d]$，如图 3-1 所示。

若图像中大部分像素的灰度级分布在区间 $[a,b]$ 内，f 为原图的最大灰度级，只有很小一部分的灰度级超过了此区间，则为了改善增强效果，可以令：

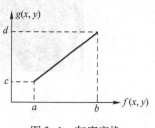

图 3-1　灰度变换

$$g(x,y) = \begin{cases} c & 0 \leqslant f(x,y) \leqslant a \\ \dfrac{d-c}{b-a} \times [f(x,y)-a] + c & a \leqslant f(x,y) \leqslant b \\ d & b \leqslant f(x,y) \leqslant \max f \end{cases} \tag{3-3}$$

此方法是将灰度值小于 a 的像素的灰度值全部映射为 c，将灰度值大于 b 的像素的灰度值全部映射为 d，也就是说，在图像增强的过程中，损失了灰度值小于 a 和大于 b 的信息，但是由于损失的信息在原图像中所占的像素数目非常小，所以在实际应用中，只要选择合适的 $[a,b]$，这些损失是可以接受的。如果不想损失这部分的信息，可以保持它们的原灰度值不变，用式（3-4）进行增强：

$$g(x,y) = \begin{cases} \dfrac{d-c}{b-a} \times [f(x,y)-a] + c & a \leqslant f(x,y) \leqslant b \\ f(x,y) & \text{其他} \end{cases} \tag{3-4}$$

由于人眼对灰度级别的分辨能力有限，只有当相邻像素的灰度值相差到一定程度时才能被辨别出来。通过上述变换，图像中相邻像素灰度的差值增加，例如在曝光不足或过度的情况下，图像的灰度可能会局限在一个很小的范围内，这时得到的图像可能是一个模糊不清，似乎没有灰度层次的图像。采用线性变换对图像中每一个像素灰度作线性拉伸，将有效改善图像视觉效果。

在 MATLAB 环境中，采用函数 imadjust( ) 对原图像 $0.3 \times 255 \sim 0.7 \times 255$ 灰度值，通过线性变化映射到 $0 \sim 255$，即利用图像线性变化进行图像增强。分别取：$a = 0.3 \times 255$，$b = 0.7 \times 255$，$a' = 0$，$b' = 255$。

对'lena. bmp '进行线性变换，其 MATLAB 程序代码如下：

```
A = imread('lena. bmp ');          % 读入图像
imshow(A);                         % 显示图像
figure, imhist(A);                 % 显示图像的直方图
J1 = imadjust(A,[0.3,0.7],[ ]);    % 将图像中 0.3×255~0.7×255 灰度之间的值通过线性变换
% 映射到 0~255 之间
figure, imshow(J1);                % 输出图像效果图
figure, imhist(J1);                % 输出图像直方图
```

程序运行结果，如图 3-2 所示：

a)   b)

图 3-2　线性变换结果图

a) 原图　b) 线性变换效果图

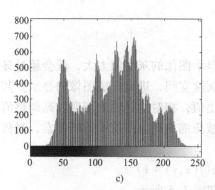
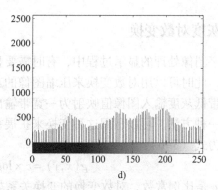

图 3-2 线性变换结果图（续）

c）原图直方图 d）变换后的直方图

3.1.2 分段线性变换

在实际应用中，为了突出图像中感兴趣的研究对象，常常要求局部扩展拉伸某一范围的灰度值，或对不同范围的灰度值进行不同的拉伸处理，即分段线性拉伸，如图 3-3 所示。

在实际图像处理中，可以根据实际需要任意组合分段线性变换，以灵活的控制输出灰度分布，并改善输出图像质量，其函数形式如式（3-5）：

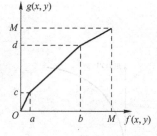

图 3-3 分段线性变化

$$g(x,y) = \begin{cases} \dfrac{c}{a} \times f(x,y) & 0 \leqslant f(x,y) < a \\[2mm] \dfrac{d-c}{b-a} \times [f(x,y) - a] + c & a \leqslant f(x,y) < b \\[2mm] \dfrac{M-d}{M-b} \times [f(x,y) - b] + d & b \leqslant f(x,y) \leqslant M \end{cases}$$

$$(3-5)$$

通常，M 取值为 255，且 $a < b < M, c < d < M$，从而保证函数是单调递增的，以避免造成处理过程的图像灰度级发生颠倒。

由图 3-4 可以看出，通过调整折线拐点的位置以及控制分段直线的斜率，可以实现对任意灰度区间的扩展和压缩，分段线性变换在数字图像增强中用途是非常广泛的。

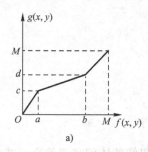
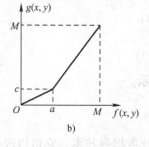
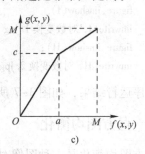

a）   b）   c）

图 3-4 不同的分段线性变换

3.1.3 灰度对数变换

在数字图像处理的显示过程中，有时需要显示图像的灰度值太大，就会超过显示设备的动态范围，此时可以用对数变换来压缩图像的灰度空间，进而完成图像的显示。灰度对数变换使一窄带低灰度输入图像值映射为一宽带输出值，相对的是输入灰度的高调整值，是非线性变换的一种方法。可以利用这种变换来扩展被压缩的高值图像中的暗像素，对数变换的一般表达式为式（3-6）：

$$g(x,y) = c \times \log(f(x,y) + 1) \tag{3-6}$$

其中 c 是比例常数，对数变换的变换关系如图3-5所示。

由图3-4可知，对数变换不是对图像的整个灰度范围进行扩展，而是有选择地对低灰度值范围进行扩展，其他范围的灰度值则有可能被压缩，也就是说它主要用来将图像暗的部分进行扩展，而将亮的部分进行抑制，作用过程示例如图3-6所示，变换公式如式（3-7）所示。

$$g(x,y) = 9 \times \log(f(x,y) + 1) \tag{3-7}$$

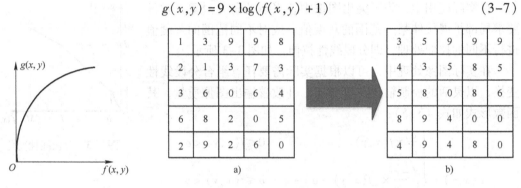

图3-5 对数变换的变换关系

图3-6 对数变换作用过程
a) 原始图 b) 变换后的图

对'lena. bmp '进行对数变换，其 MATLAB 程序代码如下：

```
I = imread('lena. bmp ');
J = double(I);
J = 40 * (log(J + 1));
H = uint8(J);
figure, imshow(I)
imwrite(I,'对数变换1. jpg ');
figure, imshow(H);
imwrite(H,'对数变换2. jpg ');
```

程序运行结果，如图3-7所示。

3.1.4 直方图均衡化

直方图均衡化是一种图像对比度增强技术，它可以改变图像整体偏暗或偏亮，或灰度层次不丰富的情况，使得到的直方图占据整个灰度范围且均匀分布。

图像对比度增强的方法可以分成两类：一类是直接对比度增强方法；另一类是间接对比

a)   b)

图 3-7 对数变换效果图

a) 原图 b) 效果图

度增强方法。直方图拉伸和直方图均衡化是两种最常见的间接对比度增强方法。直方图拉伸是通过对比度拉伸对直方图进行调整，从而"扩大"前景和背景灰度的差别，以达到增强对比度的目的，这种方法可以利用线性或非线性的方法来实现；直方图均衡化则通过使用累积函数对灰度值进行"调整"以实现对比度的增强。

直方图均衡化是图像处理领域中利用图像直方图对对比度进行调整的方法。这种方法通常用来增加许多图像的局部对比度，尤其是当图像的有用数据的对比度相当接近的时候。通过这种方法，亮度可以更好地在直方图上分布。这样就可以用于增强局部的对比度而不影响整体的对比度，直方图均衡化通过有效地扩展常用的亮度来实现这种功能。这种方法对于背景和前景都太亮或者太暗的图像非常有用，尤其是可以在 X 光图像中更好地显示骨骼结构以及曝光过度或者曝光不足照片中的细节。它的一个主要优势是它是一个相当直观的技术并且是可逆操作，如果已知均衡化函数，那么就可以恢复原始的直方图，并且计算量也不大。它的一个缺点是不能对处理的数据进行选择，它可能会增加背景杂讯的对比度并且降低有用信号的对比度。

直方图均衡化的基本思想是把原始图的直方图变换为均匀分布的形式，这样就增加了像素灰度值的动态范围，从而可达到增强图像整体对比度的效果。设原始图像在 (x,y) 处的灰度为 $f(x,y)$，而改变后的图像为 $g(x,y)$，则对图像增强的方法可表述为将在 (x,y) 处的灰度 $f(x,y)$ 映射为 $g(x,y)$。在灰度直方图均衡化处理中对图像的映射函数可定义为：

$$g(x,y) = EQ(f(x,y)) \tag{3-8}$$

这个映射函数 $EQ(f)$ 必须满足两个条件（其中 L 为图像的灰度级数）：

1）$EQ(f)$ 在 $0 \leqslant f \leqslant L-1$ 范围内是一个单值单增函数。这是为了保证增强处理没有打乱原始图像的灰度排列次序，原图各灰度级在变换后仍保持从黑到白（或从白到黑）的排列。

2）对于 $0 \leqslant f \leqslant L-1$ 有 $0 \leqslant g \leqslant L-1$，这个条件保证了变换前后灰度值动态范围的一致性。

累积分布函数（Cumulative Distribution Function，CDF）可以满足上述两个条件，且通过该函数可以完成将原图像 $f(x,y)$ 的分布转换成 $g(x,y)$ 的均匀分布。此时的直方图均衡化映射函数为：

$$g_k = EQ(f_k) = n_k/N \quad (k=0,1,2,\cdots,L-1) \tag{3-9}$$

上述求和区间为 0 到 k，根据该方程可以由源图像的各像素灰度值直接得到直方图均衡化后各像素的灰度值。在实际处理变换时，一般先对原始图像的灰度情况进行统计分析，并计算出原始直方图分布，然后根据计算出的累计直方图分布求出 f_k 到 g_k 的灰度映射关系。在重复上述步骤得到源图像所有灰度级到目标图像灰度级的映射关系后，按照这个映射关系对源图像各点像素进行灰度转换，即可完成对原始图的直方图均衡化。

对'lena. bmp'做直方图均衡化，其 MATLAB 程序代码如下：

```
I = imread('lena. bmp');
J = histeq(I);                  % 调用函数完成直方图均衡化
figure, imshow(I);             % 直方图均衡化前的图像效果
figure, imshow(J);             % 直方图均衡化后的图像效果
imwrite(J,'直方图 2. jpg');
figure, imhist(I,64);           % 均衡化前的直方图
figure, imhist(J,64);           % 均衡化后的直方图
imwrite(I,'直方图 1. jpg');
```

运行程序，直方图均衡化结果如图 3-8 所示。

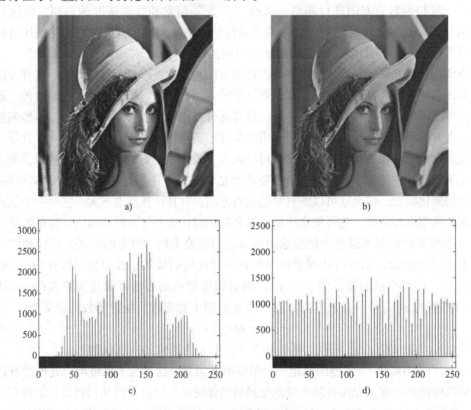

图 3-8　直方图均衡化

a）原图　b）均衡化效果图　c）原图直方图　d）均衡化直方图

3.2　图像的几何变换

图像几何变换是指用数学建模的方法来描述图像位置、大小、形状等变化的方法，通过对变形的图像进行几何校正，可以得出准确的图像。在实际场景拍摄到的一幅图像，如果画

面过大或过小，都需要进行缩小或放大。如果拍摄时景物与摄像头不成相互平行关系的时候，会发生一些几何畸变，例如会把一个正方形拍摄成一个梯形等，这就需要进行一定的畸变校正。在进行目标物的匹配时，需要对图像进行旋转、平移等处理。在进行三维景物显示时，需要进行三维到二维平面的投影建模。因此，图像几何变换是图像处理及分析的基础，也是最常见的图像处理手段之一。

图像几何变换是计算机图像处理领域中的一个重要组成部分，也是值得探讨的一个重要课题。在图像几何变换中主要包括图像的移动、旋转、比例放缩、镜像及插值等内容，几何变换只改变像素所在的几何位置，而不改变图像的像素值。

3.2.1 平移

图像的平移是几何变换中最简单的变换之一，是将一幅图像上的所有点都按照给定的偏移量在水平方向沿 x 轴、在垂直方向沿 y 轴移动。如图 3-9 所示，初始坐标为 (x_0, y_0) 的点经过平移 (t_x, t_y)（设向右、向下为正方向）后，坐标变为 (x_1, y_1)。显然 (x_0, y_0) 和 (x_1, y_1) 的关系如式（3-10）所示：

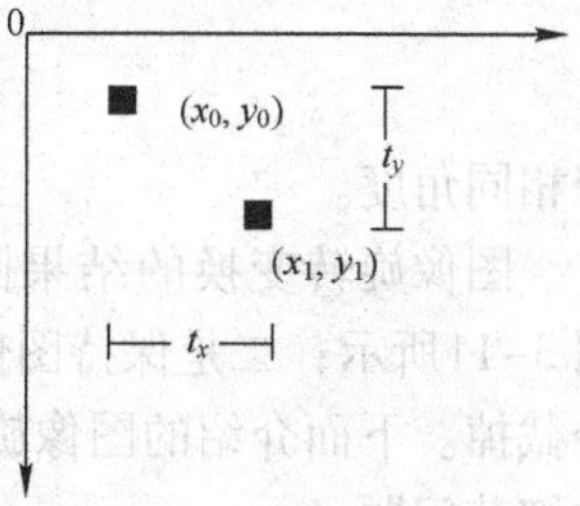

$$\begin{cases} x_1 = x_0 + t_x \\ y_1 = y_0 + t_y \end{cases} \tag{3-10}$$

图 3-9　平移示意图

以矩阵的形式表示为式（3-11）：

$$\begin{bmatrix} x_1 & y_1 & 1 \end{bmatrix} = \begin{bmatrix} x_0 & y_0 & 1 \end{bmatrix} \begin{pmatrix} 1 & 0 & 0 \\ 0 & 1 & 0 \\ t_x & t_y & 1 \end{pmatrix} \tag{3-11}$$

对式（3-11）求逆，可以得到逆变换式（3-12）：

$$\begin{bmatrix} x_0 & y_0 & 1 \end{bmatrix} = \begin{bmatrix} x_1 & y_1 & 1 \end{bmatrix} \begin{pmatrix} 1 & 0 & 0 \\ 0 & 1 & 0 \\ -t_x & -t_y & 1 \end{pmatrix} \tag{3-12}$$

对 'lena. bmp ' 做平移，其 MATLAB 代码如下所示：

```
img1 = imread('lena. bmp ');
figure,imshow(img1);
imwrite(img1,'平移 1. jpg ');
%%%%%平移
se = translate(strel(1),[20 20]);
img2 = imdilate(img1,se);
figure,imshow(img2);
imwrite(img2,'平移 2. jpg ');
```

运行程序，平移结果如图 3-10 所示。

3.2.2 旋转

图像旋转变换是指以图像的中心为原点，将图像中的所有像素（即整幅图像）旋转一

a)   b)

图 3-10   平移效果图

a）原始图   b）效果图

个相同角度。

图像旋转变换的结果图像分为两种情况：一是扩大图像范围以显示所有的图像，如图 3-11 所示；二是保持图像旋转前后的幅面大小，把旋转后图像被转出原幅面大小的那部分截掉。下面介绍的图像旋转变换方法仅考虑第一种情况，即不考虑如何截断转出的那部分的细节问题。

在图 3-12 的 xoy 平面坐标系中，设位于 (x_0,y_0) 处的坐标点到坐标原点的直线 r 与 x 轴的夹角为 b，直线 r 顺时针旋转 a 角度后使 (x_0,y_0) 处的点位于 (x_1,y_1) 处。

旋转前：

$$\begin{cases} x_0 = r\cos b \\ y_0 = r\sin b \end{cases} \tag{3-13}$$

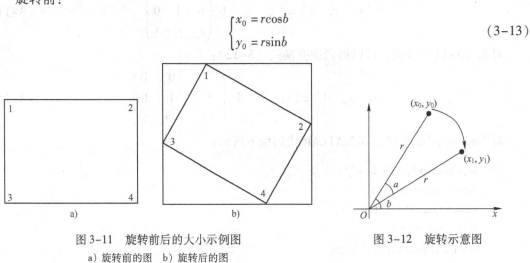

a)   b)

图 3-11   旋转前后的大小示例图   图 3-12   旋转示意图

a）旋转前的图   b）旋转后的图

旋转 a 角度后，得到式（3-14）：

$$\begin{cases} x_1 = r\cos(b-a) = r\cos b\cos a + r\sin b\sin a \\ y_1 = r\sin(b-a) = r\sin b\cos a - r\cos b\sin a \end{cases} \tag{3-14}$$

将式（3-13）代入式（3-14）得到式（3-15）：

$$\begin{cases} x_1 = x_0\cos a + y_0\sin a \\ y_1 = -x_0\sin a + y_0\cos a \end{cases} \tag{3-15}$$

式（3-15）以矩阵的形式表示：

$$[x_1 \quad y_1 \quad 1] = [x_0 \quad y_0 \quad 1]\begin{pmatrix} \cos a & -\sin a & 0 \\ \sin a & \cos a & 0 \\ 0 & 0 & 1 \end{pmatrix} \tag{3-16}$$

对'lena. bmp '做旋转，其 MATLAB 代码如下所示：

```
img1 = imread('lena. bmp ');
figure,imshow(img1);
img3 = imrotate(img1,45);
img4 = imrotate(img1,90);
img5 = imrotate(img1,135);
figure,imshow(img3);
figure,imshow(img4);
figure,imshow(img5);
imwrite(img1,'旋转 1. jpg ');
imwrite(img3,'旋转 2. jpg ');
imwrite(img4,'旋转 3. jpg ');
imwrite(img5,'旋转 4. jpg ');
```

运行程序，旋转结果如图 3-13 所示。

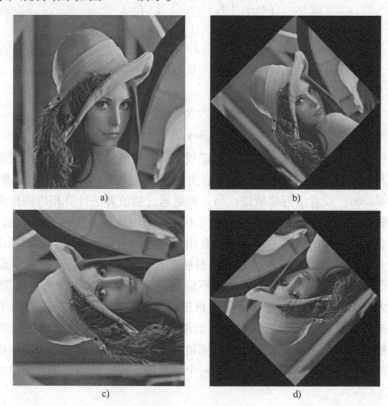

a)

b)

c)

d)

图 3-13　旋转效果图

a）原始图　b）旋转 45°　c）旋转 90°　d）旋转 135°

3.2.3 比例放缩

在计算机图像处理和计算机图形学中，图像比例缩放（image scaling）是指对数字图像的大小进行调整的过程。图像缩放需要在处理效率以及结果的平滑度和清晰度上做一个权衡。当一个图像的大小增加之后，组成图像的像素的可见度将会变得更高，从而使得图像表现得"软"。相反地，缩小一个图像将会增强它的平滑度和清晰度。上面的几种图像几何变换中都是 1:1 的变换，而图像的缩放操作将会改变图像的大小，产生的图像中的像素可能在原图中找不到相应的像素点，这样就必须进行近似处理。一般的方法是直接赋值为和它最相近的像素值，也可以通过一些插值算法来计算。

图像比例缩放是指将给定的图像在 x 轴方向按比例缩放，在 y 轴方向也按比例缩放，从而获得一幅新的图像。如果两个方向上缩放比例相等，则为全比例缩放，否则为非全比例缩放，比例缩放用矩阵形式可表示为式（3-17）：

$$\begin{pmatrix} x \\ y \\ 1 \end{pmatrix} = \begin{pmatrix} f_x & 0 & 0 \\ 0 & f_y & 0 \\ 0 & 0 & 1 \end{pmatrix} \begin{pmatrix} x_0 \\ y_0 \\ 1 \end{pmatrix} \tag{3-17}$$

其逆运算为式（3-18）：

$$\begin{pmatrix} x_0 \\ y_0 \\ 1 \end{pmatrix} = \begin{pmatrix} \dfrac{1}{f_x} & 0 & 0 \\ 0 & \dfrac{1}{f_y} & 0 \\ 0 & 0 & 1 \end{pmatrix} \cdot \begin{pmatrix} x \\ y \\ 1 \end{pmatrix} \tag{3-18}$$

即关系式为式（3-19）：

$$\begin{cases} x_0 = x/f_x \\ y_0 = y/f_y \end{cases} \tag{3-19}$$

比例放缩后图像中的像素在原图像中可能找不到对应的像素点，则此时需要进行插值处理。常用的两种插值方法：一种是直接赋值为与它最相近的像素点，称为最邻近插值法（Nearest Interpolation）或者最近邻域法；另一种是通过插值算法计算相应的像素值。前一种是最基本的、最简单的图像插值算法，但效果不佳。采用这种方法放大后的图像不够清晰，而缩小的图像会出现严重的失真。其原因是在由目标图的坐标反推得到的原始图像的坐标点是一个浮点数，直接采用四舍五入的方法将目标的坐标值设定为原始图像中最接近的像素值。比如：当前的坐标值为 0.75 的时候，不应该简单的取为 1，既然是 0.75，要比 1 小 0.25，要比 0 大 0.75，那么目标像素值应该根据这个源图中虚拟点四周的四个真实点来按照一定的规律进行计算，这样才能达到更好的缩放效果。后一种算法有如双线性内插值算法，双线性内插值算法是一种比较好的图像插值算法，它充分地利用了源图中虚拟点四周的四个真实存在的像素值来共同决定目标图的一个像素值，因此缩放效果比简单的最邻近插值要好得多。

对'lena. bmp'做缩放，其 MATLAB 程序代码如下：

```
img1 = imread('lena. bmp');
```

```
figure,imshow(img1);
% %%%%%缩放
img2 = imresize(img1,2);
img4 = imresize(img1,0.5);
figure,imshow(img2);
figure,imshow(img4);
imwrite(img1,'放缩1.jpg');
imwrite(img2,'放缩2.jpg');
imwrite(img4,'放缩3.jpg');
```

运行程序，放缩结果如图3-14所示。

a)   b)

c)

图3-14　放缩效果图
a）原始图　b）放大一倍　c）缩小一倍

3.2.4　镜像

图像的镜像变换不改变图像的形状。图像的镜像（Mirror）变换分为3种：水平镜像、垂直镜像和对角镜像。

图像的水平镜像操作是将图像的左半部分和右半部分以图像垂直中轴线为中心镜像进行

对换；图像的垂直镜像操作是将图像上半部分和下半部分以图像水平中轴线镜像进行对换。可以单个像素进行镜像，也可以利用位图存储的连续性进行整行复制。

设图像高度为 l_{hight}，宽度为 l_{width}，原图中 (x_0,y_0) 经过水平镜像后坐标将变为 $(l_{width}-x_0,y_0)$，其矩阵表达式为式（3-20）：

$$\begin{pmatrix} x_1 \\ y_1 \\ 1 \end{pmatrix} = \begin{pmatrix} -1 & 0 & l_{width} \\ 0 & 1 & 0 \\ 0 & 0 & 1 \end{pmatrix}\begin{pmatrix} x_0 \\ y_0 \\ 1 \end{pmatrix} \tag{3-20}$$

逆运算矩阵表达式为式（3-21）：

$$\begin{pmatrix} x_0 \\ y_0 \\ 1 \end{pmatrix} = \begin{pmatrix} -1 & 0 & l_{width} \\ 0 & 1 & 0 \\ 0 & 0 & 1 \end{pmatrix}\begin{pmatrix} x_1 \\ y_1 \\ 1 \end{pmatrix} \tag{3-21}$$

即关系式是式（3-22）：

$$\begin{cases} x_0 = l_{width} - x_1 \\ y_0 = y_1 \end{cases} \tag{3-22}$$

同样，(x_0,y_0) 经过垂直镜像后坐标将变为 $(x_0,l_{height}-y_0)$，其矩阵表达式为式（3-23）：

$$\begin{pmatrix} x_1 \\ y_1 \\ 1 \end{pmatrix} = \begin{pmatrix} 1 & 0 & 0 \\ 0 & -1 & l_{height} \\ 0 & 0 & 1 \end{pmatrix}\begin{pmatrix} x_0 \\ y_0 \\ 1 \end{pmatrix} \tag{3-23}$$

逆运算矩阵表达式为式（3-24）：

$$\begin{pmatrix} x_0 \\ y_0 \\ 1 \end{pmatrix} = \begin{pmatrix} 1 & 0 & 0 \\ 0 & -1 & l_{height} \\ 0 & 0 & 1 \end{pmatrix}\begin{pmatrix} x_1 \\ y_1 \\ 1 \end{pmatrix} \tag{3-24}$$

即式（3-25）：

$$\begin{cases} x_0 = x_1 \\ y_0 = l_{height} - y_1 \end{cases} \tag{3-25}$$

对 'lena. bmp' 做镜像变换，其 MATLAB 程序代码如下：

```
init = imread('lena. bmp');
[R,C] = size(init);
res = zeros(R,C);
for i = 1:R
    for j = 1:C
        x = i;
        y = C - j + 1;
        res(x,y) = init(i,j);
    end
end
imshow(uint8(res));
imwrite(uint8(res),'镜像2. jpg');
```

运行程序，镜像结果如图 3-15 所示。

a)   b)

图 3-15　镜像效果图

a) 原图　b) 效果图

3.2.5　插值

在进行数字图像处理时，经常会碰到小数像素坐标的取值问题，这时就需要依据邻近像素的值来对该坐标进行插值。比如：进行地图投影转换，对目标图像的一个像素进行坐标变换到原始图像上对应的点时，变换出来的对应的坐标是一个小数，再比如做图像的几何校正，也会碰到同样的问题。图像插值是图像处理中较常用的一种提高分辨率的方法，它利用已知邻近像素点的灰度值（或 RGB 图像中的三色值）来产生未知像素点的灰度值，以便由原始低分辨图像再生出具有更高分辨率的图像。

我们常用有三种插值方法，分别是最近邻插值、双线性插值、双三次插值。

1. 最近邻插值

最近邻插值是最简单的插值方法，在这种算法中输出像素的值就是在输入图像中与其最临近的采样点。该算法的数序表示为：

$$f(x) = f(x_k) \quad \frac{1}{2}(x_{k-1} + x_k) < x < \frac{1}{2}(x_k + x_{k+1}) \tag{3-26}$$

最邻近插值算法是 MATLAB 工具箱函数默认使用的插值方法，而且这种插值方法的运算量非常小。对于索引图像来说，它是唯一可行的方法。不过，当图像含有精细内容，即高频分量时，这种方法可能会进行倍数放大处理，图像会显现出块状态效应。

2. 双线性插值

在该方法中输出像素的值是它在输入图像中 2×2 的邻域采样点的平均值，它根据某像素周围 4 个像素的灰度值在水平和垂直两个方向上对其插值。

对于一个目的像素，设置坐标通过反向变换得到的浮点坐标为 $(i+u, j+v)$，其中 i、j 均为非负整数，u、v 为 $[0,1)$ 区间的浮点数，则这个像素得值 $f(i+u, j+v)$ 可由原图像中坐标为 $(i,j)(i+1,j)(i,j+1)(i+1,j+1)$ 所对应的周围四个像素的值决定，即：

$$f(i+u, j+v) = (1-u)(1-v)f(i,j) + (1-u)vf(i,j+1) + u(1-v)f(i+1,j) + uvf(i+1,v+1) \tag{3-27}$$

其中 $f(i,j)$ 表示源图像 (i,j) 处的像素值，以此类推。

3. 双三次插值

该插值的领域大小为 4×4，它的插值效果比较好，但相应的计算量较大。

这三种插值方法的运算方式基本类似。对于每一种方法来说，为了确定插值像素点的数值，必须在输入图像中查找到与输出像素对应的点。这三种插值方法的区别在于其他对象像素点赋值的不同。例如：最邻近插值输出像素的赋值为当前点的像素点；双线性插值输出像素的赋值为 2×2 矩阵所包含的有效点的加权平均值；双三次插值输出像素的赋值为 4×4 矩阵所包含的有效点的加权平均值。

3.3 图像增强

增强图像中的有用信息，它可以是一个失真的过程，其目的是要改善图像的视觉效果，针对所给定图像的应用场合，有目的地强调图像的整体或者局部特性，将原来不清晰的图像变得清晰或强调某些感兴趣的特征，扩大图像中不同物体特征之间的差别，抑制不感兴趣的特征，使之改善图像质量、丰富信息量、清晰感兴趣部分，加强图像判读和识别效果，满足某些特殊分析的需要。

3.3.1 均值滤波

均值滤波法也叫领域平均法，是一种局部空间域处理的算法。设 $f(i,j)$ 为给定的含有噪声的图像，经过均值滤波处理后的图像为 $g(i,j)$，则其数学表达式为式（3-28）：

$$g(i,j) = \frac{1}{N} \sum_{i,j=s} \sum F(i,j) = \frac{1}{N} \sum_{i,j=s} \sum f(i,j) + \frac{1}{N} \sum_{i,j=s} \sum h(i,j) \qquad (3-28)$$

式中：$F(i,j) = f(i,j) + h(i,j)$；$f(i,j)$ 为图像信号；$h(i,j)$ 为噪声，也就是说：

$$g(i,j) = \frac{\sum f(i,j)}{N}, (i,j) \in M \qquad (3-29)$$

M 是所取邻域中各邻近像素的坐标，是邻域中包含的邻近像素的个数。

均值滤波法的模板如图 3-16 所示。

$$\frac{1}{9} \begin{bmatrix} 1 & 1 & 1 \\ 1 & 1\bullet & 1 \\ 1 & 1 & 1 \end{bmatrix}$$

图 3-16　均值滤波模板

中间的黑点表示以该像素为中心元素，即该像素是要进行处理的像素。在实际应用中，也可以根据不同的需要选择使用不同的模板尺寸，如 3×3、5×5、7×7、9×9 等。

在 MATLAB 图像处理工具箱中提供了 fspecIal 函数用来创建预定义的滤波器模板，并提供了 fIlter2( ) 函数用指定的滤波器模板对图像进行均值滤波运算。fIlter2 的调用格式为：

Y = fIlter2 (h,X)：其中，h 为指定的滤波器模板，X 为原始图像，Y 为滤波后的图像。

Y = fIlter2 (h,X,shape)：返回结果 Y 的大小参数由 shape 确定，shape 取值如下：

● Full：返回二维互相关的全部结果，sIze(Y) > sIze(Y)。

● Same：返回二维互相关结果的中间部分，Y 的大小与 X 相同。

● ValId：返回二维互相关未使用边缘补 0 的部分，sIze(Y) < sIze(Y)。

对'lena. bmp'进行均值滤波，其 MATLAB 程序代码如下：

```
I = imread('lena. bmp');
J = imnoise(I,'salt & pepper',0. 02);
figure,imshow(I);
figure,imshow(J);
k1 = medfilt2(J);              % 进行 3 × 3 模板中值滤波
k2 = medfilt2(J,[5,5]);        % 进行 5 × 5 模板中值滤波
k3 = medfilt2(J,[7,7]);        % 进行 7 × 7 模板中值滤波
k4 = medfilt2(J,[9,9]);        % 进行 9 × 9 模板中值滤波
figure,imshow(k1);
figure,imshow(k2);
figure,imshow(k3);
figure,imshow(k4);
imwrite(I,'均值滤波 1. jpg');
imwrite(J,'均值滤波 2. jpg');
imwrite(k1,'均值滤波 3. jpg');
imwrite(k2,'均值滤波 4. jpg');
imwrite(k3,'均值滤波 5. jpg');
imwrite(k4,'均值滤波 6. jpg');
```

运行程序，均值滤波结果如图 3-17 所示。

图 3-17 在不同内核下均值滤波效果图

a) 原始图像　b) 加噪点图像　c) 3 × 3 均值滤波　d) 5 × 5 均值滤波

e)   f)

图 3-17 在不同内核下均值滤波效果图（续）

e) 7×7 均值滤波   f) 9×9 均值滤波

均值滤波处理方法是以图像模糊为代价来减小噪声的，且模板尺寸越大，噪声减小的效果越显著。如果 $f(i,j)$ 是噪声点，其邻近像素灰度与之相差很大，采用邻域平均法就是用邻近像素的平均值来代替它，这样能明显消弱噪声点，使邻域中灰度接近均匀，起到平滑灰度的作用。因此，邻域平均法具有良好的噪声平滑效果，是最简单的一种平滑方法。

3.3.2 中值滤波

中值滤波法也是一种非线性平滑技术，它将每一像素点的灰度值设置为该点某邻域窗口内的所有像素点灰度值的中值。

中值滤波是基于排序统计理论的一种能有效抑制噪声的非线性信号处理技术，其基本原理是把数字图像或数字序列中一点的值用该点的一个邻域中各点值的中值代替，让周围的像素值接近的真实值，从而消除孤立的噪声点。方法是用某种结构的二维滑动模板，将板内像素按照像素值的大小进行排序，生成单调上升（或下降）的为二维数据序列。

二维中值滤波输出为：

$$g(x,y) = \mathrm{med}\{f(x-k,y-l),(k,l \in W)\} \tag{3-30}$$

其中，$f(x,y)$、$g(x,y)$ 分别为原始图像和处理后图像。W 为二维模板，通常为 3×3，5×5 区域，也可以是不同的形状，如线状、圆形、十字形和圆环形等。

中值滤波法是一种减少边缘模糊的非线性平滑技术，在一定条件下，可以克服邻域平均所带来的图像细节模糊，能保存完整的边缘信息，而且能对滤除脉冲干扰及图像扫描噪声最为有效，因此在进行邻域平均后采取中值滤波的进行图像的消噪。

对'lena. bmp'进行中值滤波，其 MATLAB 程序代码如下：

```
I = imread('lena. bmp');
J = imnoise(I,'salt & pepper',0. 02);
figure,imshow(I);
figure,imshow(J);
k1 = medfilt2(J);                 % 进行 3×3 模板中值滤波
k2 = medfilt2(J,[5,5]);           % 进行 5×5 模板中值滤波
k3 = medfilt2(J,[7,7]);           % 进行 7×7 模板中值滤波
k4 = medfilt2(J,[9,9]);           % 进行 9×9 模板中值滤波
```

```
figure,imshow(k1);
figure,imshow(k2);
figure,imshow(k3);
figure,imshow(k4);
imwrite(I,'中值滤波 1.jpg');
imwrite(J,'中值滤波 2.jpg');
imwrite(k1,'中值滤波 3.jpg');
imwrite(k2,'中值滤波 4.jpg');
imwrite(k3,'中值滤波 5.jpg');
imwrite(k4,'中值滤波 6.jpg');
```

运行程序，中值滤波结果如图 3-18 所示。

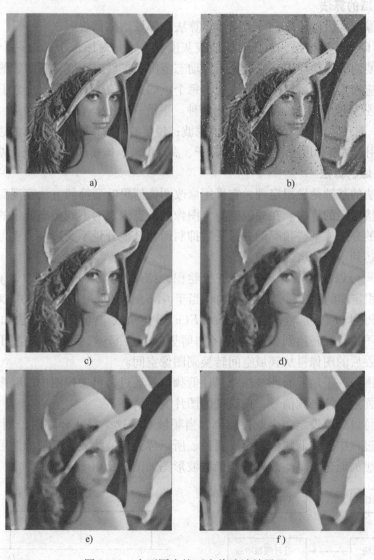

图 3-18　在不同内核下中值滤波效果图

a）原图　b）加噪点图像　c）3×3 模板　d）5×5 模板　e）7×7 模板　f）9×9 模板

3.3.3 对比度增强

图像增强即增强图像中的有用信息，它可以是一个失真的过程。其目的是要改善图像的视觉效果，针对给定图像的应用场合，有目的地强调图像的整体或局部特性，将原来不清晰的图像变得清晰或强调某些感兴趣的特征，扩大图像中不同物体特征之间的差别，抑制不感兴趣的特征，使之改善图像质量、丰富信息量，加强图像判读和识别效果，满足某些特殊分析的需要。也就是说，通过采用一系列技术去改善图像的视觉效果，或将图像转换成一种更适合于人或机器进行分析处理的形式。图像增强并不以图像保真为准则，而是有选择地突出某些对人或机器分析有意义的信息，抑制无用信息，提高图像的使用价值。

根据增强处理过程所在的空间不同，可分为基于空域的算法和基于频域的算法两大类。

1. 基于空域的算法

直接对图像灰度级做运算，分为点运算算法和邻域增强算法。

1）点运算即对比度增强、对比度拉伸或灰度变换，是对图像中的每一个点单独地进行处理，目的或使图像成像均匀，或扩大图像动态范围，扩展对比度。新图像的每个像素点的灰度值仅由相应输入像点运算，只是改变了每个点的灰度值，而没有改变它们的空间关系。

2）邻域增强算法分为图像平滑和锐化两种。平滑一般用于消除图像噪声，但是也容易引起边缘的模糊，常用算法有均值滤波、中值滤波；锐化的目的在于突出物体的边缘轮廓，便于目标识别，常用算法有梯度法、拉普拉斯算子、高通滤波、掩模匹配法、统计差值法等。

2. 基于频域的算法

频域处理法的基础是卷积定理，它采用修改图像傅里叶变换的方法实现对图像的增强处理，是一种间接增强的算法。在频域空间，图像的信息表现为不同频率分量的组合，如果能让某个范围内的分量或某些频率的分量受到抑制而让其他分量不受影响，就可以改变输出图的频率分布，达到不同的增强目的。

当图像 $f(x,y)$ 以线性算子 $h(x,y)$ 进行卷积，结果图像 $g(x,y)$ 为 $g(x,y) = h(x,y) \times f(x,y)$，有卷积定理的性质可知在频域内相当于 $G(u,v) = H(u,v)F(u,v)$，对 $G(u,v)$ 进行傅里叶逆变换得到 $g(x,y) = (\zeta-1)H(u,v)F(u,v)$。频域空间的增强方法如图3-19所示，首先将图像从图像空间转换到频域空间（如傅里叶变换），然后在频域空间对图像进行增强，最后将增强后的图像再从频域空间转换到图像空间。

在频域范围内，采用低通滤波法，只让低频信号通过，可去掉图中的噪声；采用高通滤波法，则可增强边缘等高频信号，使模糊的图片变得清晰。

低通滤波可以简单设定一个截止频率，当频域高于这个截止频率时，则全部赋值为0。因为在这处理过程中，让低频信号全部通过，所以称为低通滤波。低通滤波可以对图像进行钝化处理。理想的低通频率滤波器传递函数波形图如图3-20所示。

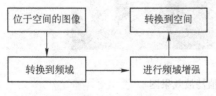

图3-19 频域增强方法

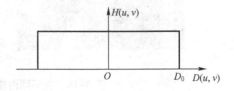

图3-20 理想低通滤波传递函数波形

当 $D(u,v) \leqslant D_0$，$H(u,v)=1$；当 $D(u,v)>D_0$，$H(u,v)=0$，其中 D_0 称为理想低通滤波器的截止频率。

高通滤波器可以去掉信号中不必要的低频成分，去掉低频干扰信号，增强中频和高频。其传递函数和低通滤波器正好相反，当 $D(u,v)\leqslant D_0$，$H(u,v)=0$；当 $D(u,v)>D_0$，$H(u,v)=1$，D_0 称为理想高通滤波器的截止频率。与理想低通滤波一样，由于在截止频率 D_0 出直上直下，所以理想高通滤波器的输出图像也会有振铃现象产生。

3.3.4　小波去噪

目前，小波去噪的方法大概可以分为三大类：第一类方法是利用小波变换模极大值原理去噪，即根据信号和噪声在小波变换各尺度上的不同传播特性，剔除由噪声产生的模极大值点，保留信号所对应的模极大值点，然后利用所余模极大值点重构小波系数，进而恢复信号；第二类方法是对含噪信号做小波变换之后，计算相邻尺度间小波系数的相关性，根据相关性的大小区别小波系数的类型，从而进行取舍，然后直接重构信号；第三类是小波阈值去噪方法，该方法认为信号对应的小波系数包含有信号的重要信息，其幅值较大，但数目较少，而噪声对应的小波系数是一致分布的，个数较多，但幅值小。基于这一思想，在众多小波系数中，把绝对值较小的系数置为零，而让绝对值较大的系数保留或收缩，估算小波系数，然后利用估计小波系数直接进行信号重构，即可达到去噪的目的。

1. 小波变换模极大值去噪方法

信号与噪声的模极大值在小波变换下会呈现不同的变化趋势。小波变换模极大值去噪方法，实质上就是利用小波变换模极大值所携带的信息，具体说就是信号小波系数的模极大值的位置和幅值来完成对信号的表征和分析。利用信号与噪声的局部奇异性不一样，其模极大值的传播特性也不一样，利用这些特性对信号中的随机噪声进行去噪处理。

算法的基本思想是，根据信号与噪声在不同尺度上模极大值的不同传播特性，从所有小波变换模极大值中选择信号的模极大值而去除噪声的模极大值，然后用剩余的小波变换模极大值重构原信号。小波变换模极大值去噪方法，具有很好的理论基础，对噪声的依赖性较小，无须知道噪声的方差，非常适合于低信噪比的信号去噪。这种去噪方法的缺点是，计算速度慢，小波分解尺度的选择是难点。小尺度下，信号受噪声影响较大；大尺度下，会使信号丢失某些重要的局部奇异性。

2. 小波系数相关性去噪方法

信号与噪声在不同尺度上模极大值的不同传播特性表明，信号的小波变换在各尺度相应位置上的小波系数之间有很强的相关性，且在边缘处有很强的相关性。而噪声的小波变换在各尺度间没有明显的相关性，且噪声的小波变换主要集中在小尺度各层次中。相关性去噪方法去噪效果比较稳定，在分析信号边缘方面有优势，不足之处是计算量较大，并且需要估算噪声方差。

3. 小波阈值去噪方法

Donoho 和 Johnstone 于 1995 年提出了小波阈值收缩去噪法（Wavelet Shrinkage），该方法在最小均方误差意义下可达近似最优，并且取得了良好的视觉效果，因而得到了深入广泛的研究和应用。

对于基于小波变换模极大值原理的去噪方法而言，它是根据信号与噪声在小波变换下随尺度变化呈现出的不同变化特性而提出来的，有很好的理论保证，去噪效果非常稳定。该方法主要适用于信号中混有白噪声，且信号中含有较多奇异点的情况。在去噪的同时，可有效地保留信号的奇异点特性，去噪后的信息没有多余振荡，是原始信号的一种理想的处理方法。该方法对噪声的依赖性比较小，无须知道噪声的方差，对低信噪比的信号去噪问题更能体现其优越性。但它有一个根本性的缺点，就是在去噪过程中，需要由模极大值对小波系数进行重构，这将使计算量大大增加，计算速度变得较慢，从而在现实中往往因不能满足处理系统对算法的实时性要求而失去了应用价值。

相关性去噪法与阈值去噪法相比，后者的去噪效果更好，计算量也较少。但相关性去噪在分析信号的边缘方面具有优势，并且可扩展到边缘检测、图像增强及其他方面的应用。

小波阈值去噪方法是实现最简单，计算量较小的一种方法，因而取得了最广泛的应用。该方法主要适用于信号中混有白噪声的情况。用阈值去噪的优点是噪声几乎完全得到了抑制，且反映原始信号的特征尖峰点得到很好的保留。用软阈值法去噪可使去噪信号是原始信号的近似最优估计，且估计信号至少和原始信号同样光滑而不会产生附加振荡。这种方法的不足：一是去噪效果依赖于信噪比的大小，特别适合于高信噪比信号，对于低信噪比信号的去噪效果不理想；二是在某些情况下，如在信号的不连续点处，去噪后会出现伪吉布斯现象。

3.4　形态学处理

形态学，即数学形态学（MathematIcal Morphology），是图像处理中应用最为广泛的技术之一。其主要应用是从图像中提取对于表达和描绘区域形状有意义的图像分量，使后续的识别工作能够抓住目标对象最为本质的形状特征，如边界和连通区域等；同时图像细化、像素化和修剪毛刺等技术也常常应用于图像的预处理和后处理中，成为图像增强技术的有力补充。

3.4.1　腐蚀

对 Z^2 上的元素集合 X 和 S，使用 S 对 X 进行腐蚀，记作 $X\ominus S$，形式化地定义为：

$$X\ominus S = \{x \mid S + x \subseteq X\} \tag{3-31}$$

其中，X 称为输入图像，S 称为结构元素。

腐蚀运算的基本过程是，把结构元素 S 作为一个卷积模板，每当结构元素的原点及像素值为 1 位置平移到与目标图像 X 中那些像素值为"1"的位置重合时，就认为结构元素覆盖的子图像的值与结构元素相应位置的像素值相同，就将结果图像中的那个与原点位置对应的像素位置的值置为"1"，否则为置为 0。如图 3-21 所示。

MATLAB 中和腐蚀相关的两个常用函数为 Imerode( ) 和 strel( )。

1）Imerode 函数用于完成图像腐蚀，其常用调用形式如下：

I_2 = Imerode（I，SE）;

参数说明：

● 为原始图像，可以是二值或灰度图像（对应于灰度腐蚀）。

● SE 是由 strel( ) 函数返回的自定义或者预设的结构元素对象。

● I_2 为腐蚀后的输出图像。

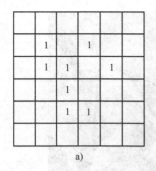 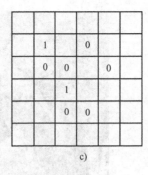

图 3-21 腐蚀示意图

a）目标图像 b）结构元素 S c）腐蚀运算结果图像

2）strel()函数可以为各种常见形态学运算生成结构元素 SE，当生成二值形态学使用的机构元素时，其调用形式如下。

SE = strel（shape，parameters）；

- Shape 指定了结构元素的形状，常用的有圆形、矩形等。
- parmeters 是和输入 shape 有关的参数。
- SE 为得到的结构元素对象。

顾名思义，腐蚀能够消融物体的边界，而具体的腐蚀结果与图像本身和结构元素形状有关。如果物体整体上大于元素结构，腐蚀的结构是使物体变"瘦"一圈，这一圈到底有多大是由结构元素决定的；如果物体本身小于结构元素，则在腐蚀后的图像中物体将完全消失；如物体仅有部分区域小于结构元素（如细小的连通），则腐蚀后物体会在连通处断裂，分离为两部分。下例说明几种不同情况下的腐蚀效果。

腐蚀 MATLAB 程序代码如下：

```
I = imread('lena. bmp')；      % 载入图像
figure,imshow(I)；
imwrite(I,'膨胀 1. jpg')；
se1 = strel('disk',1)；         % 生成圆形结构元素
se2 = strel('disk',2)；
se3 = strel('disk',3)；
I2 = Imreode (I,se1)；          % 用生成的结构元素对图像进行膨胀
I3 = Imreode (I,se2)；
I4 = Imreode (I,se3)；
figure,imshow(I2)；
imwrite(I2,'膨胀 2. jpg')；
figure,imshow(I3)；
imwrite(I2,'膨胀 3. jpg')；
figure,imshow(I4)；
imwrite(I2,'膨胀 4. jpg')；
```

运行程序，膨胀结果如图 3-22 所示。

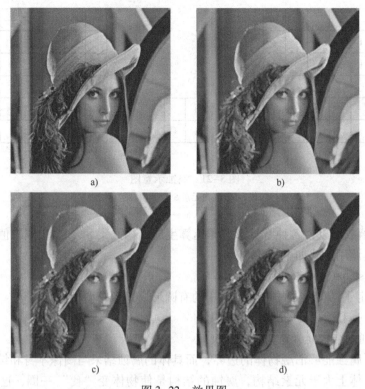

图 3-22 效果图

a) 原图　b) $r=1$　c) $r=2$　d) $r=3$

3.4.2 膨胀

对 Z^2 上的元素集合 X 和 S，使用 S 对 X 进行在膨胀，记作 $X \oplus S$，形式化地定义为：

$$X \oplus S = \{ x \mid (S^V + x) \cap X \neq \varnothing \} \tag{3-32}$$

设想有原本位于图像原点的结构元素 S，让 S 在整个 Z^2 平面上移动，当其自身原点平移至 z 点时，S 相对于其自身的原点的映像 $\hat{S}$ 和 X 至少有一个像素是重叠的，则所有这样的 z 点构成的集合为 S 对 X 的膨胀图像，如图 3-23 所示。

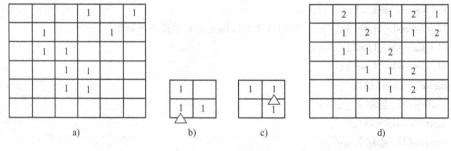

图 3-23　膨胀原理图

a) 目标图像 X　b) 结构元素 S　c) 结构元素 $\hat{S}$　d) 膨胀运算结果图像

实际上膨胀和腐蚀对于集合求补和反射运算是彼此对偶的。

在 MATLAB 中和腐蚀相关的两个常用函数为 Imdilate( ) 和 strel( )。Imdilate 函数用于完

52

成图像腐蚀，其常用调用形式如下：

I₂ = Imdilate（I，SE）；

参数说明：

- I 为原始图像，可以是二值或灰度图像（对应于灰度膨胀）。
- SE 是由 strel( )函数返回的自定义或者预设的结构元素对象。
- I₂为腐蚀后的输出图像。

和腐蚀相反，膨胀能使物体边界扩大，具体的膨胀结果与图像本身和结构元素的形状有关。膨胀常用于将图像中原本断裂开的同一物体桥连起来，对图像进行二值化之后，很容易使得一个连通的物体断裂为两部分，而这会给后续的图像分析造成困扰，此时就可以借助膨胀桥接断裂的缝隙。

膨胀 MATLAB 程序代码如下：

```
I = imread('lena. bmp')；      % 载入图像
figure,imshow(I)；
imwrite(I,'膨胀 1. jpg')；
se1 = strel('disk',1)；        % 生成圆形结构元素
se2 = strel('disk',2)；
se3 = strel('disk',3)；
I2 = imdilate(I,se1)；         % 用生成的结构元素对图像进行膨胀
I3 = imdilate(I,se2)；
I4 = imdilate(I,se3)；
figure,imshow(I2)；
imwrite(I2,'膨胀 2. jpg')；
figure,imshow(I3)；
imwrite(I3,'膨胀 3. jpg')；
figure,imshow(I4)；
imwrite(I4,'膨胀 4. jpg')；
```

运行程序，其效果如图 3-24 所示。

a)   b)

图 3-24　膨胀效果图

a）原图　b）r = 1

c)　　　　　　　　　　　　　d)

图 3-24　膨胀效果图（续）

c) $r=2$　d) $r=3$

3.4.3　开运算

使用结构元素 S 对 X 进行开运算，记作 $X°S$，可表示为式（3-33）：

$$X°S = (X\ominus S)\oplus S \tag{3-33}$$

一般来说，开运算使图像的轮廓变得光滑，断开狭窄的连接和消除细毛刺。开运算断开了图中两个小区域见两个像素宽的连接（断开了狭窄连接），并且去除了右侧物体上部突出的一个小于结构元素的 $2×2$ 的区域（去除小毛刺）；但与腐蚀不同的是，图像的轮廓并有发生整体的收缩，物体位置也没有发生任何变化。

根据定义，以相同的结构元素先后调用 Imerode( ) 和 Imdilate( ) 即可实现开运算操作。此外，MATLAB 中直接提供了开运算函数 Imopen( )，调用形式如下：

$I_2 =$ Imopen（I，SE）；

参数说明：

● I 为原始图像，可以是二值或灰度图像（对应于灰度膨胀）。

● SE 是由 strel( ) 函数返回的自定义或者预设的结构元素对象。

● I_2 为腐蚀后的输出图像。

以下 MATLAB 代码可以简单地实现闭运算：

```
I = imread('lena. bmp');            % 载入图像
figure,imshow(I);
imwrite(I,'开运算 1. jpg');
se = strel('disk',1);               % 采用半径为 1 的圆作为结构元素
I2 = imopen(I,se);                  % 开启操作
figure,imshow(I2);
imwrite(I2,'开运算 2. jpg');
```

运行程序，效果图如图 3-25 所示。

a)   b)

图 3-25 腐蚀效果图

a）原图 b）效果图

3.4.4 闭运算

使用结构元素 S 对 X 进行闭运算，记作 $X \cdot S$，表示为式（3-34）：

$$X \cdot S = (X \oplus S) \ominus S \tag{3-34}$$

闭运算同样使轮廓变得光滑，但与开运算相反，它通常能够弥合狭窄的间断，填充小的孔洞与前面的膨胀运算效果图不同，闭运算在前景物体置位置和轮廓不变的情况下，弥合了物体之间宽度小于 3 个像素的缝隙。闭运算在去除图像前景噪声方面有较好的应用，开运算在粘连目标的分离及背景噪声的去除方面有较好的效果。

根据定义，以相同的结构元素先后调用 ImdIlate（）和 Imerode（）即可实现闭运算操作。此外，MATLAB 中直接提供了开运算函数 Imclose（），调用形式如下：

I_2 = Imclose （I，SE）；

参数说明：

● I 为原始图像，可以是二值或灰度图像（对应于灰度膨胀）。

● SE 是由 strel（）函数返回的自定义或者预设的结构元素对象。

● I_2 为腐蚀后的输出图像。

以下 MATLAB 代码可以简单地实现闭运算：

```
I = imread('lena. bmp');          % 载入图像
figure,imshow(I);
imwrite(I,'闭运算 1. jpg');
se = strel('disk',1);             % 采用半径为 1 的圆作为结构元素
I2 = imclose(I,se);               % 闭合操作
figure,imshow(I2);
imwrite(I2,'闭运算 2. jpg');
```

运行程序，其效果如图 3-26 所示。

a)   b)

图 3-26 闭运算效果图

a) 原图 b) 效果图

3.4.5 细化

图像处理中物体的形状信息是十分重要的，为了便于描述和抽取图像特定区域的特征，对那些表示物体的区域通常需要采用细化算法处理，得到与原来物体区域形状近似的由简单的弧或曲线组成的图形，这些细线处于物体的中轴附近，这就是所谓的图像的细化。通俗地说图像细化就是从原来的图像中去掉一些点，但仍要保持目标区域的原来形状，通过细化操作可以将一个物体细化为一条单像素宽的线，从而图形化的显示出其拓扑性质。实际上，图像细化就是保持原图的骨架。所谓骨架，可以理解为图像的中轴，例如：一个长方形的骨架是它的长方向上的中轴线；正方形的骨架是它的中心点；圆的骨架是它的圆心，直线的骨架是它自身，孤立点的骨架也是自身。对于任意形状的区域，细化实质上是腐蚀操作的变体，细化过程中要根据每个像素点的 8 个相邻点的情况来判断该点是否可以剔除或保留。

二值图像 A 的形态骨架可以通过选定合适的结构元素 B，然后对 A 进行连续腐蚀和开运算来求得。设 $S(A)$ 表示 A 的骨架，则求图像 A 的骨架可以描述为：

$$S(A) = \bigcup_{N=0}^{N} S_n(A) \tag{3-35}$$

$$S_n(A) = (A\ominus nB) - [(A\ominus nB)\circ B] \tag{3-36}$$

其中，$S_n(A)$ 为 A 的第 n 个骨架子集，N 为满足 $(A\ominus nB) \neq \varnothing$ 和 $A\ominus(n+1)B = \varnothing$ 的 n 值，即 N 的大小为将 A 腐蚀成空集的次数减 1。

对 'lena. bmp' 做填充，其 MATLAB 程序代码如下：

```
I = imread('pingan. jpg');
I2 = bwmorph(I,'remove');
I3 = bwmorph(I,'skel',Inf);
I4 = bwmorph(I,'thin',Inf);
figure,imshow(I);
figure,imshow(I2);
figure,imshow(I3)
figure,imshow(I4);
```

运行程序，其效果如图 3-27 所示。

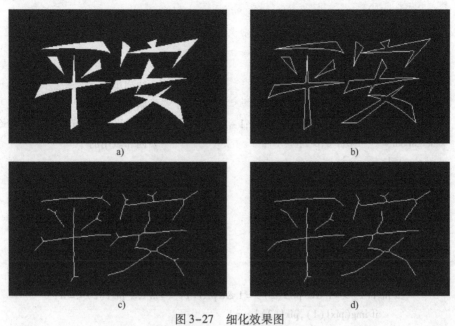

图 3-27　细化效果图

a）原图　b）移除内部图像　c）骨架提取图像　d）细化图像

3.4.6　填充

在已知区域边界的基础上可进行区域填充操作。区域填充是对图像背景像素进行操作。区域填充一般以图像的膨胀、求补和交集为基础。

利用数学形态学方法可以填充孔洞，具体做法是：

1）求带孔图像 A 的补集，记为 A^c；

2）确定结构元 B；

3）在带孔边缘内部选择一个点，并将该点作为初始化的 X_0；

4）利用下面的形态学运算得到 X_k（$k = 1, 2, 3, \cdots$）：

$$X_k = (X_{k-1} \oplus B) \cap A^c \qquad k = 1, 2, 3, \cdots \qquad (3-37)$$

5）判断 $X_k = X_{k-1}$ 是否成立，如果成立，进行下一步；否则重复执行步骤4）；

6）利用步骤5）中得到的 X_k 和 A 求并集，得到最后的目标结果。

需要说明的是，如果不对式（3-37）加以限制，那么对图像的膨胀处理将会填充整个区域。在迭代过程中，每一步都求与 A^c 的交，可以将得到的结果限在感兴趣的区域内，这一处理过程也称作条件膨胀。

对 'lena. bmp' 做填充，其 MATLAB 程序代码如下：

```
img = imread('lena. bmp');
img = img > 128;
img = mat2gray(img);
figure;
imshow(img);
imwrite(img,'填充 1. jpg');
```

```
[m n] = size(img);
[x y] = ginput();
x = round(x);
y = round(y);
tmp = ones(m,n);
queue_head = 1;                                            % 队列头
queue_tail = 1;                                            % 队列尾
neighbour = [ -1 -1; -1 0; -1 1;0 -1;0 1;1 -1;1 0;1 1];    % 和当前像素坐标相加得到8个邻域坐标
% neighbour = [ -1 0;1 0;0 1;0 -1];                        % 四邻域用的
q{queue_tail} = [y x];
queue_tail = queue_tail + 1;
[ser1 ser2] = size(neighbour);
while queue_head ~ = queue_tail
    pix = q{queue_head};
    for i = 1:ser1
        pix1 = pix + neighbour(i,:);
        if pix1(1) >=1 && pix1(2) >=1 &&pix1(1) <= m && pix1(2) <= n
            if img(pix1(1),pix1(2)) ==1
                img(pix1(1),pix1(2)) =0;
                q{queue_tail} = [pix1(1) pix1(2)];
                queue_tail = queue_tail + 1;
            end
        end
    end
    queue_head = queue_head + 1;
end
figure;
imshow(mat2gray(img));
imwrite(mat2gray(img),'填充2.jpg');
```

运行程序，填充效果如图 3-28 所示。

a)   b)

图 3-28　填充效果图

a) 原图　b) 效果图

【课后习题】

1. 简述直方图均衡化的基本原理。

2. 图像几何变化有几种？分别叙述其原理。

3. 编写一个程序以实现如下功能：将一个灰度图像与该灰度图像经过平移和旋转后（边界全部填充为零）得到的图像，并显示和比较并显示和比较俩种操作带来的不同图像输出效果。

4. 图像的旋转变换对图像的质量有无影响？为什么？

5. 设原图像为

59	60	58	57
61	59	59	57
62	59	60	58
59	61	60	56

请用最近领插值法将该图像放大为 16×16 大小的图像。

6. 图像增强的目的是什么，它包含哪些内容？

7. 简述中值滤波及其原理。

8. 简述均值滤波器对椒盐噪声的滤波原理，并进行效果分析。

9. 设给出图像集合 A 和结构元素 B 分别如下图所示。

（1）画出用 B 膨胀 A 的结果图。

（2）画出用 B 腐蚀 A 的结果图。

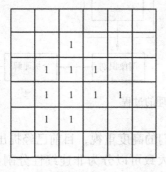
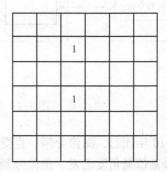

图像集合 A   结构元素 B

第4章 图像分割技术

在对图像的研究和应用中，人们往往仅对图像中的某些部分感兴趣，这部分常常称为目标或前景（其他部分称为背景），它们一般对应图像中特定的，具有独特性质的区域。这里的独特性可以是像素的灰度值，或者物体轮廓曲线、颜色、纹理等。为了识别和分析图像中的目标，需要将它们从图像中分离、提取出来，在此基础上才有可能进一步对目标进行测量和对图像进行利用。图像分割就是指把图像分成各具特性的区域并提取出感兴趣目标的技术和过程。

一般的图像处理过程如图4-1所示。从图中可以看出，图像分割是从图像预处理到图像识别和分析理解的关键步骤，在图像处理中占据重要的位置。一方面它是目标表达的基础，对特征测量有重要的影响。另一方面，图像分割及其基于分割的目标表达（特征提取和参数测量等）将原始图像转换为更为抽象，更为紧凑的形式，使得更高层的图像识别，分析和理解成为可能。

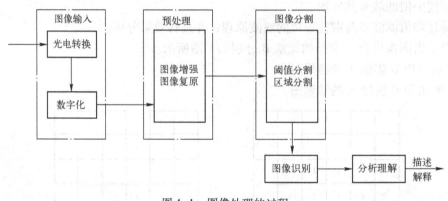

图4-1 图像处理的过程

自20世纪70年代起，图像分割一直受到人们的高度重视，目前已经提出的图像分割方法有很多，从分割依据角度出发，图像分割方法大致可以分为非连续性分割和相似性分割。所谓非连续分割就是首先根据亮度值突变来检测局部不连续性，然后将它们连接起来形成边界，这些边界把图像分成不同的区域，这种基于不连续性原理检测物体边缘的方法有时也称为基于点相关的分割技术，如点检测、边缘检测、Hough变换等；所谓相似性分割就是将具有同一灰度级或相同组织结构的像素聚集在一起，形成图像中的不同区域，这种基于相似性原理的方法通常也称为基于区域相关的分割技术，如阈值分割、区域生长、分类合并、聚类分割等方法。以上两类方法是互补的，分别适用于不同的场合，有时还要将它们有机地结合起来，以求得更好的分割效果。

近年来，随着各学科许多新理论和新方法的提出，人们也提出了一些与特定理论、方法和工具相结合的分割技术，如聚类分析、数学形态学、活动轮廓、小波变换和人工神经元等有关的分割方法等，这些分割方法的提出极大地促进了图像分割技术的发展。

4.1 边缘检测

边缘是图像最基本的特征，往往携带着一幅图像的大部分信息。所谓边缘（Edge）是指图像局部特性的不连续性，例如，灰度级的突变，颜色的突变，纹理结构的突变等。边缘广泛存在于目标与目标、物体与背景、区域与区域（含不同色彩）之间，它是图像分割所依赖的重要基础，也是纹理分析和图像识别的重要基础。图像的边线通常与图像灰度的一阶导数的不连续性有关。图像灰度的不连续性可分为两类：阶跃不连续，即图像灰度在不连续处的两边的像素灰度值有明显差异；线条不连续，即图像灰度突然从一个值变化到另一个值，保持一个较小的行程又返回到原来的值。在实际应用中，阶跃和线条边缘图像是较少见的，由于空间分辨率（尺度空间）、图像传感器等原因会使阶跃边缘变成斜坡形边缘，线条边缘变成房顶形边缘。它们的灰度变化不是瞬间的而是跨越一定距离的。

边缘检测算法则是图像边缘检测问题中经典技术难题之一，它的解决对于进行高层次的特征描述、识别和理解等有着重大的影响；又由于边缘检测在许多方面都有着非常重要的使用价值，所以人们一直在致力于研究和解决如何构造出具有良好性质及效果的边缘检测算子的问题。理想的边缘检测应当正确解决边缘的有无、真假和定向定位。

图像边缘检测的基本步骤：

1）滤波：边缘检测主要基于导数计算，但受噪声影响。滤波器在降低噪声的同时也导致边缘强度的损失。

2）增强：增强算法将邻域中灰度有显著变化的点突出显示。一般通过计算梯度幅值完成。

3）检测：但在有些图像中梯度幅值较大的并不是边缘点。最简单的边缘检测是梯度幅值阈值判定。

4）定位：精确确定边缘的位置。

总的说来传统边缘检测的流程图如图4-2所示。

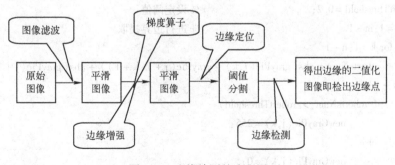

图4-2　边缘检测的流程图

在介绍边缘检测方法之前，首先介绍一些术语的定义。

1）边缘点：图像中灰度显著变化的点。

2）边缘段：边缘点坐标(i,j)及方向θ的总和，边缘的方向可以是梯度角。

3）轮廓：边缘列表，或者是一条边缘列表的曲线模型。

4）边缘检测器：从图像抽取边缘（边缘点或边线段）集合的算法。

5）边缘连接：从无序边缘形成有序边缘表的过程。

6）边缘跟踪：一个用来确定轮廓图像（指滤波后的图像）的搜索过程。在实际中边缘点和边缘段都称为边缘。

边缘检测的实质是采用某种算法来提取出图像中对象与背景间的交界线。将边缘定义为图像中灰度发生急剧变化的区域边界。图像灰度的变化情况可以用图像灰度分布的梯度来反映，因此我们可以用局部图像微分技术来获得边缘检测算子。

经典的边界提取技术大都基于微分运算。首先通过平滑来滤除图像中的噪声，然后进行一阶微分或二阶微分运算，求得梯度最大值或二阶导数的过零点，最后选取适当的阈值来提取边界。

4.1.1 Roberts 边缘算子

Roberts 算子是一种斜向偏差分的梯度计算方法，梯度的大小代表边缘的强度，梯度的方向与边缘走向垂直。该算子通常由下式计算公式表示：

$$G(X,Y) = \left\{ \left[\sqrt{f(x,y)} - \sqrt{f(x+1,y+1)} \right]^2 + \left[\sqrt{f(x+1,y)} - \sqrt{f(x,y+1)} \right]^2 \right\}^{\frac{1}{2}} \quad (4-1)$$

其中，$f(x,y)$是具有整数像素坐标的输入图像。Roberts 算子边缘定位准，但是对噪声敏感，适用于边缘明显而且噪声较少的图像分割，在应用中经常用 Roberts 算子从地图中来提取道路。

利用 Roberts 算子对图像进行边缘检测，其 MATLAB 程序代码如下：

```
clear;
sourcePic = imread('bianyuan. jpg');          % 读取原图像
grayPic = mat2gray(sourcePic);                 % 实现图像矩阵的归一化操作
[m,n] = size(grayPic);
newGrayPic = grayPic;                          % 保留图的边缘一个像素
robertsNum = 0;                                % 经 Roberts 算子计算得到的每个像素的值
robertThreshold = 0. 2;                        % 设定阈值
for j = 1:m - 1                                % 进行边界提取
    for k = 1:n - 1
    robertsNum = abs(grayPic(j,k) - grayPic(j + 1,k + 1)) + abs(grayPic(j + 1,k) - grayPic
(j,k + 1));
    if(robertsNum > robertThreshold)
            newGrayPic(j,k) = 255;
        else
            newGrayPic(j,k) = 0;
        end
    end
```

```
        end
    figure,imshow(newGrayPic);
    %title('roberts 算子的处理结果')
```

运行结果如图 4-3 所示。

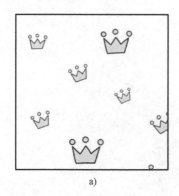 

a)   b)

图 4-3　Roberts 算子边缘检测效果
a) 原始图像　b) 阈值为 0.2

4.1.2　Sobel 边缘算子

Sobel 边缘算子的卷积核（Sobel 模板）如图 4-4 所示，图像中的每个像素都用这两个核作卷积。这两个核分别对垂直边缘和水平边缘响应最大，两个卷积的最大值作为该点的输出位。运算结果是一幅边缘幅度图像。

-1	-2	-1
0	0	0
1	2	1

-1	0	1
-2	0	2
-1	0	1

a)   b)

图 4-4　Sobel 边缘算子
a) 水平方向算子　b) 竖直方向算子

Sobel 算子认为邻域的像素对当前像素产生的影响不是等价的，所以距离不同的像素具有不同的权值，对算子结果产生的影响也不同。一般来说，距离越大，产生的影响越小。

利用 Sobel 算子对图像进行边缘检测，MATLAB 程序代码实现如下：

```
clear;
sourcePic = imread('bianyuan. jpg');      %读取原图像
grayPic = mat2gray(sourcePic);            %实现图像矩阵的归一化操作
[m,n] = size(grayPic);
newGrayPic = grayPic;                     %保留图像的边缘一个像素
sobelNum = 0;                             %经 sobel 算子计算得到的每个像素的值
sobelThreshold = 0. 2;                    %设定阈值
for j = 2:m - 1                           %进行边界提取
```

```
        for k = 2:n − 1
sobelNum = abs( grayPic( j − 1,k + 1) + 2 * grayPic( j,k + 1) + grayPic( j + 1,k + 1) − grayPic( j − 1,
k − 1) − 2 * grayPic( j,k − 1) − grayPic( j + 1,k − 1) ) + abs( grayPic( j − 1,k − 1) + 2 * grayPic( j − 1,
k) + grayPic( j − 1,k + 1) − grayPic( j + 1,k − 1) − 2 * grayPic( j + 1,k) − grayPic( j + 1,k + 1) );
            if( sobelNum > sobelThreshold)
                newGrayPic( j,k) = 255;
            else
                newGrayPic( j,k) = 0;
            end
        end
    end
    figure,imshow( newGrayPic) ;
    % title('Sobel 算子的处理结果')
```

运行结果如图 4-5 所示。

a)   b)   c)

图 4-5   Sobel 算子边缘检测效果

a) 原始图像   b) 阈值为 0.2   c) 阈值为 0.8

4.1.3   Prewitt 边缘算子

Prewitt 边缘算子是一种边缘样板算子，利用像素点上下、左右邻点灰度差，在边缘处达到极值检测边缘，对噪声具有平滑作用。由于边缘点像素的灰度值与其邻域点像素的灰度值有显著不同，在实际应用中通常采用微分算子和模板匹配方法检测图像的边缘。Prewitt 边缘算子的卷积核如图 4-6 所示，图像中的每个像素都用这两个核做卷积，取最大值作为输出，也产生一幅边缘幅度图像。Prewitt 边缘算子不仅能检测边缘点，而且能抑制噪声的影响，因此对灰度和噪声较多的图像处理得较好。

−1	−1	−1
0	0	0
1	1	1

a)

1	0	−1
1	0	−1
1	0	−1

b)

图 4-6   Prewitt 边缘算子

a) 水平方向算子   b) 竖直方向算子

利用 Prewitt 算子对图像进行边缘检测，MATLAB 程序代码实现如下：

```
clear;
sourcePic = imread('1. jpg');          % 读取原图像
grayPic = mat2gray(sourcePic);         % 实现图像矩阵的归一化操作
[m,n] = size(grayPic);
newGrayPic = grayPic;                   % 保留图像的边缘一个像素
PrewittNum = 0;                         % 经 Prewitt 算子计算得到的每个像素的值
PrewittThreshold = 0.8;                 % 设定阈值
for j = 2:m - 1                         % 进行边界提取
for k = 2:n - 1
PrewittNum = abs(grayPic(j - 1,k + 1) - grayPic(j + 1,k + 1) + grayPic(j - 1,k) - grayPic(j + 1,k) +
grayPic(j - 1,k - 1) - grayPic(j + 1,k - 1)) + abs(grayPic(j - 1,k + 1) + grayPic(j,k + 1) + grayPic
(j + 1,k + 1) - grayPic(j - 1,k - 1) - grayPic(j,k - 1) - grayPic(j + 1,k - 1));
        if(PrewittNum > PrewittThreshold)
            newGrayPic(j,k) = 255;
        else
            newGrayPic(j,k) = 0;
        end
    end
end
figure,imshow(newGrayPic);
imwrite(newGrayPic,'Prewitt0. 8. jpg')
```

运行结果如图 4-7 所示。

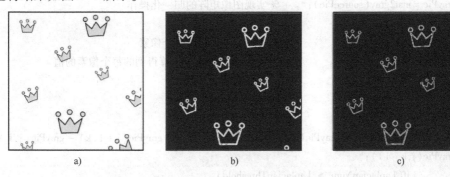

a)   b)   c)

图 4-7　Prewitt 算子边缘检测效果

a）原始图像　b）阈值为 0.2　c）阈值为 0.8

Prewitt 算子在一个方向求微分，而在另一个方向求平均，因而对噪声相对不敏感，有抑制噪声作用。但是像素平均相当于对图像的低通滤波，所以 Prewitt 算子对边缘的定位不如 Roberts 算子。

4.1.4　Laplacian 边缘算子

拉普拉斯（Laplacian）算子是最简单的各向同性微分算子，具有旋转不变性。一个二维图像函数的拉普拉斯变换是各向同性的二阶导数，定义为：

$$\nabla^2 f = \frac{\partial^2 f}{\partial x^2} + \frac{\partial^2 f}{\partial y^2} \qquad (4-2)$$

为了更适合于数字图像处理，将该方程表示为离散形式：

$$\nabla^2 f = [f(x+1,y) + f(x-1,y) + f(x,y+1) + f(x,y-1) - 4f(x,y)] \qquad (4-3)$$

Laplacian 算子利用二阶导数信息，具有各向同性，即与坐标轴方向无关，坐标轴旋转后梯度结果不变。使得图像经过二阶微分后，在边缘处产生一个陡峭的零交叉点，根据这个对零交叉点判断边缘。其 4 邻域系统和 8 邻域系统 Laplacian 算子的模板分别如图 4-8 所示。

1	1	1
1	-8	1
1	1	1

a)

0	1	0
1	-4	1
0	1	0

b)

图 4-8　Laplacian 算子

a）邻域系统为 8　b）邻域系统为 4

Laplacian 算子对噪声比较敏感，Laplacian 算子有一个缺点是它对图像中的某些边缘产生双边响应。所以图像一般先经过平滑处理，通常把 Laplacian 算子和平滑算子结合起来生成一个新的模板。

利用 Laplacian 算子对图像进行边缘检测，MATLAB 程序代码如下：

```
clear;
sourcePic = imread('bianyuan. jpg');    % 读取原图像
grayPic = mat2gray(sourcePic);          % 实现图像矩阵的归一化操作
[m,n] = size(grayPic);
newGrayPic = grayPic;                   % 保留图像的边缘一个像素
LaplacianNum = 0;                       % 经 Laplacian 算子计算得到的每个像素的值
LaplacianThreshold = 0.2;               % 设定阈值
for j = 2:m - 1                         % 进行边界提取
    for k = 2:n - 1
LaplacianNum = abs(4 * grayPic(j,k) - grayPic(j - 1,k) - grayPic(j + 1,k) - grayPic(j,k + 1) -
grayPic(j,k - 1));
        if(LaplacianNum > LaplacianThreshold)
            newGrayPic(j,k) = 255;
        else
            newGrayPic(j,k) = 0;
        end
    end
end
figure,imshow(newGrayPic);
% title('Laplacian 算子的处理结果')
```

运行结果如图 4-9 所示。

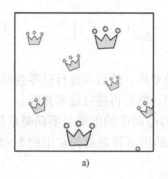

图 4-9 Laplacian 算子边缘检测效果

a）原始图像　b）阈值为 0.2　c）阈值为 0.3

4.1.5　LoG 边缘算子

由于利用图像强度二阶导数的零交叉点来求边缘点的算法对噪声十分敏感，所以希望在边缘增强前滤除噪声。为此，马尔（Marr）和希尔得勒斯（Hildreth）根据人类视觉特性提出了一种边缘检测的方法，这是一种将高斯滤波和拉普拉斯检测算子结合在一起进行边缘检测的方法，故称为 LoG（Laplacian of Gassian）算法，也称之为拉普拉斯高斯算法。该算法的主要思路和步骤如下。

1）滤波：首先对图像 $f(x,y)$ 进行平滑滤波，其滤波函数根据人类视觉特性选为高斯函数，即：

$$f(x,y) = \nabla^2(G(x,y) * M(x,y)) \tag{4-4}$$

$$G(x,y) = \frac{1}{2\pi\sigma^2}\exp\left(-\frac{1}{2\pi\sigma^2}(x^2 + y^2)\right) \tag{4-5}$$

其中，$M(x,y)$ 为图像，是一个圆对称函数，其平滑的作用是可通过来控制的。将图像 $G(x,y)$ 与 $f(x,y)$ 进行卷积，可以得到一个平滑的图像即：

$$g(x,y) = f(x,y) * G(x,y) \tag{4-6}$$

2）增强：对平滑图像 $g(x,y)$ 进行拉普拉斯运算，即：

$$h(x,y) = \nabla^2(f(x,y) * G(x,y)) \tag{4-7}$$

3）检测：边缘检测判据是二阶导数的零交叉点（即 $h(x,y) = 0$ 的点），并对应一阶导数的较大峰值。

这种方法的特点是图像首先与高斯滤波器进行卷积，这样既平滑了图像又降低了噪声，孤立的噪声点和较小的结构组织将被滤除。但是由于平滑会造成图像边缘的延伸，因此边缘检测器只考虑那些具有局部梯度最大值的点为边缘点。这一点可以用二阶导数的零交叉点来实现。拉普拉斯函数用作二维二阶导数的近似，是因为它是一种无方向算子。在实际应用中为了避免检测出非显著边缘，应选择一阶导数大于某一阈值的零交叉点作为边缘点。由于对平滑图像 $g(x,y)$ 进行拉普拉斯运算可等效为 $G(x,y)$ 的拉普拉斯运算与 $f(x,y)$ 的卷积，故上式变为：

$$h(x,y) = f(x,y) * \nabla^2 G(x,y) \tag{4-8}$$

式中，$\nabla^2 G(x,y)$ 称为 LoG 滤波器，其为：

$$\nabla^2 G(x,y) = \frac{\partial^2 G}{\partial x^2} + \frac{\partial^2 G}{\partial y^2} = \frac{1}{\pi\sigma^4}\left(\frac{x^2+y^2}{2\sigma^2} - 1\right)\exp\left(-\frac{1}{2\sigma^2}(x^2+y^2)\right) \tag{4-9}$$

这样就有两种方法求图像边缘：

1）求图像与高斯滤波器的卷积，再求卷积的拉普拉斯的变换，然后再进行过零判断。

2）求高斯滤波器的拉普拉斯的变换，再求与图像的卷积，然后再进行过零判断。

这两种方法在数学上是等价的。由于 LoG 滤波器在 (x,y) 空间中的图形与墨西哥草帽形状相似，所以又称为墨西哥草帽算子。LoG 算子是效果较好的边沿检测器，常用的 5×5 模板的 LoG 算子如图 4-10 所示。

-2	-4	-4	-4	-2
-4	0	8	0	-4
-4	8	24	9	-4
-4	0	8	0	-4
-2	-4	-4	-4	-2

0	0	-1	0	0
0	-1	-2	-11	0
-1	-2	16	-2	-1
0	-1	-2	-1	0
0	0	-1	0	0

图 4-10　5×5 模板的高斯 - 拉普拉斯算子

LoG 算子把高斯平滑滤波器和拉普拉斯锐化滤波器结合起来，先平滑掉噪声，再进行边缘检测，所以效果更好。

4.1.6　Canny 边缘算子

Canny 边缘算子是一种既能滤去噪声，又能保持边缘特性的边缘检测最优滤波器。采用二维高斯函数任意方向上的一阶方向导数为噪声滤波器，通过与图像卷积进行滤波；然后对滤波后的图像寻找图像梯度的局部最大值，以此来确定图像边缘。根据对信噪比与定位乘积进行测度，得到最优化逼近算子。类似于 LoG 边缘检测方法，也属于先平滑后求导数的方法。

Canny 边缘检测算法的具体步骤如下：

1）用高斯滤波器平滑图像；

2）用一阶偏导的有限差分来计算梯度的幅值和方向；

3）对梯度幅值进行非极大值抑制，其过程为找出图像梯度中的局部极大值点，把其他非局部极大值置零，以得到细化的边缘；

4）用双阈值算法检测和连接边缘。

其数学描述如下：

1）二维为高斯函数为

$$G(x,y) = \frac{1}{2\pi\sigma^2}\exp\left(-\frac{(x^2+y^2)}{2\sigma^2}\right) \tag{4-10}$$

高斯函数 $G(x,y)$ 在某一方向 n 上的一阶方向导数为：

$$G_n = \frac{\partial G(x,y)}{\partial n} = n \nabla G(x,y) \tag{4-11}$$

$$n = \begin{bmatrix} \cos\theta \\ \sin\theta \end{bmatrix} \tag{4-12}$$

$$\nabla G(x,y) = \begin{bmatrix} \frac{\partial G}{\partial x} \\ \frac{\partial G}{\partial y} \end{bmatrix} \tag{4-13}$$

式中，n 为方向矢量，$\nabla G(x,y)$ 为梯度矢量。

将图像 $f(x,y)$ 与 G_n 作卷积，同时改变 n 的方向，$G_n * f(x,y)$ 取得最大值时的 n 就是正交于检测边缘的方向。

2）

$$E_x = \frac{\partial G(x,y)}{\partial x} * f(x,y) \tag{4-14}$$

$$E_y = \frac{\partial G(x,y)}{\partial y} * f(x,y) \tag{4-15}$$

令

$$A(x,y) = \sqrt{Ex^2 + Ey^2} \tag{4-16}$$

$$\theta = \arctan\left(\frac{E_y}{E_x}\right) \tag{4-17}$$

式中，$A(x,y)$ 反映了图像 (x,y) 点处的边缘强度，θ 是图像 (x,y) 点处的法向矢量。

3）仅仅得到全局的梯度并不足以确定边缘，因此要确定边缘，必须保留局部梯度最大的点，采用抑制非极大值（NMS）目的是保留梯度方向上的最大值。

下面这一步是比较关键的一点。

如图 4-11 所示，将梯度角离散为圆轴的四个扇区之一，以便用 3×3 的窗口做抑制运算。四个扇区的标号为 0 到 3，对应 3×3 邻域的四种可能组合。在每一点上，邻域的中心像素 $M(x,y)$ 与沿着梯度线的两个像素相比。如果 $M(x,y)$ 的梯度值不比沿梯度线的两个相邻像素梯度值大，则令 $M(x,y) = 0$。

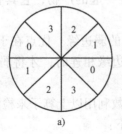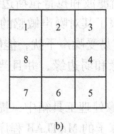

图 4-11 非极大值抑制

a）扇区 b）3×3 邻域

4）减少假边缘段数量的典型方法是对 $G(x,y)$ 使用一个阈值，将低于阈值的所有值赋零值。但问题是如何选取阈值。

解决方法：双阈值算法进行边缘判别和连接边缘。

① 首先是边缘判别：凡是边缘强度大于高阈值的一定是边缘点；凡是边缘强度小于低阈值的一定不是边缘点；如果边缘强度大于低阈值又小于高阈值，则看这个像素的邻接像素中有没有超过高阈值的边缘点，如果有，它就是边缘点，如果没有，它就不是边缘点。

② 其次是连接边缘：双阈值算法对非极大值抑制图像作用两个阈值 $T1$ 和 $T2$，且 $2T1 \approx T2$，从而可以得到两个阈值边缘图像 $G1(x,y)$ 和 $G2(x,y)$。由于 $G1(x,y)$，$G2(x,y)$ 是使用高阈值得到，因而含有很少的假边缘，但有间断（不闭合）。双阈值法要在 $G2(x,y)$ 中把边缘连接成轮廓，当到达轮廓的端点时，该算法就在 $G1(x,y)$ 的 8 邻点位置寻找可以连接到轮廓上的边缘，这样，算法不断地在 $G1(x,y)$ 中收集边缘，直到将 $G1(x,y)$ 连接起来为止。

实际上，还有多种边缘点判别方法，如：将边缘的梯度分为四种：水平、竖直、45°方向、135°方向。各个方向用不同的邻接像素进行比较，以决定局部极大值。若某个像素的灰度值与其梯度方向上前后两个像素的灰度值相比并不是最大的，那么将该像素置为零，即不是边缘。

Canny 算子检测方法的优点：①低误码率，很少把边缘点误认为非边缘点；②高定位精度，即精确地把边缘点定位在灰度变化最大的像素上；③抑制虚假边缘。

4.1.7　边缘检测算子的 MATLAB 实现

各种边缘检测算的特性可归纳如下：

Sobel 算子检测方法对灰度渐变和噪声较多的图像处理效果较好。对噪声具有平滑作用，提供较为精确的边缘方向信息，边缘定位精度不够高，图像的边缘不止一个像素。当精度要求不是很高时，是一种较为常用的边缘检测方法。

Roberts 算子检测方法对具有陡峭的低噪声的图像处理效果较好，但是利用 Roberts 算子提取边缘的结果会使边缘比较粗，因此边缘的定位不是很准确。

Prewitt 算子检测方法对灰度渐变和噪声较多的图像处理效果较好。但边缘较宽，而且间断点多。

Laplacian 算子法对噪声比较敏感，所以很少用该算子检测边缘，而是用来判断边缘像素是图像的明区还是暗区。

LoG 算子是高斯滤波和拉普拉斯边缘检测结合在一起的产物，它具有 Laplace 算子的所有优点，同时也克服了其对噪声敏感的缺点。

Canny 方法不容易受噪声干扰，能够检测到真正的弱边缘。优点在于，使用两种不同的阈值分别检测强边缘和弱边缘，并且当弱边缘和强边缘相连时，才将弱边缘包含在输出图像中。

在 MATLAB 图像处理工具箱中，提供了 edge 函数利用以上算子来检测灰度图像的边缘。

基于以上边缘算子的 MATLAB 程序代码实现如下：

```
% 对原始图像进行前期处理
a1 = imread('1. jpg');                          % 读入图像文件
a2 = im2double(a1);                             % 把图像转换成双精度型
b = rgb2gray(a2);                               % 将原图转换成灰度图像
[thr,sorh,keepapp] = ddencmp('den','wv',b);     % 求取对信号进行小波消噪处理的默认
```

```
% 阈值、软阈值,并且保留低频系数
c = wdencmp('gbl',b,'sym4',2,thr,sorh,keepapp);     % 全局阈值设置去噪
% figure,imshow(c),title('消噪后图像');
d = medfilt2(c,[7 7]);                              % 进行二维中值滤波
% figure,imshow(d),title('中值滤波');
isuo = imresize(d,0.25,'bicubic');
% sobel、robert、prewitt、Log、canny 算子检测图像边缘
es = edge(isuo,'sobel');
er = edge(isuo,'roberts');
ep = edge(isuo,'prewitt');
el = edge(isuo,'log');
ec = edge(isuo,'canny');
figure,imshow(isuo);
%title('前期处理图像');
imwrite(isuo,'前期图像.jpg')
figure,imshow(es);
% title('sobel 算子');
imwrite(es,'Sobel.jpg')
figure,imshow(er);
%title('roberts 算子');
imwrite(er,'roberts.jpg')
figure,imshow(ep);
%title('prewitt 算子');
imwrite(ep,'prewitt.jpg')
figure,imshow(el);
%title('log 算子');
imwrite(el,'log.jpg')
figure,imshow(ec);
%title('canny 算子');
imwrite(ec,'canny.jpg')
```

运行结果如图 4-12 所示。

图 4-12　各算子处理后的图像

a）前期处理图像　b）Sobel 算子　c）Roberts 算子

d)   e)   f)

图 4-12　各算子处理后的图像（续）

d) Prewitt 算子　e) LoG 算子　f) Canny 算子

4.2　Hough 变换

4.2.1　Hough 变换概述

Hough 变换最早是 1962 年由 Paul Hough 以专利的形式提出，它的实质是一种从图像二维空间到参数空间的映射关系。所以，Hough 变换从根本上来讲是两个参数空间之间的某种关系，这种联系能够将图像空间中难以解决的问题在参数空间中很好的解决。这也是自 1962 年 Hough 变换提出到现在半个多世纪始终能够得到不断发展创新的原因。

Hough 变换最初所解决的问题是在两个笛卡尔坐标系之间检测图像空间中的直线。其主要任务就是将直线的截距与斜率映射到参数空间中，成为一个特定的点，而参数空间中的这个点就能够唯一地代表原图像空间中的一条线，这种映射将原图像中待检测的图形变换为参数空间中的一个峰值。如此一来，就把原始图像中特定图形的检测问题变成了筛选参数空间中峰值的问题，这对于后续的直线提取具有十分积极的意义。

Hough 变换自 1962 年提出至今已经历了半个多世纪的时间，在后世学者研究的过程中，Hough 变换得到了不同方向，不同领域上的改进。

针对 Hough 变换形式上的改进，主要形成于该算法提出后的早期研究，其中包括：1972 年，Duda 改变了 Hough 变换的映射形式，将图像空间中的点映射到 $\rho - \theta$ 参数空间中，使图像空间中的点对应着参数空间的正弦曲线，这种改变让改进后的 Hough 变换可以适应任何参数形式下的直线提取和检测。1981 年学者 Ballard 针对经典 Hough 变换只能检测待定几何形状的物体的不足，提出了广义 Hough 变换，该算法能够检测任何形状的物体，这使得 Hough 变换在适用范围上获得了相当大的补足。至此，改进后的 Hough 变换已经成为了一种能够适应任何参数空间，任何形状物体的图像检测算法。

针对经典 Hough 变换具有计算率低及占用较大存储空间的不足，学者们也提出了相应的解决对策，其中包括：由 Davis 于 1982 年提出的分层 Hough 变换，Kannan 于 1990 年提出的快速 Hough 变换，Xu Lei 提出的高效快速随机 Hough 变换，该算法通过对图像边缘检测出的边缘点采取随机抽样的方法，有效降低了传统 Hough 变换的计算复杂程度与空间占有率；1991 年由 Kiryati 提出的概率 Hough 变换可以利用一个小的随机窗口选择性地进行 Hough 变换的方法代替了传统的 Hough 变换中对图像空间像素点遍历，也在一定程度上降低了计算复杂度。

为了提高传统 Hough 变换下提取精度不高，稳定性不强的特点，E. J. Austin 提出了自适应 Hough 变换，该算法在并行算法的基础上融入了自适应算法，这使得改进后的 Hough 变换具有更加客观的鲁棒性及计算效率；Yuen 于 1992 年提出的相关 Hough 变换有效地提高了传统 Hough 变换的计算精度。

Hough 变换之所以能够获得多方位，多领域的发展，应归功于其在实际生产生活中的广泛需求及广阔的应用前景。

4.2.2 基于 Hough 变换的直线检测

1. Hough 变换基本原理

Hough 变换是图像处理技术中从图像中识别几何形状的基本方法之一，Hough 变换的基本原理是利用点与线的对偶性，通过曲线表达形式把原图像空间的曲线变为参数空间的一个点，这样就把原空间中的图像检测问题转化为寻找参数空间中的点的峰值问题，即把检测整体特性转化为检测局部特性。

Hough 变换在两个不同空间中的点 - 线的对偶性，如图 4-13 所示。

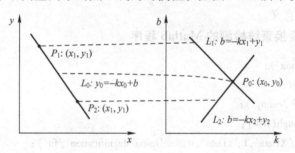

图 4-13 $x-y$ 空间与 $k-b$ 空间的点 - 线的对偶关系

从图 4-14 中可看出，$x-y$ 平面和 $k-b$ 平面有点 - 线的对偶性。$x-y$ 坐标平面中的点 P_1、P_2 对应于 $k-b$ 坐标平面中的线 L_1、L_2；而 $k-b$ 坐标平面中的点 P_0 对应于 $x-y$ 坐标平面中的线 L_0。

在实际应用中，$y = kx + b$ 形式的直线方程无法表示为 $x = c$ 形式的直线（此时直线斜率为无穷大），为了使变换域有意义，采用直线的极坐标方程来解决这一问题，直角坐标 $x-y$ 中的一点 (x, y) 的极坐标方程为：

$$\rho = x\cos\theta + y\sin\theta \tag{4-18}$$

式中，ρ 是直线到坐标系原点的距离，θ 是直线法线与 x 轴的夹角。这样，原图像平面上点就对应到参数 $\rho-\theta$ 平面的一条曲线上；而极坐标 $\rho-\theta$ 上的点 (ρ, θ)，对应于直角坐标 $x-y$ 中的一条直线，而且它们是一一对应的。为了检测出直角坐标 $x-y$ 中由点所构成的直线，可以将极坐标 $\rho-\theta$ 量化成若干等间隔的小格，这个直网格对应一个计数阵列。根据直角坐标中每个点的坐标 (x, y)，按上面的原理在 $\rho-\theta$ 平面上画出它对应的曲线，凡是这条曲线所经过的小格，对应的计数阵列元素加 1，如图 4-14 所示。当直角坐标中全部的点都变换后，对小格进行检验，计数值最大的小格的(ρ,θ)值所对应于直角坐标中的直线即为所求直线。

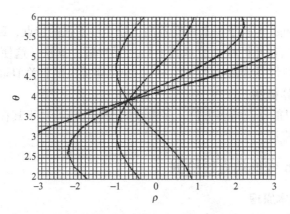

图 4-14　直线 $y=x+5$ 上的 4 个点对应在极坐标 $\rho-\theta$ 中的 4 条曲线

直线是图像的基本特征之一，一般物体平面图像的轮廓可近似为直线及弧的组合。因此，对物体轮廓的检测与识别可以转化为对这些基元的检测与提取。另外在运动图像分析和估计领域也可以采用直线对应法实现刚体旋转量和位移量的测量。所以对图像直线检测算法进行研究具有重要的意义。

2. 利用 Hough 变换直线检测的 Matlab 程序

```
I = imread('5. png') ;
BW = im2bw(I) ;
BW = edge(BW,'canny') ;
[H,T,R] = hough(BW) ;
imshow(H,[ ],'XData',T,'YData',R,... 'InitialMagnification','fit') ;
    xlabel('\theta'),ylabel('\rho') ;
axis on,axis normal,hold on ;
P = houghpeaks(H,10,'threshold',ceil(0. 3 * max(H(:)))) ;
x = T(P(:,2)) ;
y = R(P(:,1)) ;
plot(x,y,'s','color','white') ;
lines = houghlines(BW,T,R,P,'FillGap',5,'MinLength',7) ;
figure,
imshow(BW) ,
hold on
max_len = 0 ;
% %
for k = 1:length(lines)
    xy = [lines(k). point1;lines(k). point2] ;
    plot(xy(:,1),xy(:,2),'LineWidth',2,'Color','green') ;
    %绘制线条的起点和终点
```

```matlab
Plot(xy(1,1),xy(1,2),'x','LineWidth',2,'Color','yellow');
Plot(xy(2,1),xy(2,2),'x','LineWidth',2,'Color','red');
% 确定最长线段的端点
len = norm(lines(k).point1 - lines(k).point2);
Len(k) = len;
if((len > max_len)
    max_len = len;
    xy_long = xy;
    end
end
% 突出显示最长的线段
Plot(xy_long(:,1),xy_long(:,2),'LineWidth',2,'Color','blue');
%%
[L1,Index1] = max(Len(:));
Len(Index1) = 0;
[L2,Index2] = max(Len(:));
%%
%
x1 = [lines(Index1).point1(1) lines(Index1).point2(1)];
y1 = [lines(Index1).point1(2) lines(Index1).point2(2)];
x2 = [lines(Index2).point1(1) lines(Index2).point2(1)];
y2 = [lines(Index2).point1(2) lines(Index2).point2(2)]; %%
K1 = (lines(Index1).point1(2) - lines(Index1).point2(2))/(lines(Index1).point1(1) - lines(Index1).point2(1));
K2 = (lines(Index2).point1(2) - lines(Index2).point2(2))/(lines(Index2).point1(1) - lines(Index2).point2(1));
%%
hold on
[m,n] = size(BW); % 尺寸
BW1 = zeros(m,n);
b1 = y1(1) - K1 * x1(1);
b2 = y2(1) - K2 * x2(1);
for x = 1:n
    for y = 1:m
        if y == round(K1 * x + b1) || y == round(K2 * x + b2)
            BW1(y,x) = 1;
        end
    end
end
for x = 1:n
    for y = 1:m
        if ceil(K1 * x + b1) == ceil(K2 * x + b2)
            y1 = round(K1 * x + b1);
```

```
                BW1(1:y1 - 1,:) = 0;
            end
        end
    end
    figure,imshow(BW1)
```

运行结果如图 4-15 所示。

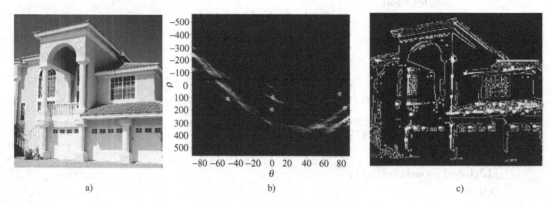

a)   b)   c)

图 4-15 Hough 变换检测直线结果

a）原始图像 b）Hough 矩阵和峰值点 c）检测出的直线段

4.2.3　基于 Hough 变换的曲线检测

Hough 变换也适用于方程已知的曲线检测。已知图像坐标中的一条已知的曲线方程也可以建立其相应的参数空间。由此，图像坐标空间中的一点，在参数空间中就可以映射为相应的轨迹曲线或者曲面。若参数空间中对应各个间断点的曲线或者曲面能够相交，就能够找到参数空间的极大值以及对应的参数；若参数空间中对应各个间断点的曲线或者曲面不能相交，则说明间断点不符合某已知曲线的要求。

Hough 变换作曲线检测时，最重要的是写出图像坐标空间到参数空间的变换公式。例如，对于已知圆的方程，其直角坐标的一般方程为：

$$(x-a)^2 + (y-b)^2 = r^2 \qquad (4-19)$$

其中，(a, b) 为圆心坐标，r 为圆的半径，它们为图像的参数。那么，参数空间可以表示为 (a, b, r)，图像坐标空间中的一个圆对应参数空间中的一点。

具体计算时，只是数组累加器为三维 $A(a,b,r)$。计算过程是让 a、b 在取值范围内增加，解出满足上式的 r 值，每计算出一个 (a,b,r) 值，就对数组元素 $A(a,b,r)$ 加 1。计算结束后，找到的最大的 $A(a,b,r)$ 所对应的 a、b、r 就是所求的圆的参数。与直线检测相同，曲线检测也可以通过极坐标形式计算。

利用 Hough 变换对圆的检测 MATLAB 程序如下：

```
function[hough_space,hough_circle,para] = hough_circle(BW,step_r,step_angle,r_min,r_max,p);
%[HOUGH_SPACE,HOUGH_CIRCLE,PARA] = HOUGH_CIRCLE(BW,STEP_R,STEP_ANGLE,R_
MAX,P)
% --------------------------算法概述--------------------------
```

```
% 该算法通过 a = x − r ∗ cos(angle),b = y − r ∗ sin(angle)将圆图像中的边缘点
% 映射到参数空间(a,b,r)中,由于是数字图像且采取极坐标,angle 和 r 都取
% 一定的范围和步长,这样通过两重循环(angle 循环和 r 循环)即可将原图像
% 空间的点映射到参数空间中,再在参数空间(即一个由许多小立方体组成的
% 大立方体)中寻找圆心,然后求出半径坐标
% -----------------------------------------------------------------

% ------------------------- 输入参数 ------------------------------
% BW:二值图像
% step_r:检测的圆半径步长
% step_angle:角度步长,单位为弧度
% r_min:最小圆半径
% r_max:最大圆半径
% p:以 p ∗ hough_space 的最大值为阈值,p 取 0,1 之间的数
% -----------------------------------------------------------------

% ------------------------- 输出参数 ------------------------------
% hough_space:参数空间,h(a,b,r)表示圆心在(a,b)半径为 r 的圆上的点数
% hough_circl:二值图像,检测到的圆
% para:检测圆的圆心、半径
% -----------------------------------------------------------------

[m,n] = size(BW);
size_r = round((r_max − r_min)/step_r) + 1;
size_angle = round(2 ∗ pi/step_angle);

hough_space = zeros(m,n,size_r);

[rows,cols] = find(BW);
ecount = size(rows);

% Hough 变换
% 将图像空间(x,y)对应到参数空间(a,b,r)
% a = x − r ∗ cos(angle)
% b = y − r ∗ sin(angle)
for i = 1:ecount
    for r = 1:size_r
        for k = 1:size_angle
            a = round(rows(i) − (r_min + (r − 1) ∗ step_r) ∗ cos(k ∗ step_angle));
            b = round(cols(i) − (r_min + (r − 1) ∗ step_r) ∗ sin(k ∗ step_angle));
            if(a > 0&a <= m&b > 0&b <= n)
                hough_space(a,b,r) = hough_space(a,b,r) + 1;
            end
```

```
                end
            end
        end
% 搜索超过阈值的聚集点
max_para = max( max( max( hough_space ) ) );
index = find( hough_space > = max_para * p ) ;
length = size( index ) ;
hough_circle = zeros( m,n ) ;
for i = 1 : ecount
    for k = 1 : length
        par3 = floor( index( k )/( m * n ) ) + 1 ;
        par2 = floor( ( index( k ) - ( par3 - 1 ) * ( m * n ) )/m ) + 1 ;
        par1 = index( k ) - ( par3 - 1 ) * ( m * n ) - ( par2 - 1 ) * m ;
        if( ( rows( i ) - par1 )^2 + ( cols( i ) - par2 )^2 < ( r_min + ( par3 - 1 ) * step_r )^2 + 5&...
                ( rows( i ) - par1 )^2 + ( cols( i ) - par2 )^2 > ( r_min + ( par3 - 1 ) * step_r )^2 - 5 )
            hough_circle( rows( i ) ,cols( i ) ) = 1 ;
        end
    end
end

% 打印结果
for k = 1 : length
    par3 = floor( index( k )/( m * n ) ) + 1 ;
    par2 = floor( ( index( k ) - ( par3 - 1 ) * ( m * n ) )/m ) + 1 ;
    par1 = index( k ) - ( par3 - 1 ) * ( m * n ) - ( par2 - 1 ) * m ;
    par3 = r_min + ( par3 - 1 ) * step_r ;
    fprintf( 1 ,'Center % d % d radius % d\n' ,par1 ,par2 ,par3 ) ;
    para( : ,k ) = [ par1 ,par2 ,par3 ]' ;
end
```

利用上述函数检测半径在 20 ~ 30 mm 的圆的 MATLAB 程序代码如下:

```
clc ,clear all
I = imread( '2. bmp' ) ;
[ m,n,l ] = size( I ) ;
if l > 1
    I = rgb2gray( I ) ;
end
BW = edge( I ,'sobel' ) ;
step_r = 1 ;
step_angle = 0. 1 ;
minr = 20 ;
maxr = 30 ;
thresh = 0. 7 ;
```

$$[\,hough\_space\,,hough\_circle\,,para\,] = hough\_circle(\,BW\,,step\_r\,,step\_angle\,,minr\,,maxr\,,thresh)\,;$$

$$subplot(\,221\,)\,,imshow(\,I\,)\,,title(\,'原图'\,)$$
$$subplot(\,222\,)\,,imshow(\,BW\,)\,,title(\,'边缘'\,)$$
$$subplot(\,223\,)\,,imshow(\,hough\_circle\,)\,,title(\,'检测结果'\,)$$

运行结果如图 4-16 所示。

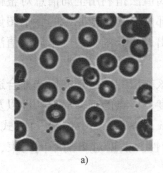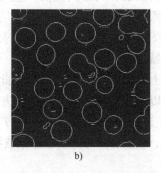

图 4-16　Hough 变换检测圆

a) 原始图像　b) 边缘圆检测结果　c) Hough 检测结果

原始图像空间中的同一个圆、直线、抛物线、椭圆上的每一个点，在其参数空间中都对应了一个图形，图像空间中的这些点都满足某个给定的方程，因此这些点投影到参数空间中的图像都会经过参数空间中的点。也就是说，在参数空间中的投影图像会相交于一点。当参数空间中的这个交点的重叠次数越多时，原图像空间中满足这个参数（交点）的图形越饱满，也就越接近待检测的图形。Hough 变换能用于查找任意形状且已给出表达式的图形，在检测已知形状时具有受曲线间断影响小、不受图形旋转影响等优点，即使待检测的形状有轻微的缺损也可以被正确识别。

4.3　阈值分割

4.3.1　阈值分割的基本原理

图像阈值化分割是一种最常用，同时也是最简单的图像分割方法，它特别适用于目标和背景占据不同灰度级范围的图像。它不仅可以极大地压缩数据量，而且也大大简化了分析和处理步骤，因此在很多情况下，是进行图像分析、特征提取与模式识别之前的必要的图像预处理过程。图像阈值化的目的是要按照灰度级，对像素集合进行一个划分，得到的每个子集形成一个与现实景物相对应的区域，各个区域内部具有一致的属性，而相邻区域不具有这种一致属性。这样的划分可以通过从灰度级出发选取一个或多个阈值来实现。

阈值分割法是一种基于区域的图像分割技术，其基本原理是：通过设定不同的特征阈值，把图像像素点分为若干类。常用的特征包括：直接来自原始图像的灰度或彩色特征；由原始灰度或彩色值变换得到的特征。设原始图像为 $f(x,y)$，按照一定的准则在 $f(x,y)$ 中找到特征值 T，将图像分割为两个部分，分割后的图像为：

$$g(x,y) = \begin{cases} b_0 & f(x,y) \leqslant T \\ b_1 & f(x,y) > T \end{cases} \tag{4-20}$$

若取 $b_0 = 0$（黑），$b_1 = 1$（白），即为我们通常所说的图像二值化。

4.3.2 阈值分割方法的分类

阈值分割方法主要分为全局阈值法和局部阈值法。全局阈值法指利用全局信息对整幅图像求出最优分割阈值，可以是单阈值，也可以是多阈值；局部阈值法是把原始的整幅图像分为几个小的子图像，再对每个子图像应用全局阈值法分别求出最优分割阈值。全局阈值法又可分为基于点的阈值法和基于区域的阈值法。

阈值分割法的结果很大程度上依赖于阈值的选择，因此该方法的关键是如何选择合适的阈值。一般意义下，阈值运算可以看作是对图像中某点的灰度、该点的某种局部特性以及该点在图像中的位置的一种函数，这种阈值函数可记作：$T(x,y,n(x,y),f(x,y))$。式中，$f(x,y)$ 是点 (x,y) 的灰度值；$n(x,y)$ 是点 (x,y) 的局部邻域特性。根据对 T 的不同约束，可以得到 3 种不同类型的阈值，即

1）点相关的全局阈值 $T = T(f(x,y))$：只与点的灰度值有关。

2）区域相关的全局阈值 $T = T(n(x,y),f(x,y))$：与点的灰度值和该点的局部邻域特征有关。

3）局部阈值或动态阈值 $T = T(x,y,n(x,y),f(x,y))$ 与点的位置、该点的灰度值和该点邻域特征有关。

基于点的全局阈值算法与其他几大类方法相比，算法时间复杂度较低，易于实现，适合应用于在线实时图像处理系统。当同一区域内的像素在位置和灰度级上同时具有较强的一致性和相关性时，宜采用基于区域的全局阈值方法。当图像中有如下一些情况：有阴影、照度不均匀、各处的对比度不同、突发噪声、背景灰度变化等，如果只用一个固定的全局阈值对整幅图像进行分割，则由于不能兼顾图像各处的情况而使分割效果受到影响。此时，需采用动态阈值法，也称局部阈值法，或自适应阈值法。

4.3.3 极小值点阈值法

如果将直方图的包络看作一条曲线，可利用曲线极小值的方法来选取直方图的谷。设用 $H(z)$ 代表直方图，那么极小值点应满足 $h(z)/z = 0$ 和 $h(z)/z > 0$。

这些极小值点对应的灰度值就可用作分割阈值。

基于 MATLAB 的极小值图像切割程序代码实现：

```
%%%%%极小值图像切割%%%%%
I = imread('3.jpg');
if numel(I) > 2
    I = rgb2gray(I);
end
figure(1),imhist(I); % 观察灰度直方图,灰度 135 处有谷,确定阈值 T = 135
% title('直方图');
figure(2),imshow(I);
```

%title('原图')

I1 = im2bw(I,135/255);　　% im2bw 函数需要将灰度值转换到[0,1]范围内

figure(3),imshow(I1);

%title('极小值点阈值切割');

运行结果如图 4-17 所示。

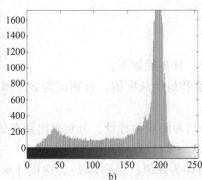

a)　　　　　　　　　　　　　　　b)　　　　　　　　　　　　　c)

图 4-17　极小值点阈值法分割结果

a) 原始图像　b) 直方图　c) 阈值分割结果

4.3.4　最小均方误差法

最小均方误差法也是常用的阈值分割法之一。这种方法通常以图像中的灰度为模式特征，假设各模式的灰度是独立分布的随机变量，并假设图像中待分割的模式服从一定的概率分布。一般来说，采用的是正态分布，即高斯概率分布。

首先假设一幅图像仅包含两个主要的灰度区域——前景和背景。令 z 表示灰度值，$p(z)$ 表示灰度值概率密度函数的估计值。假设概率密度函数一个对应于背景的灰度值，另一个对应于图像中前景即对象的灰度值。则描述图像中整体灰度变换的混合密度函数是：

$$P(z) = P_1 p_1(z) + P_2 p_2(z) = \frac{P_1}{\sqrt{2\pi}\sigma_1}\exp\left[-\frac{(z-\mu_1)^2}{2\sigma_1^2}\right] + \frac{P_2}{\sqrt{2\pi}\sigma_2}\exp\left[-\frac{(z-\mu_2)^2}{2\sigma_2^2}\right] \quad (4-21)$$

其中 μ_1 和 μ_2 分别是前景和背景的平均灰度值，σ_1 和 σ_2 分别是关于均值的均方差，P_1 和 P_2 分别是前景和背景中具有值 z 的像素出现的概率。根据概率定义有 $P_1 + P_2 = 1$，所以混合密度函数中有 5 个未知的参数。如果能求出这些参数就可以确定混合概率密度。

假设 $\mu_1 < \mu_2$，需定义一个阈值 T，使得灰度值小于 T 的像素分割为背景，而灰度值大于 T 的像素分割为目标。这时错误地将一个目标像素划分为背景的概率和一个背景像素错误地划分为目标的概率分别是

$$E_1(T) = \int_{-\infty}^{T} p_2(z)\,\mathrm{d}z \quad (4-22)$$

$$E_2(T) = \int_{T}^{\infty} p_1(z)\,\mathrm{d}z \quad (4-23)$$

总的误差概率是

$$E(T) = P_2 E_1(T) + P_1 E_2(T) \quad (4-24)$$

为求得使该误差最小的阈值可将 $E(T)$ 对 T 求导并令导数为零，这样得到：

$$P_1 p_1(z) = P_2 p_2(z) \tag{4-25}$$

$$T = \frac{\mu_1 + \mu_2}{2} + \frac{\sigma^2}{\mu_1 - \mu_2} \ln(\frac{P_2}{P_1}) \tag{4-26}$$

若 $P_1 = P_2 = 0.5$，则最佳阈值是均值的平均数，即

$$T = \frac{\mu_1 + \mu_2}{2} \tag{4-27}$$

4.3.5 迭代选择阈值法

迭代法是基于逼近的思想，其步骤如下。

1) 求出图像的最大灰度值和最小灰度值，分别记为 Z_{max} 和 Z_{min}，令初始阈值 $T_0 = (Z_{max} + Z_{min})/2$。

2) 根据阈值 T_K 将图像分割为前景和背景，分别求出两者的平均灰度值 Z_O 和 Z_B。

3) 求出新阈值 $T_K + 1 = (Z_O + Z_B)/2$。

4) 若 $T_K = T_K + 1$，则所得即为阈值；否则转 2)，迭代计算。

迭代所得的阈值分割的图像效果良好。基于迭代的阈值能区分出图像的前景和背景的主要区域所在，但在图像的细微处还没有很好的区分度。对某些特定图像，微小数据的变化却会引起分割效果的巨大改变，两者的数据只是稍有变化，但分割效果却反差极大。

迭代选择阈值分割的 MATLAB 程序代码实现如下:

```
close all;
clear;clc;
I = imread('3.jpg');              % imread 从文件读取图像
if numel(I) > 2
I = rgb2gray(I);
end
figure,imshow(I);                 %% subplot 创建子图
% title('原图像');                 %% title 图名
[x,y] = size(I);                  % size 矩阵的大小
I = im2double(I);                 % double 把其他类型对象转换为双精度数值
a = imhist(I);                    % imhist 频数计算或频数直方图
maxI = 1;
I = I * 255;
for i = 2:max(size(a))
    if a(maxI) < a(i)
        maxI = i;
    end
end
minI = 1;
for i = 2:max(size(a))
    if a(minI) > a(i)
        minI = i;
    end
```

```matlab
    end
z0 = maxI
z1 = minI
T = floor((z0 + z1)/2 + 0.5);
TT = 0;
S0 = 0; n0 = 0;
S1 = 0; n1 = 0;
allow = 0.001;
d = abs(T - TT);                 % abs 绝对值、模、字符的 ASCII 码值
count = 0;
while(d >= allow)
    count = count + 1;
    for i = 1:x
        for j = 1:y
            if (I(i,j) >= T)
                S0 = S0 + I(i,j);
                n0 = n0 + 1;
            end
            if (I(i,j) < T)
                S1 = S1 + I(i,j);
                n1 = n1 + 1;
            end
        end
    end
    T0 = S0/n0;
    T1 = S1/n1;
    TT = (T0 + T1)/2;
    d = abs(T - TT);
    T = TT;
end
tmax2 = T                         % tmax2 = 119.4582
Seg = zeros(x,y);                 % zeros 全零数组
for i = 1:x
    for j = 1:y
        if(I(i,j) >= T)
                Seg(i,j) = 1;
        end
    end
end
figure,imshow(Seg);
imwrite(Seg,'迭代阈值分割.jpg')
% title('迭代阈值分割1');
```

运行结果如图4-18所示。

a)   b)

图 4-18 迭代选择阈值法分割结果

a) 原始图像　b) 阈值分割结果

4.3.6　双峰法

双峰法的原理很简单，它认为图像由前景和背景（不同的灰度级）两部分组成，图像的灰度分布曲线近似认为是由两个正态分布函数(μ_1,σ_1^2)和(μ_2,σ_2^2)叠加而成，图像的直方图将会出现两个分离的峰值，双峰之间的波谷处就是图像的阈值所在。

双峰法图像分割的 MATLAB 程序代码如下：

```
% 双峰法是一种简单的阈值分割方法,即如果灰度级直方图呈现明显的双峰状,
% 则选双峰之间的谷底所对应的灰度级作为阈值分割
clc;
clear all;
close all;
I = imread('4. jpg');
if ndims(I) ==3
    I = rgb2gray(I);
end
fxy = imhist(I,256);              % 统计每个灰度值的个数
figure;
subplot(2,2,1); imshow(I,[]);     % title('原图')
subplot(2,2,2); plot(fxy);        % 画出灰度直方图
% title('直方图')
p1 = {'Input Num:'};
p2 = {'180'};
p3 = inputdlg(p1,'Input Num:1~256',1,p2);
p = str2num(p3{1}); p = p/255;
bw = im2bw(I,p);                  % 小于阈值的为黑,大于阈值的为白
subplot(2,2,3);
imshow(bw);
% title('双峰阈值分割')
imwrite(bw,'双峰阈值分割. jpg')
```

运行结果如图 4-19 所示。

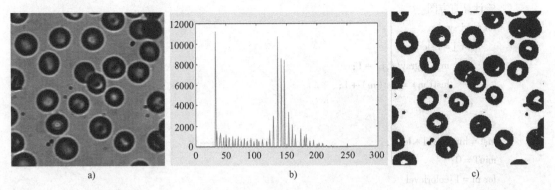

图 4-19　双峰法分割结果

a）原始图像　b）直方图　c）双峰法分割图像

4.3.7　最大类间方差法

最大类间方差法，又称 Otsu 法或大津法，由 Otsu 于 1978 年提出。最大类间方差法以其计算简单、稳定有效，一直广为使用。从模式识别的角度看，最佳阈值应当具有最佳的目标类与背景类的分离性能，此性能用类别方差来表征，为此引入类内方差、类间方差和总体方差。其基本思路是将直方图在某一阈值处分割成两组，当被分成的两组的方差为最大时，得到阈值。因为方差是灰度分布均匀性的一种量度，方差值越大，说明构成图像的两部分差别越大，当部分目标错分为背景或部分背景错分为目标都会导致两部分差别变小，因此使类间方差最大的分割意味着错分概率最小。

最大类间方差法图像阈值分割的 MATLAB 程序代码如下：

```
clear;
SE = strel('diamond',4);
BW1 = imread('4. jpg');
BW2 = imerode(BW1,SE);
BW3 = imdilate(BW2,SE);
BW4 = BW1 - BW3;                    %rgb 转灰度
[m,n,k] = size(BW4)
if k == 3
    I_gray = rgb2gray(BW4);
else
    I_gray = BW4;
end
figure,
imshow(I_gray);
I_double = double(I_gray);          % 转化为双精度
[wid,len] = size(I_gray);
colorlevel = 256;                   % 灰度级
hist = zeros(colorlevel,1);         % 直方图
```

```matlab
% threshold = 128 ;                           % 初始阈值
% 计算直方图
for i = 1 : wid
    for j = 1 : len
        m = I_gray( i,j ) + 1 ;
        hist( m ) = hist( m ) + 1 ;
    end
end
hist = hist/( wid * len ) ;                    % 直方图归一化
miuT = 0 ;
for m = 1 : colorlevel
    miuT = miuT + ( m - 1 ) * hist( m ) ;
end
xigmaB2 = 0 ;

for mindex = 1 : colorlevel
    threshold = mindex - 1 ;
    omega1 = 0 ;
    omega2 = 0 ;
    for m = 1 : threshold - 1
        omega1 = omega1 + hist( m ) ;
    end
    omega2 = 1 - omega1 ;
    miu1 = 0 ;
    miu2 = 0 ;
    for m = 1 : colorlevel
        if m < threshold
            miu1 = miu1 + ( m - 1 ) * hist( m ) ;
        else
            miu2 = miu2 + ( m - 1 ) * hist( m ) ;
        end
    end
    miu1 = miu1/omega1 ;
    miu2 = miu2/omega2 ;
    xigmaB21 = omega1 * ( miu1 - miuT )^2 + omega2 * ( miu2 - miuT )^2 ;
    xigma( mindex ) = xigmaB21 ;
    if xigmaB21 > xigmaB2
        finalT = threshold ;
        xigmaB2 = xigmaB21 ;
    end
end
fT = finalT/255                               % 阈值归一化
T = graythresh( I_gray )                       % matlab 函数求阈值
```

```
    for i = 1:wid
        for j = 1:len
            if I_double(i,j) > finalT
                bin(i,j) = 1;
            else
                bin(i,j) = 0;
            end
        end
    end
    figure,
    imshow(bin);
    imwrite(bin,'最大类间 . jpg')
    figure,
    plot(1:colorlevel,xigma)
```

运行结果如图 4-20 所示。

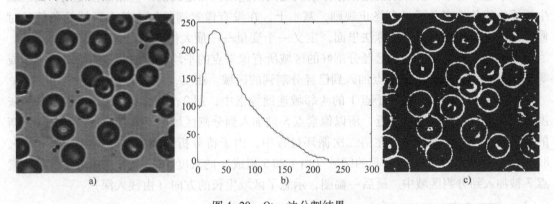

图 4-20 Otsu 法分割结果

a) 原始图像 b) 直方图 c) Otsu 法分割图像

　　总的来说，基于点的全局阈值算法，与其他几大类方法相比，算法复杂度较低，易于实现，适合应用于在线实时图像处理系统。对于直方图双峰明显，谷底较深的图像，迭代方法可以较快地获得满意结果。但是对于直方图双峰不明显，或图像目标和背景比例差异悬殊，迭代法所选取的阈值则不如最大类间方差法。

4.4　基于区域的图像分割

4.4.1　区域生长算法

　　数字图像分割算法一般是基于图像灰度值的两个基本特性：不连续性和相似性。前一种性质的应用途径是基于图像灰度的不连续变化分割图像，比如图像的边缘。第二种性质的主要应用途径是依据指定准则将图像分割为相似的区域。区域生长算法就是基于图像的第二种性质，即图像灰度值的相似性。

令 R 表示整幅图像区域，那么分割可以看成将区域 R 划分为 n 个子区域 $R_1,R_2,\cdots,R_n$ 的过程，并需要满足以下条件：

1) $\bigcap\limits_{i}^{n} R_i = R$；

2) R_i 是一个连通区域，$i=1,2,3,\cdots,n$；

3) $R_i \cap R_j =$ 空集，对于任何的 i,j；都有 $i\neq j$；

4) $P(R_i) = \text{TURE}$，对 $i=1,2,3,\cdots,n$；

5) $P(R_i \cup R_j) = \text{FALSE}, i \neq j$。

正如"区域生长"的名字所暗示的：区域生长是根据一种事先定义的准则将像素或者子区域聚合成更大区域的过程，并且要充分保证分割后的区域满足 1）～5）的条件。

区域生长算法的设计主要有以下三点：确定生长种子点；区域生长的条件；区域生长停止的条件。种子点的个数根据具体的问题可以选择一个或者多个，并且根据具体的问题不同可以采用完全自动确定或者人机交互确定。

区域生长的条件实际上就是根据像素灰度间的连续性而定义的一些相似性准则，而区域生长停止的条件定义了一个终止规则，基本上，在没有像素满足加入某个区域的条件的时候，区域生长就会停止。在算法里面，定义一个变量——最大像素灰度值距离 reg_maxdist。当待加入像素点的灰度值和已经分割好的区域所有像素点的平均灰度值的差的绝对值小于或等于 reg_maxdist 时，该像素点加入到已经分割到的区域。相反，则区域生长算法停止。

如图 4-21 所示，在种子点 1 的 4 邻域连通像素中，即 2、3、4、5 点，像素点 5 的灰度值与种子点的灰度值最接近，所以像素点 5 被加入到分割区域中，并且像素点 5 会作为新的种子点执行后面的过程。在第二次循环过程中，由于待分析图像中，即 2、3、4、6、7、8，像素 7 的灰度值和已经分割的区域（由 1 和 5 组成）的灰度均值 10.5 最接近，所以像素点 7 被加入到分割区域中。最后一幅图，示意了区域生长的方向（由浅入深）。

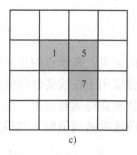

图 4-21　区域生长

a）像素点标号　b）对应像素点的灰度值　c）区域生长的方向

从上面的分析中，我们可以看出，在区域生长过程中，需要知道待分析像素点的编号（通过像素点的 x 和 y 坐标值来表示），同时还要知道这些待分析点的像素的灰度值。

区域生长的 MATLAB 程序如下：

```
function J = regionGrow(I)
% 区域生长,需要以交互方式设定初始种子点,具体方法为鼠标单击图像中一点后,
% 按下〈Enter〉键
```

```
% 输入:I - 原图像
% 输出:J - 输出图像
if isinteger(I)
    I = im2double(I);
end
figure,imshow(I),
% title('原始图像')
[M,N] = size(I);
[y,x] = getpts;                           % 获得区域生长起始点
x1 = round(x);                            % 横坐标取整
y1 = round(y);                            % 纵坐标取整
seed = I(x1,y1);                          % 将生长起始点灰度值存入 seed 中
J = zeros(M,N);                           % 作一个全零与原图像等大的图像矩阵 J,作为输出图像矩阵
J(x1,y1) = 1;                             % 将 J 中与所取点相对应位置的点设置为白色
sum = seed;                               % 储存符合区域生长条件的点的灰度值的和
suit = 1;                                 % 储存符合区域生长条件的点的个数
count = 1;                                % 记录每次判断一点周围八点符合条件的新点的数目
threshold = 0.15;                         % 阈值,注意需要和 double 类型存储的图像相符合
while count > 0
    s = 0;                                % 记录判断一点周围八点时,符合条件的新点的灰度值之和
    count = 0;
    for i = 1:M
     for j = 1:N
       if J(i,j) == 1
        if (i-1) > 0 & (i+1) < (M+1) & (j-1) > 0 & (j+1) < (N+1)    % 判断此点是否为
                                          % 图像边界上的点
        for u = -1:1                      % 判断点周围八点是否符合阈值条件
          for v = -1:1
            if  J(i+u,j+v) == 0 & abs(I(i+u,j+v) - seed) <= threshold& 1/(1 + 1/15 * abs(I(i
+u,j+v) - seed)) > 0.8
                J(i+u,j+v) = 1;           % 判断是否尚未标记,并且为符合阈值条件的点
                                          % 符合以上两条件即将其在 J 中与之位置对应的点设置为白
                count = count + 1;
                s = s + I(i+u,j+v);       % 此点的灰度值加入 s 中
            end
          end
        end
        end
       end
     end
    end
    suit = suit + count;                  % 将 n 加入符合点数计数器中
    sum = sum + s;                        % 将 s 加入符合点的灰度值总合中
```

```
        seed = sum/suit;                    % 计算新的灰度平均值
    end
```

下面给出一个利用 regionGrow( ) 函数对 MATLAB 内置图像 rice. png 进行基于种子点的区域生长的调用示例。

```
>> I = imread('rice. png');
>> J = regionGrow(I);
>> figure,imshow(J),title('分割后图像')
```

运行结果如图 4-22 示。

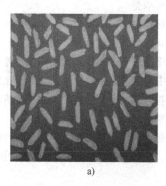 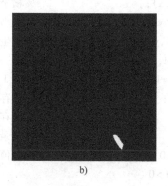

图 4-22　区域生长算法示例
a) 原始图像　b) 区域生长结果

4.4.2　区域分裂合并算法

区域分裂合并算法的基本思想是先确定一个分裂合并的准则，即区域特征一致性的测度，当图像中某个区域的特征不一致时就将该区域分裂成 4 个相等的子区域，当相邻的子区域满足一致性特征时则将它们合成一个大区域，直至所有区域不再满足分裂合并的条件为止。当分裂到不能再分的情况时，分裂结束，然后它将查找相邻区域有没有相似的特征，如果有就将相似区域进行合并，最后达到分割的作用。在一定程度上区域生长和区域分裂合并算法有异曲同工之妙，互相促进相辅相成，区域分裂到极致就是分割成单一像素点，然后按照一定的测量准则进行合并，在一定程度上可以认为是单一像素点的区域生长方法。

令 R 表示整幅图像区域，P 代表某种相似性准则。一种分裂方法是首先对 R 等分为 4 个区域，然后反复将分割得到的结果图像再次分为 4 个区域，直到对任何区域 R_i，有 $P(R_i) =$ TURE。这里是从整幅图像开始。如果 $P(R_i) =$ FALSE，就将图像分割为 4 个区域。对任何区域如果 P 的值是 FALSE，就将这 4 个区域的每个区域再次分别分为 4 个区域，如此不断继续下去。这种特殊的分割技术用所谓的四叉树形式表示最为方便（就是说，每个非叶子节点正好有 4 个子树），如图 4-23 所示。注意，树的根对应于整幅图像，每个节点对应于划分的子图部分。此时，只有 R_4 进行了进一步的再细分，如图 4-23 所示。

如果只使用拆分，最后的分区可能会包含具有相同性质的相邻区域。这种缺陷可以通过进行拆分的同时也允许进行区域聚合来得到矫正。就是说，只有在 $P(R_j \cup R_k) =$ TURE 时，两个相邻的区域 R_j 和 R_k 才能聚合。

90

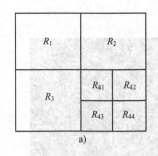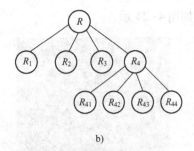

图 4-23 四叉树图像分割

a）图像区域分裂示意 b）四叉树算法示意

前面的讨论可以总结为如下过程：

1）对于任何区域 R_i，如果 $P(R_i)$ = FALSE，就将每个区域都拆分为 4 个相连的象限区域。

2）将 $P(R_j \cup R_k)$ = TURE 的任意两个相邻区域 R_j 和 R_k 进行聚合。

3）当再无法进行聚合或拆分时操作停止。

可以对前面讲述的基本思想进行几种变化。例如，一种可能的变化是开始时将图像拆分为一组图像块。然后对每个块进一步进行上述拆分，但聚合操作开始时受到只能将 4 个块并为一组的限制。这 4 个块是四叉树表示法中节点的后代且都满足某种相似性准则 P。当不能再进行此类聚合时，这个过程终止于满足步骤 2）的最后的区域聚合。在这种情况下，聚合的区域可能会大小不同。这种方法的主要优点是对于拆分和聚合都可以使用同样的四叉树，直到聚合的最后一步。

四叉树分解的 MATLAB 程序如下：

```
I1 = imread('rice. png');                        % 读入原函数
% 判断读入的图像是彩色图像还是灰度图像
% 若为彩色图像,则转化为灰度图像
imshow(I1)
imwrite(I1,'四叉树分解原图. jpg')
% 选取阈值为 0. 2,对原始图像进行四叉树分解
S = qtdecomp(I1,0. 2);
% 原始的稀疏矩阵转换为普通矩阵,使用 full 函数
S2 = full(S);
figure;
imshow(S2);
imwrite(S2,'四叉树分解. jpg')
ct = zeros(6,1);         % 记录子块数目的列向量
                         % 分别获取不同大小块的信息,子块内容保存在三维数组 vals1 ~ val6 中
                         % 子块数目保在 ct 向量中
for ii = 1:6
    [vals{ii},r,c] = qtgetblk(I1,S2,2^(ii-1));
    ct(ii) = size(vals{ii},3);
end
```

运行结果如图4-24示。

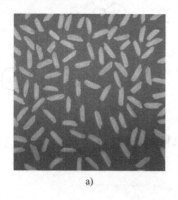 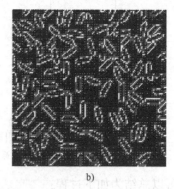

a)　　　　　　　　　　　　　　b)

图4-24　四叉树分解算法

a）原始图像　b）四叉树分解结果

区域分裂合并的方法可以在较大的一个相似区域基础上再进行相似合并，而区域生长只能从单一像素点出发进行生长（合并）。区域生长比区域分裂合并的方法节省了分裂的过程。

【课后习题】

1. 右图中的白条是7像素宽、210像素高。两个白条之间的宽度是17像素，分别应用下面各滤波器处理后，该图像有哪些变化。

（a）3×3算术均值滤波。

（b）7×7算术均值滤波。

（c）9×9算术均值滤波。

2. 已知图像为

$$F = \begin{pmatrix} 9 & 10 & 8 & 7 \\ 11 & 40 & 9 & 7 \\ 12 & 9 & 0 & 8 \\ 9 & 11 & 10 & 6 \end{pmatrix}$$

（1）采用高斯模板对其进行均值滤波处理。

（2）采用3×3模板对其进行中值滤波处理。

3. 分别简述利用直方图双峰法、最大阈值类间方差法和迭代选择阈值法进行图像分割的原理。

4. 试比较区域生长法和区域分裂与合并方法的异同之处。

5. 简述区域增长法的基本思想。

6. 简述区域分裂与合并的基本思想。

7. 编写一段程序，实现OTSU法对一幅灰度图像进行阈值分割。

8. 编写一段程序，实现Canny算法对一幅图像进行边缘滤波。

第 5 章　图像特征提取与选择

数字图像分析是图像处理的高级阶段，它所研究的是使用机器分析和识别周围物体的视觉图像，从而可得出结论性的判断。要使计算机系统认识图像内容，就必须使用算法分析图像的特征，将图像特征用数学的办法描述出来，并教会计算机懂得这些特征。这样，计算机就具有了认识或者识别图像的本领，称为图像识别。图像识别中，对获得的图像直接进行分类是不现实的。主要是由于图像数据占用很大的存储空间，直接进行识别费时费力，其计算量难以接受；其次图像中含有许多与识别无关的信息，如图像的背景等。因此，必须对图像进行特征的提取和选择，这样就能对被识别的图像数据进行大量压缩，有利于图像的识别。

在通常情况下，获取的数据量是非常大的，而分类识别要求数据量尽可能少，以降低后续处理的难度，因此需要进行特征提取和选择，从而实现有效分类和描述。特征提取是从模式的某种描述状态提取出所需要的，用另一种形式表示的特征（如在图像中抽取轮廓信息，声音信号中提取不同频率的信息等）。

特征选择是对模式采用多维特征向量描述，各个特征对分类起的作用不一样，在原特征空间中选取对分类有效的特征组成新的降维特征空间，以降低计算的复杂度，同时改进分类效果。特征提取和选择是模式识别中的一个关键环节，因为实际问题中往往不易找到待识别模式最表现本质的特征或受条件限制不能对某种特征进行测量，图像特征提取的优劣直接决定着图像识别的效果。所以如何从原始图像中提取具有较强表示能力的图像特征是智能图像处理的一个研究热点。

5.1　颜色特征

颜色特征是一种全局特征，描述了图像或图像区域所对应的景物的表面性质。一般的颜色特征是基于像素点的特征。由于颜色对图像或图像区域的方向、大小等变化不敏感，所以颜色特征不能很好地捕捉图像中对象的局部特征。颜色特征的优点是不受图像旋转和平移变化的影响。进一步借助归一化技术，还可不受图像尺度变化的影响。其缺点是没有表达出颜色空间分布的信息。

5.1.1　颜色直方图

颜色直方图能简单描述一幅图像中颜色的全局分布，即不同色彩在整幅图像中所占的比例，特别适用于描述那些难以自动分割的图像和不需要考虑物体空间位置的图像。颜色直方图需选择合理的颜色空间，最常用的颜色空间有 RGB 颜色空间和 HSL 颜色空间等。颜色直方图特征匹配方法有直方图相交法、距离法、中心距法、参考颜色表法、累加颜色直方图法。

现对其中几种比较常见的直方图做介绍。

1. 一般特征直方图

设 $s(x_i)$ 为图像 P 中某一特征值 x_i 的像素个数，$N = \sum_j s(x_j)$ 为 P 中的总像素数，对 $s(x_i)$ 做归一化处理，即：

$$h(x_i) = \frac{s(x_i)}{N} = \frac{s(x_i)}{\sum_j s(x_j)} \tag{5-1}$$

图像 P 的一般特征值直方图为：

$$H(P) = [h(x_1), h(x_2), \cdots, h(x_n)] \tag{5-2}$$

式中，n 为第 n 个特征值。

事实上，直方图就是某一特征的概率分布。对于灰度图像，直方图就是灰度的概率分布。

2. 累加特征直方图

假设图像 P 某一特征的一般特征直方图为 $H(P) = [h(x_1), h(x_2), \cdots, h(x_n)]$。令：

$$\lambda(x_i) = \sum_{j=1}^{i} h(x_j) \tag{5-3}$$

$$\lambda(P) = [\lambda(x_1), \lambda(x_2), \cdots \lambda(x_n)] \tag{5-4}$$

$\lambda(x_i)$ 是第 i 个特征的累加个数，$\lambda(P)$ 是图像 P 的累加特征直方图。

3. 二维直方图

设图像 $X = \{x_{mn}\}$ 大小为 $M \times N$，由 X 采用 3×3 或 5×5 点阵平滑得到的图像为 $Y = \{y_{mn}\}$，它的大小也为 $M \times N$，由 X 和 Y 构成一个二元组，称二元组 $(X, Y) = \{(x_{mn}, y_{mn})\}_{M \times N}$ 为图像 X 的广义图像。广义图像的直方图就是二维直方图。

二维直方图中含有原图像颜色的空间分部信息，对于两幅颜色组成接近而空间分布不同的图像，它们在二维直方图空间的距离相对传统直方图空间就会被拉大，从而能更好地区别开来。

颜色直方图的 MATLAB 代码如下：

```
clear;                                      % 清理命令窗口
clc;                                        % 清理变量空间
I = imread('flower. jpg');                  % 读入图像,并将其赋值给 I
R = I(:,:,1);                               % 提取图像的红色分量,并赋值为 R
G = I(:,:,2);                               % 提取图像的绿色分量,并赋值为 G
B = I(:,:,3);                               % 提取图像的蓝色分量,并赋值为 B
set(0,'defaultFigurePosition',[100,100,1000,500]);        % 修改图形图片的默认设置
set(0,'defaultFigureColor',[1,1,1]);
figure;
imshow(I);                                  % 显示彩色图像
xlabel('(a)原始图像');
figure;
subplot(131);imshow(R);                     % 显示红色分量灰度图
xlabel('(b)红色分量图');
subplot(132);imshow(G);                     % 显示绿色分量灰度图
```

```
xlabel('(c)绿色分量的灰度图');
subplot(133);imshow(B);          % 显示蓝色分量灰度图
xlabel('(d)蓝色分量的灰度图');
figure;
subplot(131);imhist(I(:,:,1))    % 显示红色分辨率直方图
xlabel('(a) 红色分量的直方图');
subplot(132);imhist(I(:,:,2))    % 显示绿色分辨率直方图
xlabel('(b) 绿色分量的直方图');
subplot(133);imhist(I(:,:,3))    % 显示蓝色分辨率直方图
xlabel('(c) 蓝色分量的直方图');
```

运行程序，颜色分量灰度图如图 5-1 所示，颜色分量的直方图如图 5-2 所示。

图 5-1   颜色分量灰度图

a) 原始图像   b) 红色分量灰度图   c) 绿色分量的灰度图   d) 蓝色分量灰度图

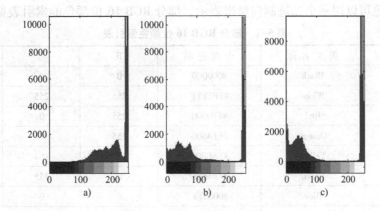

图 5-2   颜色分量的直方图

a) 红色分量灰度图   b) 绿色分量灰度图   c) 蓝色分量灰度图

5.1.2 颜色集

颜色集是对颜色直方图的一种近似。它首先将图像从 RGB 颜色空间转化成视觉均衡的颜色空间（如 HSV 空间），用色彩自动分割技术将图像分为若干区域，每个区域用量化颜色空间的某个颜色分量来索引，从而将图像表达为一个二进制的颜色索引集。在图像匹配中，比较不同图像颜色集之间的距离和色彩区域的空间关系。使用颜色集表示颜色信息时，通常采用颜色空间 HSL。颜色集表示方法的实现步骤如下。

1）对于 RGB 空间中任意图像，它的每个像素可以表示为一个矢量 $\hat{v}_c = (r, g, b)$。

2）变换 T 将其变换到另一个与人视觉一致的颜色空间 $\hat{w}_c$，即 $\hat{w}_c = T(\hat{v}_c)$。

3）采用量化器 Q_M 对 $\hat{w}_c$ 重新量化，使得视觉上明显不同的颜色对应着不同的颜色集，并将颜色集映射成索引 m。

颜色集定义如下：设 $\boldsymbol{B}_M$ 是 M 维的二值空间，在 $\boldsymbol{B}_M$ 空间的每个轴对应着唯一的索引 m。一个颜色集就是 $\boldsymbol{B}_M$ 二值空间中的一个二维矢量，它对应着对颜色的 $\{m\}$ 的选择，即颜色 m 出现时，$c[m] = 1$，否则 $c[m] = 0$。以 $M = 8$ 为例，颜色集的计算过程如下。

设 T 是 RGB 到 HSL 的变换，Q_M（$M = 8$）是一个将 HSL 量化成 2 个色调、2 个饱和度和 2 级亮度的量化器。对于 Q_M 量化的每个颜色，赋给它唯一索引 m，则 $\boldsymbol{B}_8$ 是 8 维的二值空间，在 $\boldsymbol{B}_8$ 空间中，每个元素对应一个量化颜色。一个颜色集 c 包含了从 8 个颜色中的各种选择。如果该颜色集对应一个单位长度的二值矢量，则表明重新量化后的图像只有一个颜色出现，如果该颜色集有多个非零值，则表明重新量化后的图像中有多个颜色出现。例如，颜色集 $c = [10010100]$，表明量化后的 HSL 图像中出现第 0 个（$m = 0$），第 3 个（$m = 3$），第 5 个（$m = 5$）颜色。由于人的视觉对色调较为敏感，因此，在量化器 Q_M 中，一般色调量化级比饱和度和亮度要多。如色调可量化为 18 级，饱和度和亮度可量化为 3 级。此时，颜色集为 $M = 18 \times 3 \times 3 = 162$ 维二值空间。颜色集可以通过对颜色直方图设置阈值直接生成，如对于颜色 m，给定阈值 τ_m，颜色集与直方图的关系如下：

$$c[m] = \begin{cases} 1, & h[m] \geq \tau_m \\ 0, & \text{其他} \end{cases} \tag{5-5}$$

因此，颜色可以用一个二进制向量来表示，部分 RGB 16 位颜色的索引表见表 5-1。

表 5-1　部分 RGB 16 位颜色索引表

中文名称	英文名称	十六进制	R	G	B
黑色	Black	#000000	0	0	0
白色	White	#FFFFFF	255	255	255
红色	Red	#FF0000	255	0	0
橙色	Orange	#FF4500	255	69	0
黄色	Yellow	#E6B800	230	184	0
绿色	Green	#0080000	0	255	0
蓝色	Blue	#0000FF	0	0	255
紫色	Violet	#8A2BE2	138	43	226
青色	Cyan	#00FFFF	0	255	255

其余颜色索引表详见附录。

5.1.3 颜色矩

图像中任何的颜色分布均可以用它的矩来表示。由于颜色分布信息主要集中在低阶矩中，因此，仅采用颜色的一阶矩、二阶矩和三阶矩就足以表达图像的颜色分布。以计算 HIS 空间的 H 分量为例，如果记 $H(p_i)$ 为 P 的第 i 个像素的 H 值，则其前三阶颜色矩分别为：

$$M_1 = \frac{1}{N}\sum_{i=1}^{N} H(p_i) \tag{5-6}$$

$$M_2 = \left[\frac{1}{N}\sum_{i=1}^{N} (H(p_i) - M_1)^2\right]^{1/2} \tag{5-7}$$

$$M_3 = \left[\frac{1}{N}\sum_{i=1}^{N} (H(p_i) - M_1)^3\right]^{1/3} \tag{5-8}$$

式中，N 为像素的个数。类似地，可以定义另外 2 个分量的颜色矩。

以下将利用 MATLAB 中 mean2 函数和 std 函数对图 5-3 中的图像进行一阶矩、二阶矩和三阶矩的计算。

颜色矩的 MALAB 代码如下：

```
clear all;clc;
J = imread('girl.jpg');
K = imadjust(J,[70/255 160/255],[]);
%将图像的灰度处于[70,160]之间的像素扩展到[0,255]之间
figure;
subplot(121);imshow(J);
xlabel('(a)原图像');
subplot(122);imshow(K);
xlabel('(b)对比度增强后的图像');
[m,n] = size(J);              %求原图像的大小
m1 = round(m/2);             % 对 m/2 取整
m2 = round(n/2);
[p,q] = size(K);
p1 = round(p/2);
q1 = round(q/2);
J = double(J);              %将图像数据变为 double 型
K = double(K);
colorsum = 0;              %将灰度值之和赋值为零
disp('原图像一阶矩:')
Jg = mean2(J)              %求原图像的一阶矩
disp('增强对比度后的图像一阶矩:')
Kg = mean2(K)              %求增强对比度后的图像一阶矩
disp('原图像二阶矩:')
Jd = std(std(J))              %求原图像的二阶矩
disp('增强对比度后的图像二阶矩:')
```

```
        Kd = std(std(K))                       %求增强对比度后的图像二阶矩
        for i = 1:m1
            for j = 1:m2
                colorsum = colorsum + (J(i,j) - Jg)^3;
            end
        end
        disp('原图像三阶矩为:')
        Je = (colorsum/(m1 * m2))^(1/3)         %求原图像的三阶矩
        colorsum = 0;                           %给灰度值总和赋值为零
        for i = 1:p1                            %循环求解灰度值总和
            for j = 1:q1
                colorsum = colorsum + (J(i,j) - Kg)^3;
            end
        end
        disp('增强对比度后的图像三阶矩:')
        Ke = (colorsum/(p1 * q1))^(1/3);
```

程序执行效果如图 5-3 所示，图像颜色矩见表 5-2。

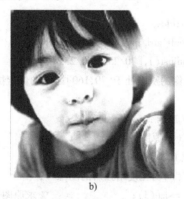

a)   b)

图 5-3 颜色矩效果图
a) 原图像 b) 对比度增强后图像

表 5-2 图像颜色矩

	一 阶 矩	二 阶 矩	三 阶 矩
原图像	121. 5315	10. 6070 9. 0218 6. 9112	23. 1601 + 40. 1145i
增强后图像	144. 3786	16. 8568 16. 9377 16. 7753	36. 1011 + 62. 5290i

5.1.4　颜色聚合向量

图像的颜色聚合向量（color coherence vector）是颜色直方图的一种演变，其核心思想是将属于直方图每一个颜色区间（bin）的像素分为两部分：如果该 bin 内的某些像素所占据

98

的连续区域的面积大于给定的阈值，则该区域内的像素作为聚合像素，否则作为非聚合像素。假设α_i与β_i分别代表直方图的第i个bin中聚合像素和非聚合像素的数量，图像的颜色聚合向量可以表达为(α_1,β_1)，(α_2,β_2)，…，(α_n,β_n)。而$\alpha_1+\beta_1$，$\alpha_2+\beta_2$，…，$\alpha_n+\beta_n$就是该图像的颜色直方图。由于包含了颜色分布的空间信息，颜色聚合向量相比颜色直方图可以达到更好的检索效果。颜色聚合向量算法可以通过以下几个步骤来完成对图像特征的提取。

1）量化：聚合向量算法首先进行量化，使得图像中只剩下n个颜色区间，即bin。

2）划分连通区域：对量化后的像素值矩阵，根据像素间的连通性把图像划分成若干个连通区域。对于某连通区域C，其内部任意两个的像素点之间都存在一条通路。

3）判断聚合性：图像划分成多个连通区域后，统计每一个连通区域C中的像素，并设定阈值T判断区域中C的像素是聚合还是非聚合的，判读依据如下所述。

如果区域C中的像素值大于阈值T，则该区域聚合。

如果区域C中的像素值小于阈值T，则该区域非聚合。

将属于直方图的每一个bin的像素分成两部分，如果该bin内的某些像素所占据的连续区域的面积大于给定的阈值，则该区域内的像素作为聚合像素，否则作为非聚合像素。

对图5-4求取颜色聚合向量的MATLAB代码如下：

```
clc;  clear all;
bin = 50;% 量化级数
coherentPrec = 1;% 聚合像素阈值
% 读取图像
Img1 = imread('112. jpg');
if ~ exist('coherentPrec','var')
        coherentPrec = 1;
    end
    if ~ exist('numberOfColors','var')
        numberOfColors = 27;
    end
    CCV = zeros(2,numberOfColors);
    % 高斯滤波
    Gaus = fspecial('gaussian',[5 5],2);
    img = imfilter(img,Gaus,'same');
    [img,updNumOfPix] = discretizeColors(img,numberOfColors);      % 量化
    imgSize = (size(img,1) * size(img,2));
    thresh = int32((coherentPrec/100)  * imgSize);
    parfor i = 0:updNumOfPix - 1
        BW = img == i;
        CC = bwconncomp(BW);
        compsSize = cellfun(@ numel,CC. PixelIdxList);
        incoherent = sum(compsSize(compsSize > = thresh));
        CCV(:,i + 1) = [incoherent;...
            sum(compsSize) - incoherent];
    end
end
```

程序运行后可得图像的颜色聚合向量，具体结果如下：

$(80762,72583)$, $(0,0)$, $(0,0)$, $(81792,46995)$, $(0,73)$, $(0,0)$, $(0,907)$, $(0,13)$,
$(0,0)$, $(0,56264)$, $(0,0)$, $(0,0)$, $(606842,118856)$, $(0,34161)$, $(0,0)$, $(0,81577)$,
$(0,6343)$, $(0,0)$, $(0,356)$, $(0,1)$, $(0,0)$, $(165071,100653)$, $(0,35511)$, $(0,0)$,
$(105331,100653)$, $(43154,35511)$, $(0,0)$, $(0,92032)$, $(0,53511)$, $(0,721)$, $(0,0)$,
$(0,0)$, $(0,0)$, $(0,0)$, $(0,0)$, $(0,0)$, $(0,0)$, $(0,0)$, $(0,0)$, $(0,0)$, $(0,0)$,
$(0,0)$, $(0,0)$, $(0,0)$, $(0,0)$, $(0,0)$, $(0,0)$, $(0,0)$, $(0,0)$, $(0,0)$ 。

图 5-4　利用颜色聚合向量处理的原图像

利用颜色聚合向量可以求取图 5-5 中两幅图像的距离，MATLAB 代码如下：

```
clc;
clear all;
%% 初始化
bin = 50;% 量化级数
coherentPrec = 1;% 聚合像素阈值
%% 读取图像
Img1 = imread('wanxia. jpg');
Img2 = imread('bishui. jpg');
%% 颜色聚合向量
CCV1 = getICCV(Img1,coherentPrec,bin);
CCV2 = getICCV(Img2,coherentPrec,bin);
%% 计算两幅图像的距离
D = 0;   % 两幅图像的距离
for i = 1:bin
    C = abs(CCV1(1,i) - CCV2(1,i));
    N = abs(CCV1(2,i) - CCV2(2,i));
    d = C + N;
    D = D + d;
end
% 求取图片的颜色聚合向量
function ICCV = getICCV(img,coherentPrec,numberOfColors)
    if ~ exist('coherentPrec','var')
```

```
            coherentPrec = 1;
        end
    if ~ exist('numberOfColors','var')
            numberOfColors = 27;
        end
    ICCV = zeros(4,numberOfColors);
    Gaus = fspecial('gaussian',[5 5],2);
    img = imfilter(img,Gaus,'same');
    [img,updNumOfPix] = discretizeColors1(img,numberOfColors);
    imgSize = (size(img,1) * size(img,2));
    thresh = int32((coherentPrec/100) * imgSize);
    for i = 0:updNumOfPix - 1
        BW = img == i;
        CC = bwconncomp(BW);
        compsSize = cellfun(@ numel,CC.PixelIdxList);
        [ ~ ,idx] = max(compsSize);
        if isempty(idx) == 0
            [subI,subJ] = ind2sub(size(img),CC.PixelIdxList{idx});
            meanPos = uint32(mean([subI subJ],1));
        else
            meanPos = [0 0];
        end
        incoherent = sum(compsSize(compsSize > = thresh));
        ICCV(:,i + 1) = [incoherent;...
            sum(compsSize) - incoherent;meanPos'];
    end
end
```

实验结果如下：

图像距离 D = 1498660。

实验所用图像如图 5-5 所示。

a)   b)

图 5-5　利用颜色聚合向量求图像距离的原图像

a）实验图像一　b）实验图像二

5.1.5　颜色相关图

在彩色图像中，颜色直方图是最常见的颜色表征方法。但是，从颜色直方图的定义可知，颜色直方图仅仅统计了不同颜色在图像中出现的次数，没有考虑颜色之间的空间分布关系。为了建立颜色空间的相关性，将具有一定关系的颜色分量建立起合理的表达关系，这就是颜色相关图，具体定义如下。

对于图像 I 中的任意两个像素点 p_a、p_b，(x_a, y_a)、(x_b, y_b) 分别是像素点 p_a 和 p_b 的坐标值，定义它们之间的距离为：$[p_a - p_b] = \max\{|x_a - x_b|, |y_a - y_b|\}$，$[n]$ 表示像素的距离集合。则对于固定距离 $d \in [n]$，图像 I 的颜色相关图定义为：

$$r_{c_i,c_j}^{(k)}(I) = \sum_{p_a \in I_{c_a}, p_b \in I} \lfloor p_b \in c_j \| p_a - p_b | = k \rfloor \quad i,j \in [m] \tag{5-9}$$

式中，$r_{c_i,c_j}^{(k)}(I)$ 表示图像 I 与像素点 p_a 距离为 k 且颜色值为 c_i 的像素点的个数，k 表示像素间的距离，$k \in [d]$。

常见 64 色与实验图片的颜色相关数据的 MATLAB 程序代码如下：

```
function    output = ColorCorrelogram(rgb, d)
R = rgb(:,:,1); G = rgb(:,:,2);  B = rgb(:,:,3);
R_BITS = 2;% bit 量化
G_BITS = 2;
B_BITS = 2;
size_color = 2^R_BITS * 2^G_BITS * 2^B_BITS;          % 归一化后的颜色种数
R1 = bitshift(R, -(8 - R_BITS));
G1 = bitshift(G, -(8 - G_BITS));
B1 = bitshift(B, -(8 - B_BITS));                      % 包含的颜色种数为:4×4×4
I = R1 + G1 * 2^R_BITS + B1 * 2^R_BITS * 2^B_BITS;    % 新生图像
temp = zeros(size_color, 1);
os = offset(d);
s = size(os);
for i = 1:s(1)
        offset1 = os(i, :);
        glm = GLCMATRIX(I, offset1, size_color);
        temp = temp + glm;
end
hc = zeros(size_color, 1);
for j = 0:size_color - 1
        hc(j + 1) = numel(I(I == j));                 % Index 为 j 的计数
end
output = temp. /(hc + eps);
output = int8(output);
% output = output/(8 * d);
End
```

```
function os = offset(d)
[r,c] = meshgrid( - d:d, - d:d);
r = r( :);
c = c( :);
os = [r c];
bad = max( abs(r),abs(c)) ~ = d;
os(bad,:) = [];
end


function out = GLCMATRIX( si,offset,nl)
s = size( si);                                              % 图像大小
[r,c] = meshgrid(1:s(1),1:s(2));                            % 网格化,很明显
r = r( :);                                                  % 向量化
c = c( :);                                                  % 向量化
r2 = r + offset(1);                                         % 加偏置
c2 = c + offset(2);                                         % 加偏置
bad = c2 < 1 | c2 > s(2) | r2 < 1 | r2 > s(1);             % 筛选出 Index 不在图像内的点
Index = [r c r2 c2];                                        % 原始距离与相对距离的矩阵
Index(bad,:) = [];                                          % 剔除坏点
v1 = si(sub2ind(s,Index(:,1),Index(:,2)));                 % 从索引到数据
v2 = si(sub2ind(s,Index(:,3),Index(:,4)));
v1 = v1( :);
v2 = v2( :);
Ind   = [v1 v2];
bad = v1 ~ = v2;                                            % 这里计算的是颜色自相关图
Ind(bad,:) = [];
if isempty( Ind)
    oneGLCM2 = zeros( nl);
else
    oneGLCM2 = accumarray( Ind + 1,1,[nl,nl]);
end
out = [];
for i = 1:nl
out = [out oneGLCM2(i,i)];
end
out = out( :);
end
```

设置像素距离为7，在命令窗口输入以下语句：

```
clear
I = imread('111. jpg');
ColorCorrelogram( I,7);
```

针对图 5-6 得到颜色相关实验结果见表 5-3，颜色级像素分布如图 5-7 所示。

图 5-6　颜色相关图实验图像

表 5-3　颜色级及其对应像素点个数

颜色级	1	2	3	4	5	6	7	8	9	10	11	12	13	14	15	16	17	18	19	20	21	22
像素个数	42	0	0	0	20	16	0	0	0	2	0	0	0	0	0	0	16	0	0	0	37	18
颜色级	23	24	25	26	27	28	29	30	31	32	33	34	35	36	37	38	39	40	41	42	43	44
像素个数	6	0	0	2	14	0	0	0	0	0	0	0	0	38	38	0	0	0	0	40	29	2
颜色级	45	46	47	48	49	50	51	52	53	54	55	56	57	58	59	60	61	62	63	64		
像素个数	0	0	0	1	0	0	0	0	0	0	0	0	0	50	37	0	0	0	47	30		

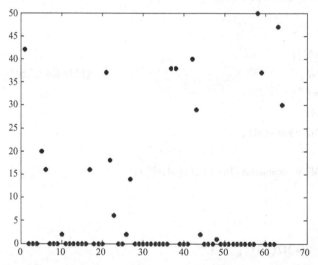

图 5-7　颜色级像素分布图（像素距离为 7，横轴为颜色级，纵轴为像素个数）

5.2　基于灰度共生矩阵的纹理特征构建

5.2.1　灰度共生矩阵的定义

灰度共生矩阵分析方法（GLCM）是建立在图像的二阶组合条件概率密度估计的基础上

的。通过计算图像中某一距离和某一方向上的两点之间灰度的相关性，来反映图像在方向、间隔、变化快慢及幅度上的综合信息，从而准确地描述纹理的不同特性。

灰度共生矩阵是一个联合概率矩阵，它描述了图像中满足一定方向和一定距离的两点灰度出现的概率，具体定义为：灰度值分别为 i 和 j 的一对像素点，位置方向为 θ，像素距离为 d 时的概率，记作 $p(i,j,d,\theta)$。通常，$\theta = 0°, 45°, 90°, 135°$，$d = 1$ 的数字图像而言，其灰度共生矩阵计算公式为：

$$p(i,j,d,\theta) = \{ [(x,y),(x+\Delta x, y+\Delta y)] \mid f(x,y) = i,$$
$$f(x + +\Delta x, y+\Delta y) = j; x = 1,2,\cdots, M; j = 1,2,\cdots, N\} \quad (5-10)$$

式中，$i,j = 0,1,\cdots L-1$，L 是灰度等级，取 $L = 256$，是图像中像素的坐标。由于 d、θ 选取的不同，灰度共生矩阵中向量的意义和范围也不同，因此有必要对 $p(i,j,d,\theta)$ 进行归一化处理。

$$P(i,j,d,\theta) = p(i,j,d,\theta)/Num \quad (5-11)$$

式中，Num 为归一化常数，这里取相邻像素对的个数。

5.2.2 基于灰度共生矩阵的纹理特征

为了简便起见，后文中将忽略对 d 和 θ 的讨论，将归一化后的图像灰度共生矩阵简化为 P_{ij}。作为图像纹理分析的特征量，灰度共生矩阵不能直接用于图像特征的分析，而是需要在灰度共生矩阵的基础上，计算图像的二阶统计特征参数。Haralick 提出了多种基于灰度共生矩阵的统计参数，这里采用了常用的 7 种，并给出了详细的描述。利用灰度共生矩阵法可以得到的纹理特征统计量如下。

1. 反差（主对角线的惯性矩）

$$f_1 = -\sum_{i=0}^{L-1} \sum_{j=0}^{L-1} |i-j|^2 P_{ij} \quad (5-12)$$

惯性矩度量灰度共生矩阵的值是如何分布的和图像中局部变化的大小，它反映了图像的清晰度和纹理的粗细。粗纹理，P_{ij} 的数值较集中于主对角线附近，$i-j$ 较小，所以反差较小，效果模糊；细纹理，反差较大，图像清晰。

2. 熵

$$f_2 = -\sum_{i=0}^{L-1} \sum_{j=0}^{L-1} P_{ij} \log_2 P_{ij} \quad (5-13)$$

熵度量图像纹理的不规则性。当图像中像素灰度分布非常杂乱、随机时，灰度矩阵中的像素值很小，熵值很大；反之，图像中像素分布井然有序时，熵值很小。

3. 逆差矩

$$f_3 = -\sum_{i=0}^{L-1} \sum_{j=0}^{L-1} \frac{P_{ij}}{1+|i-j|^k}, k>1 \quad (5-14)$$

逆差矩度量图像纹理局部变化的大小。当图像纹理的不同区域间缺少变化时，其局部灰度非常均匀，图像像素对的灰度差值较小，其逆差矩较大。

4. 灰度相关

$$f_4 = \frac{1}{\sigma_x \sigma_y} \sum_{i=0}^{L-1} \sum_{j=0}^{L-1} (i-\mu_x)(j-\mu_y) P_{ij} \quad (5-15)$$

其中：

$$\mu_y = \sum_{j=0}^{L-1} j \sum_{i=0}^{L-1} \boldsymbol{P}_{ij}, \quad \sigma_x^2 = \sum_{i=0}^{L-1} (i - \mu_x)^2 \sum_{j=0}^{L-1} \boldsymbol{P}_{ij}, \quad \sigma_y^2 = \sum_{j=0}^{L-1} (j - \mu_y)^2 \sum_{i=0}^{L-1} \boldsymbol{P}_{ij} \,。$$

其中，μ 为均值，σ 为标准差。灰度相关用来描述矩阵中行或列元素之间的灰度的相似度。大的相关值表明矩阵中元素均匀相等；反之，相关性小表明矩阵像素中元素的值相差很大。当图像中相似的纹理区域有某种方向性时，相关性较大。

5. 能量（角二阶矩）

$$f_5 = \sum_{i=0}^{L-1} \sum_{j=0}^{L-1} \boldsymbol{P}_{ij}^2 \tag{5-16}$$

能量反应图形灰度分布的均匀性和纹理粗细度。当 $\boldsymbol{P}_{ij}$ 数值分布较集中时，能量较大；当 $\boldsymbol{P}_{ij}$ 中所有值均相等时，能量就小。如果一副图像的灰度值均相等，其灰度共生矩阵 $\boldsymbol{P}_{ij}$ 只有一个值（等于图像的像素总数），其能量值最大。所以，能量值大则表明图像灰度分布较均匀，图像纹理较规则。

6. 集群荫

$$f_6 = \sum_{i=0}^{L-1} \sum_{j=0}^{L-1} \left[(i - \mu_x) + (j - \mu_y) \right]^3 \boldsymbol{P}_{ij} \tag{5-17}$$

7. 集群突出

$$f_7 = \sum_{i=0}^{L-1} \sum_{j=0}^{L-1} \left[(i - \mu_x) + (j - \mu_y) \right]^4 \boldsymbol{P}_{ij} \tag{5-18}$$

对图 5-8 求取基于灰度共生矩阵的特征参数，MATLAB 代码如下：

```
close all
clear all
A = imread('wenli1. jpg');
%%% 灰度共生矩阵法
%% 图像平滑
[m,n] = size(A);
hw = 2;% 步长
B = zeros(m - 2 * hw,n - 2 * hw);
for i = (1 + hw):(m - hw)
    for j = (1 + hw):(n - hw)
        wi = A((i - hw):(i + hw),(j - hw):(j + hw));
        B(i - hw,j - hw,1) = mean2(wi);
    end
end
B(:,:,2) = A(1 + hw:m - hw,1 + hw:n - hw);
B = uint8(B);
[m,n,l] = size(B);
%% 求联合分布直方图
P = zeros(256,256);
for i = 1:1:m
    for j = 1:1:n
```

```matlab
                    x = B(i,j,1) + 1;
                    y = B(i,j,2) + 1;
                    P(x,y) = P(x,y) + 1;
            end
    end
P = P. /m. /n;                    %归一化
h0 = zeros(256,256);
%%求反差(惯性矩)
for i = 1:256
    for j = 1:256
        h0(i,j) = (abs(i - j))^2 * P(i,j);
    end
end
f(1) = sum(sum(h0));              % 第 z 幅图像的反差
%%求熵
for i = 1:256
    for j = 1:256
        if P(i,j) > 0
            h0(i,j) = - P(i,j) * log2(P(i,j));
        end
    end
end
f(2) = sum(sum(h0));
%求逆差矩
for i = 1:256
    for j = 1:256
        h0(i,j) = P(i,j)/((abs(i - j))^2 + 1);
    end
end
f(3) = sum(sum(h0));
%求能量(角二阶矩)
for i = 1:256
    for j = 1:256
        h0(i,j) = P(i,j)^2;
    end
end
f(4) = sum(sum(h0));
%求集群荫
h0 = P;
ux = 0; uy = 0; dx = 0;   dy = 0;
i = 1:256;
ux = mean2(i * sum(h0,2));        %2 是各列相加赋予第一列
uy = mean2(sum(h0,1) * i');       %1 是各行相加赋予第一行
dx = sqrt(mean2(((i - ux). ^2) * sum(h0,2)));
dy = sqrt(mean2(sum(h0,1) * (((i - uy). ^2)')));
```

```
for i = 1:256
    for j = 1:256
        h0(i,j) = ((i - ux) + (j - uy))^3 * P(i,j);
    end
end
f(5) = mean2(h0);
% 求集群突出(的均方差)
for i = 1:256
    for j = 1:256
        h0(i,j) = (((i - ux) + (j - uy))^4) * P(i,j);
    end
end
f(6) = mean2(h0);
% 求灰度相关
for i = 1:256
    for j = 1:256
        h0(i,j) = (i - ux) * (j - uy) * P(i,j);
    end
end
f(7) = (sum(sum(h0)))/dx/dy;
```

实验结果如下：

f = (115. 972301212186，6. 23563901831382，0. 636457691922489，0. 341264690718822，40. 6112421084285，13410. 9859584968，0. 986404393604841)。

f 中的 7 个数分别对应上述 $f_1 \sim f_7$ 的值。

图 5-8 求取灰度共生矩阵所用图像

5.2.3 基于灰度－梯度共生矩阵的纹理特征构建

灰度－梯度共生矩阵是将灰度级直方图和边缘梯度直方图结合起来，它考虑的是像素级灰度和边缘梯度大小的联合统计分布。灰度直方图是一幅图像的灰度值在图像中分布的最基本统计信息，而图像的梯度信息加进灰度信息矩阵里，则使得共生矩阵更能包含图像的基本排列信息，相对于传统的一维灰度共生矩阵纹理分析有着明显的优势。

灰度－梯度共生矩阵模型集中反映了图像中两种最基本的要素，即像点的灰度和梯度

（或边缘）的相互关系。设原灰度图像为 $f(m,n)$，分辨率为 $N_x \times N_y$，对灰度图像进行归一化处理，灰度归一化变化的规划灰度 $F(m,n)$ 为：

$$F(m,n) = \text{INT}\big[f(m,n) \times N_g / f_{\max}\big] + 1 \qquad (5-19)$$

式中，$\text{INT}[\cdot]$ 表示取整数，$f_{\max}$ 表示原图像的最高灰度，N_g 为规一化后的最高灰度级，文中取 $N_g = 16$。

采用 3×3 窗口的 Sobel 算子，对原图像各像素做梯度计算，获得梯度矩阵 $g(m,n)$，大小为 $N_x \times N_y$。再对它做归一化处理，规划梯度 $G(m,n)$ 为：

$$G(m,n) = \text{INT}\big[g(m,n) \times N_S / g_{\max}\big] + 1 \qquad (5-20)$$

式中，$g_{\max}$ 和 N_S 分别是梯度矩阵和规一化后矩阵的最大值。本研究中取 $N_S = 16$。于是，梯度－灰度共生矩阵定义如下：

$$\{H_{ij}, \quad i = 1,2,\cdots,N_g; j = 1,2,\cdots,N_s\} \qquad (5-21)$$

其中，H_{ij} 定义为集合 $\{(m,n) \,|\, F(m,n) = i, G(m,n) = j\}$ 中的元素的数目。对 H_{ij} 进行归一化处理，得到：

$$\hat{H}_{ij} = H_{ij} / (N_g \times N_s) \quad i = 1,2,\cdots,N_g; j = 1,2,\cdots,N_s \qquad (5-22)$$

则有：

$$H = \sum_{i=1}^{Ng} \sum_{j=1}^{Ns} H_{ij} \qquad (5-23)$$

灰度－梯度空间很清晰地描绘了图像内各个像点灰度与梯度的分布规律，同时也给出了各像素点与其邻域像素点的空间关系，能很好地描绘图像的纹理，对于具有方向性的纹理可从梯度方向上反映出来。Haralick 等人由灰度－梯度共生矩阵构建了多种纹理特征，常用的统计量（纹理特征）的计算公式如下所述。

1. 小梯度优势

$$t_1 = \Big[\sum_{i=1}^{Ng} \sum_{j=1}^{Ns} \frac{H_{ij}}{j^2} \Big] / H \qquad (5-24)$$

2. 大梯度优势

$$t_2 = \Big[\sum_{i=1}^{Ng} \sum_{j=1}^{Ns} j^2 H_{ij} \Big] / H \qquad (5-25)$$

3. 灰度分布不均匀性

$$t_3 = \sum_{i=1}^{Ng} \Big[\sum_{j=1}^{Ns} H_{ij} \Big]^2 / H \qquad (5-26)$$

4. 梯度分布不均匀性

$$t_4 = \sum_{j=1}^{Ns} \Big[\sum_{i=1}^{Ng} H_{ij} \Big]^2 / H \qquad (5-27)$$

5. 能量

$$t_5 = \sum_{i=1}^{Ng} \sum_{j=1}^{Ns} \hat{H}_{ij}^2 \qquad (5-28)$$

6. 灰度平均

$$t_6 = \sum_{i=1}^{Ng} i \Big[\sum_{j=1}^{Ns} \hat{H}_{ij} \Big] \qquad (5-29)$$

7. 梯度平均

$$t_7 = \sum_{j=1}^{Ns} j \left[\sum_{i=1}^{LNg} \hat{\boldsymbol{H}}_{ij} \right] \tag{5-30}$$

8. 灰度标准差

$$t_8 = \left\{ \sum_{i=1}^{Ng} (i - t_6)^2 \left[\sum_{j=0}^{Ns} \hat{\boldsymbol{H}}_{ij} \right] \right\}^{\frac{1}{2}} \tag{5-31}$$

9. 梯度标准差

$$t_9 = \left\{ \sum_{j=1}^{Ns} (i - t_7)^2 \left[\sum_{i=1}^{Ng} \hat{\boldsymbol{H}}_{ij} \right] \right\}^{\frac{1}{2}} \tag{5-32}$$

10. 相关

$$t_{10} = \sum_{i=1}^{Ng} \sum_{j=1}^{Ns} (i - t_6)(j - t_7) \hat{\boldsymbol{H}}_{ij} \tag{5-33}$$

11. 灰度熵

$$t_{11} = - \sum_{i=1}^{Ng} \left[\sum_{j=1}^{Ns} \hat{\boldsymbol{H}}_{ij} \right] \log_2 \left[\sum_{j=1}^{Ns} \hat{\boldsymbol{H}}_{ij} \right] \tag{5-34}$$

12. 梯度熵

$$t_{12} = - \sum_{j=1}^{Ns} \left[\sum_{i=1}^{Ng} \hat{\boldsymbol{H}}_{ij} \right] \log_2 \left[\sum_{i=1}^{Ng} \hat{\boldsymbol{H}}_{ij} \right] \tag{5-35}$$

13. 混合熵

$$t_{13} = - \sum_{i=1}^{Ng} \sum_{j=1}^{Ns} \hat{\boldsymbol{H}}_{ij} \log_2 \hat{\boldsymbol{H}}_{ij} \tag{5-36}$$

14. 惯性矩

$$t_{14} = \sum_{i=1}^{Ng} \sum_{j=1}^{Ns} (i - j)^2 \hat{\boldsymbol{H}}_{ij} \tag{5-37}$$

15. 逆差距

$$t_{15} = \sum_{i=1}^{Ng} \sum_{j=1}^{Ns} \frac{1}{1 + (i - j)^2} \hat{\boldsymbol{H}}_{ij} \tag{5-38}$$

对图 5-9 求取基于灰度 – 梯度共生矩阵的纹理特征, MATLAB 代码如下:

```
close all
clear all
Ng = 16;   Ns = 16;
A = imread('wenli2. jpg');
A = double(A);
%% 灰度图像归一化
fmax = max((max(A)));
[m,n] = size(A);
for i = 2:m;%%
    for j = n/2 + 1:n
        F(i - 1,j - n/2) = fix(A(i,j) * (Ng - 1)/fmax) + 1;
    end
```

```
end
ffmax = max( max( F ) ) ;
ffmin = min( min( F ) ) ;
%%%灰度 – 梯度共生矩阵法
%%Sobel 算子
for i = 2:1:m – 1                              %%限制图像的区域范围
    for j = n/2 + 1:n – 1
        sx = ( A( i – 1,j + 1) + 2 * A( i,j + 1) + A( i + 1,j + 1) ) – ( A( i – 1,j – 1) + 2 * A( i,j – 1)
+ A( i + 1,j – 1) ) ;
        sy = ( A( i + 1,j – 1) + 2 * A( i + 1,j) + A( i + 1,j + 1) ) – ( A( i – 1,j – 1) + 2 * A( i – 1,j)
+ A( i – 1,j + 1) ) ;
        B( i – 1,j – n/2) = ( sx^2 + sy^2)^0.5; %%梯度图像
    end
end
bmax = max( max( B ) ) ;
[ m,n] = size( B ) ;
for i = 1:1:m
    for j = 1:1:n
        G( i,j) = floor( B( i,j) * ( Ns – 1)/bmax) + 1;        %归一化变换后的梯度图像
    end
end
ggmax = max( max( G ) ) ;
ggmin = min( min( G ) ) ;
%求灰度梯度矩阵 H
H = zeros( 16,16) ;
for i = 1:1:m
    for j = 1:1:n
        x = F( i,j) ;
        y = G( i,j) ;
        H( x,y) = H( x,y) + 1;
    end
end
%取灰度梯度的规化矩阵 P
P = zeros( ) ;
P1 = zeros( ) ;
su = sum( sum( H ) ) ;
for i = 1:1:Ng
    for j = 1:1:Ns
        P( i,j) = H( i,j)/su;
        P1( i,j) = ( H( i,j) + 1)/( su + 16 * 16) ;
    end
end
%%特征量统计
t1 = 0;    t2 = 0;    t5 = 0;    t6 = 0;    t7 = 0;    t8 = 0;
t9 = 0;    t10 = 0;    t11 = 0;    t12 = 0;    t13 = 0;    t14 = 0;    t15 = 0;
```

```
hs = sum( sum( H ) ) ;
for i = 1 :1 : Ng
    for j = 1 :1 : Ns
        t1 = t1 + ( H( i,j )/( j^2 ) )/hs ;              %小梯度优势
        t2 = t2 + ( j^2 ) * H( i,j )/hs ;                %大梯度优势
        t5 = t5 + ( P( i,j ) )^2 ;                       %能量
        t13 = t13 – P1( i,j ) * log2( P1( i,j ) ) ;      %混合熵
        t14 = t14 + P( i,j ) * ( ( i – j )^2 ) ;         %惯性
        t15 = t15 + ( 1/( 1 + ( i – j )^2 ) ) * P( i,j ) ; %逆差距
    end
end
s2 = 0 ; r2 = 0 ;
for i = 1 :1 : Ng
    s1 = 0 ; r1 = 0 ;
    for j = 1 :1 : Ns
        s1 = s1 + H( i,j ) ;
        r1 = r1 + P( i,j ) ;
    end
    s2 = s2 + s1^2 ;
    r2 = r2 + i * r1 ;
end
t3 = s2/hs ;                                             %%灰度分布不均匀性
t6 = r2 ;                                                %%灰度均值
s4 = 0 ; r4 = 0 ;
for j = 1 :1 : Ns
    s3 = 0 ; r3 = 0 ;
    for i = 1 :1 : Ng
        s3 = s3 + H( i,j ) ;
        r3 = r3 + P( i,j ) ;
    end
    s4 = s4 + s3^2 ;
    r4 = r4 + j * r3 ;
end
t4 = s4/hs ;                                             %梯度分布不均匀表征
t7 = r4 ;                                                %梯度平均
s6 = 0 ; r6 = 0 ;
for i = 1 :1 : Ng
    s5 = 0 ; r5 = 0 ;
    for j = 1 :1 : Ns
        s5 = s5 + P( i,j ) ;
        r5 = r5 + P1( i,j ) ;
    end
    % s5
    s6 = s6 + ( ( i – t6 )^2 ) * s5 ;
    r6 = r6 + r5 * log2( r5 ) ;
```

```
end
t8 = sqrt(s6);                              %%灰度均方差
t11 = - (r6);                               %%灰度熵
s8 = 0;r8 = 0;
for j = 1:1:Ns
    s7 = 0;r7 = 0;
    for i = 1:1:Ng
        s7 = s7 + P(i,j);
        r7 = r7 + P1(i,j);
    end
    s8 = s8 + ((j - t7)^2) * s7;
    r8 = r8 + r7 * log2(r7);
end
t9 = sqrt(s8);                              %%梯度均方差
t14 = t14 + P(i,j) * (i - j)^2;
t12 = - r8;                                 %%梯度熵
%相关性
for i = 1:1:Ng
    for j = 1:1:Ns
        t10 = t10 + (i - t6) * (j - t7) * P(i,j)/(t8 * t9);%%相关
    end
end
T = [t1,t2,t3,t4,t5,t6,t7,t8,t9,t10,t11,t12,t13,t14,t15];
```

实验结果如下：

> T = (0.857467900636854, 3.25953617195884, 144860.566200840, 352388.479763746,
> 0.267436556328815, 5.42857340130042, 1.36723533867811, 5.13936392478634,
> 1.17906899739947, 0.117368078096995, 2.75231052664173, 1.01441691483684,
> 3.54368063242606, 42.8753097184521, 0.535152216414054)。

其中 T 的每个值分别对应 $t_1 \sim t_{15}$ 的值。

图 5-9　求取灰度 - 梯度共生矩阵的纹理特征所用实验图像

5.3 几何特征

图像的几何特征是指图像中物体的位置、方向、周长和面积等方面的特征。尽管几何特征比较直观和简单，但在许多图像分析中仍可以发挥重要的作用。提取图像几何特征之前一般要对图像进行分割和二值化处理。二值图像只有 0 和 1 两个灰度级，便于获取、分析和处理，虽然二值图像只能给出物体的轮廓信息，但在图像分析和计算机视觉中，二值图像及其几何特征具有特殊价值，可用来完成分类、检验、定位、轨迹跟踪等任务。

5.3.1 位置

在一般情况下，图像中的物体通常并不是一个点，因此，采用物体或区域的面积的中心点作为物体的位置。如图 5-10 所示，面积中心就是单位面积质量恒定的相同形状图形的质心 O。由于二值图像质量分布是均匀的，故质心和形心重合。

若图像中的物体对应的像素位置坐标为 (x_i, y_i)（$i = 0, 1, \cdots, N-1, j = 0, 1, \cdots, M-1$），则可用下式计算质心位置坐标。

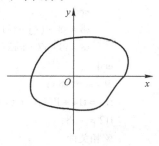

图 5-10　物体位置

$$\begin{cases} \bar{x} = \dfrac{1}{NM} \sum_{i=0}^{N-1} \sum_{j=1}^{M-1} x_i \\ \bar{y} = \dfrac{1}{NM} \sum_{i=0}^{N-1} \sum_{j=0}^{M-1} y_i \end{cases} \tag{5-39}$$

图像处理中，常求取图像质心来确定图像中心，以下将对比质心提取在各种形状提取中的效果。

图 5-11 质心求取的 MATLAB 代码如下：

```
clear;clc;close all
%%读入图像
I_gray = imread('yuan. jpg');
level = graythresh(I_gray);            %%求二值化的阈值
[height,width] = size(I_gray);
bw = im2bw(I_gray,level);              %%二值化图像
figure(1),imshow(bw);                  %%显示二值化图像
[L,num] = bwlabel(bw,8);               %%标注二进制图像中已连接的部分
plot_x = zeros(1,1);                   %%用于记录质心位置的坐标
plot_y = zeros(1,1);
%%求质心
sum_x = 0;sum_y = 0;area = 0;
[height,width] = size(bw);
for i = 1:height
    for j = 1:width
        if L(i,j) == 1
            sum_x = sum_x + i;
```

```
                sum_y = sum_y + j;
                area = area + 1;
            end
        end
    end
    %%质心坐标
    plot_x(1) = fix(sum_x/area);
    plot_y(1) = fix(sum_y/area);
    figure(2);imshow(bw);
    %%标记质心点
    hold on
    plot(plot_y(1),plot_x(1),'wo','markerfacecolor',[0 0 0])
```

实验结果图 5-11 所示。

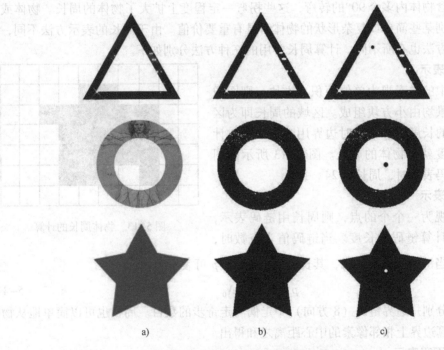

图 5-11 各种形状图形质心提取效果

a) 原图像 b) 二值化图像 c) 提取质心

5.3.2 方向

图像分析不仅需要知道一幅图像中物体的具体位置，而且还要知道物体在图像中的方向。如果物体是细长的，则可以将较长方向的轴定义为物体的方向，如图 5-12 所示。通常，将最小二阶矩轴定义为较长物体的方向。

也就是说，要找出一条直线，使物体具有最小惯量，即：

$$E = \iint r^2 f(x,y) \, dx \, dy \tag{5-40}$$

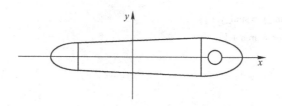

图 5-12　物体方向的最小惯量轴定义

式中，r 是点 (x,y) 到直线（轴线）的垂直距离。在通常情况下，确定一个物体的方向并不是一件容易的事情，需要进行一定的测量。

5.3.3　周长

图像内某一物体或区域的周长是指该物体或区域的边界长度。一个形状简单的物体用相对较短的周长来包围它所占有的像素，即周长是围绕所有这些像素的外边界的长度。通常，测量周长会包含物体内多个 90° 的转弯，这些拐弯一定程度上扩大了物体的周长。物体或区域的周长在区别某些简单或复杂形状的物体时具有重要价值。由于周长的表示方法不同，因而计算周长的方法也有所不同，计算周长常用的三种方法分别如下。

1. 用隙码表示

若将图像中的像素视为单位面积小方块，则图像中的区域和背景均由小方块组成。区域的周长即为区域和背景缝隙的长度之和，此时边界用隙码表示，计算出隙码的长度就是物体的周长。图 5-13 所示的图形，边界用隙码表示时，周长为 24。

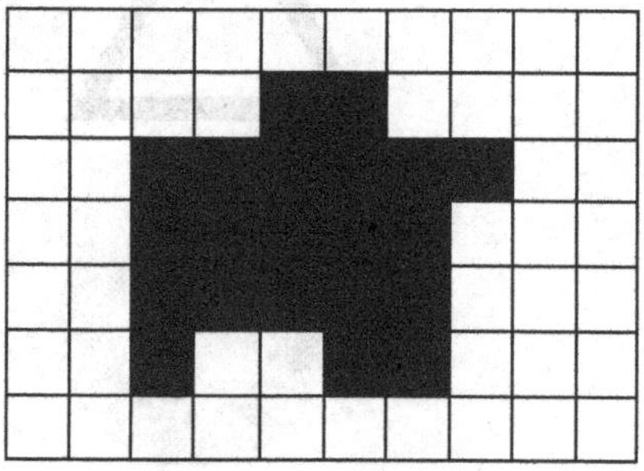

2. 用链码表示

若将像素视为一个个的点，则周长用链码表示，求周长也就是计算链码的长度。当链码值为奇数时，其长度为 $\sqrt{2}$；当链码值为偶数时，其长度为 1。周长 p 可表示为：

$$p = N_e + \sqrt{2}N_0 \tag{5-41}$$

图 5-13　物体周长的计算

式中，N_e 和 N_0 分别是边界链码（8 方向）中走偶与走奇步的数目。周长也可以简单地从物体分块中通过计算边界上相邻像素的中心距离之和得出。

3. 用边界面积表示

周长用边界所占面积表示时，周长即物体边界点数之和，其中每个点为占面积为 1 的一个小方块。以图 5-13 为例，边界用面积表示时，物体周长为 15。

5.3.4　面积

面积是衡量物体所占范围的一种方便的客观度量。面积与其内部灰度级的变化无关，它完全由物体或区域的边界决定。同样面积条件下，一个形状简单的物体其周长相对较短。

1. 像素计数法

最简单的面积计算方法是统计边界及其内部的像素的总数。根据面积的像素计数法的定义方法，物体面积的计算非常简单，求出物体边界内像素点的总和即为面积，计算公式如下：

$$A = \sum_{x=1}^{N} \sum_{y=1}^{N} f(x,y) \qquad (5-42)$$

对二值图像而言，若1表示物体的像素，0表示背景像素，则面积就是统计 $f(x,y)=1$ 的像素数量。

2. 边界行程码计算法

使用各种封闭边界区域的描述来计算面积也很方便，面积的边界行程码计算法可分两种情况：

1）若已知区域的行程编码，则只需将值为1的行程长度相加，即为区域面积。

2）若给定封闭边界的某种表示，则相应连通区域的面积为区域外边界包围的面积与内边界包围的面积（孔的面积）之差。

采用边界行程码表示面积时，计算方法如下：

设屏幕左上角为坐标原点，区域起始点坐标为 (x_0, y_0)，则第 k 段链码终端的纵坐标 y 为：

$$y_k = y_0 + \sum_{i=1}^{k} \Delta y_i \qquad (5-43)$$

式中：

$$\Delta y_i = \begin{cases} -1, & \varepsilon_i = 1,2,3 \\ 0, & \varepsilon_i = 0,4 \\ 1, & \varepsilon_i = 5,6,7 \end{cases} \qquad (5-44)$$

ε_i 是第 i 个码元，而：

$$\Delta x_i = \begin{cases} -1, & \varepsilon_i = 0,1,7 \\ 0, & \varepsilon_i = 2,6 \\ 1, & \varepsilon_i = 3,4,5 \end{cases} \qquad (5-45)$$

$$\alpha = \begin{cases} -\dfrac{1}{2}, & \varepsilon_i = 1,5 \\ 0, & \varepsilon_i = 0,2,6 \\ \dfrac{1}{2}, & \varepsilon_i = 3,7 \end{cases} \qquad (5-46)$$

则相应边界所包围的面积为：

$$A = \sum_{i=1}^{n} (y_{i-1} \Delta x_i + \alpha) \qquad (5-47)$$

应用式（5-47）面积公式计算的面积，即以链码表示边界时边界内所包含的单元方格总数。

3. 边界坐标计算法

面积的边界坐标计算法采用格林公式进行计算，在 $x-y$ 平面上，一条封闭曲线所包围的面积为：

$$A = \frac{1}{2} \oint (x \mathrm{d}y - y \mathrm{d}x) \qquad (5-48)$$

其中，积分沿着该闭合曲线进行。对于数字图像，可将上式离散化，因此可得：

$$A = \frac{1}{2} \sum_{i=1}^{N} \left[x_i(y_{i+1} - y_i) - y_i(x_{i+1} - x_i) \right]$$

$$= \frac{1}{2} \sum_{i=1}^{N} (x_i y_{i+1} - x_{i+1} y_i) \tag{5-49}$$

式中，N 为边界点数。

求取图 5-14 中有关区域的周长和面积，MATLAB 代码如下：

```
clc;clear all
I = imread('11. png');
figure;imshow(I);
I2 = rgb2gray(I);
[junk,    threshold] = edge(I2,'sobel');
fudgeFactor = .5;
BWs = edge(I2,'sobel',threshold * fudgeFactor);
figure;
subplot(221),imshow(BWs),title('边缘梯度二值掩膜');
se90 = strel('line',3,90);
se0 = strel('line',3,0);
BWsdil = imdilate(BWs,[se90 se0]);
subplot(222);imshow(BWsdil),title('膨胀梯度掩膜');
BWdfill = imfill(BWsdil,'holes');
subplot(223);imshow(BWdfill);title('填充空洞后的二值图像');
BWnobord = imclearborder(BWdfill,4);
subplot(224);imshow(BWnobord),title('清除边缘的二值图像');
k1 = bwlabel(BWnobord);
I5 = ~ BWnobord;
figure;imshow(I5);
a = max(max(k1))
[labeled,numObjects] = bwlabel(BWnobord,4);
celldata = regionprops(labeled,'all');
for i = 1:1:a
celldata(i). Area
celldata(i). Perimeter;
end
allcellm = [celldata. Area];
allcellz = [celldata. Perimeter];
m = sum(allcellm)
z = sum(allcellz)
```

实验结果如下：

面积 m = 24333,周长 z = 5244. 3。

并且实验处理过程中的相应效果图如图 5-14 所示。

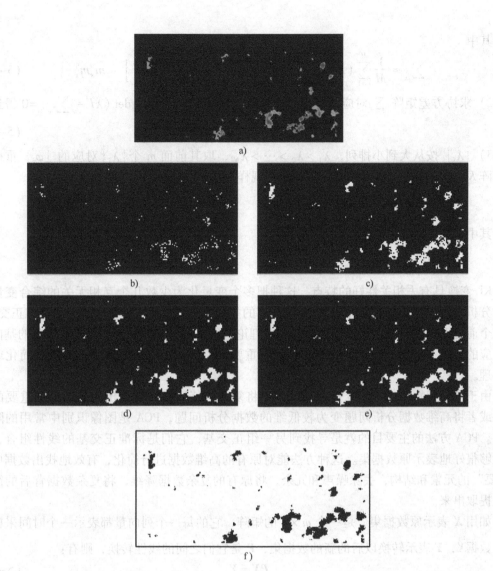

图 5-14　求取图片特定区域的周长和面积的过程图
a）原图像　b）边缘梯度二值掩膜　c）膨胀梯度掩膜　d）填充空洞后的二值图像
e）清除边缘的二值图像　f）求取周长和面积所用图像

5.4　基于主成分分析的特征选择

主元分析又被称为 Hotelling 算法，或者 KL（Karhunen and Leove）变换。KL 变换是最小均方误差意义上的最优变换。其基本步骤如下。

1）先求 N 维样本数据的均值：

$$m_x = E\{X\}\, m_x \approx \frac{1}{M}\sum_{i=1}^{M} X_i \qquad (5\text{-}50)$$

再取样本的协方差矩阵：

$$\sum_x E\{(X - m_x)(X - m_x)^{\mathrm{T}}\} \qquad (5\text{-}51)$$

其中

$$\sum {}_x \approx \frac{1}{M}\sum_{i=1}^{M}(X-m_x)(X-m_x)^{\mathrm{T}}\approx\frac{1}{M}\left[\sum_{i=1}^{M}X_iX_i^{\mathrm{T}}\right]-m_xm_x^{\mathrm{T}} \tag{5-52}$$

2）求协方差矩阵 $\sum_x$ 对应的特征值 $\{\lambda_i\}$ 及特征向量 $\{\varphi_i\}$，由 $\det(\lambda I-\sum_x)=0$ 得到：

$$\sum {}_x \Phi=\lambda\Phi \tag{5-53}$$

3）$\{\lambda_i\}$ 按从大到小排列，$\lambda_1>\lambda_2>\cdots>\lambda_{N^2}$，取其前面 m 个 $\{\lambda_i\}$ 对应的 $\{\varphi_i\}$ 重构正交矩阵 K，用该矩阵与样本向量相乘就能实现样本向量的降维。

其中：$K=\begin{bmatrix}\varphi_1^{\mathrm{T}}\\\varphi_2^{\mathrm{T}}\\\vdots\\\varphi_{N^2}^{\mathrm{T}}\end{bmatrix}$。

KL 变换具有去相关性好的特点，这种把多个变量化为少数几个互相无关的综合变量的统计分析方法也叫作主成分分析（PCA）。它的主要思路就是使得转换基是一组标准正交基，在这个前提下，就可以运用线性代数的相关理论进行快速有效的处理，对得到的新的基向量所对应的"主元"进行排序，利用这个主元重要性的排序可以方便地对数据进行简化或压缩处理。

由于图像识别中的特征变量很多，需要将复杂的特征变量提取出更加精练和重要的数据，或者将高维数据分析问题变为较低维的数据分析问题，PCA 是图像识别中常用的降维技术。PCA 方法的主要目的就是寻找到另一组正交基，它们是标准正交基的线性组合，因而能够很好地表示原数据集。这种方法能对原有的高维数据进行简化，有效地找出数据中最"主要"的元素和结构，去除噪声和冗余，将原有的复杂数据降维，将复杂数据背后的简单结构提取出来。

如用 X 表示原数据集，是一个 $m\times n$ 的矩阵，它的每一个列向量都表示一个时间采样点上的数据 $\vec{X}$，Y 表示转换以后的新的数据集，P 是它们之间的线性转换，则有：

$$PX=Y \tag{5-54}$$

用 P_i 表示 P 的行向量，x_i 表示 X 的列向量 $(x_1,\cdots,x_n)$，y_i 表示 Y 的列向量。公式表示不同基之间的转换，在线性代数中，P 是从 X 到 Y 的转换矩阵，P 通过对 X 进行旋转和拉伸而得到 Y。P 的行向量 $\{p_1,\cdots,p_m\}$ 是一组新的基，而 Y 是原数据 X 在这组新的基表示下得到的重新表示，由下列公式表达：

$$PX=\begin{pmatrix}p_1\\\vdots\\p_m\end{pmatrix}(x_1,\quad\cdots,\quad x_n) \tag{5-55}$$

$$Y=\begin{pmatrix}p_1x_1&\cdots&p_1x_n\\\vdots&\ddots&\vdots\\p_mx_1&\cdots&p_mx_n\end{pmatrix} \tag{5-56}$$

Y 的列向量已转变为：

$$y_i \begin{pmatrix} p_1 x_i \\ \vdots \\ p_m x_i \end{pmatrix}$$

可见，y_i 表示的是 x_i 与 P 中对应列的点积，也就是相当于 x_i 在对应向量 P_i 上的投影。所以，P 的行向量就是一组新的基，它对原数据 X 进行重新表示。P 的行向量就是 PCA 中的主元，通过这些主元的排序就可反映出主元各元素对原数据 x 进行重新表达的重要程度。

下面从数据分布的角度认识 PCA 方法。我们知道，噪声对数据的影响是巨大的，如果不能对噪声进行区分，就不可能抽取数据中有用的信息。噪声的衡量标准有多种方式，最常见的定义是信噪比 SNR，即采用信号和噪声的方差比 σ^2 来定量分析：

$$\text{SNR} = \frac{\sigma_{signal}^2}{\sigma_{noise}^2} \tag{5-57}$$

比较大的信噪比表示数据的准确度高，而信噪比低则说明数据中的噪声成分比较多。信号和噪声的区别在一定程度上取决于信息的变化程度，变化较大的信息被认为是信号，变化较小的被认为是噪声。依据这个标准的去噪等价于一个低通的滤波器去噪，信息变化的大小可由方差 σ^2 来描述，即：

$$\sigma^2 = \frac{\sum_{i=1}^{n}(x_i - \bar{x})^2}{n - 1} \tag{5-58}$$

σ^2 表示采样点在平均值两侧的分布，对应于图 5-15 就是采样点云的分布宽窄。由此可知，方差较大的部分就是较宽的分布区域，表示采样点的主信号或主要分量；而方差较小的部分就是较窄分布区域，被认为是采样点的噪声或次要分量。

图 5-15 中黑色垂直直线表示一组正交基的方向。σ_{signal}^2 是采样点云在长线方向上分布的方差，而 σ_{noise}^2 是数据点在短线方向上分布的方差。图 5-16 是 P 的基向量在各角度的 SNR 分布。

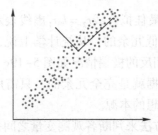
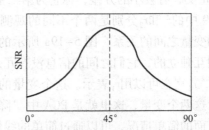

图 5-15　点 A 的采集数据　　　　图 5-16　P 的基向量在各角度的 SNR 分布

图 5-15 中的小黑点代表采样点，因为理论上是只存在于一条直线上，所以偏离直线的分布都属于噪声。此时 SNR 描述的就是采样点云在某对垂直方向上的概率分布的比值。那么，最大限度地揭示原数据的结构和关系，找出某条潜在的、最优的 X 轴，事实上等价于寻找一对空间内的垂直直线，使得信噪比尽可能大。直观的方法是对基向量进行旋转。随着这对直线的转动，使 SNR 取得最大值的一组基 p^*，就是所求最优的"主元"方向。

有时在模式分类中由于引入了一些不必要的变量名，而这些变量对分类结果没有影响，有时有些变量可以用其他变量表示而造成数据冗余。数据的主元方向和数据冗余可借助于主成分分析的几何解释。假设有 n 个样品，每个样品有 2 个变量，即在二维空间中讨论主成分的几何意义。设 n 个样品在二维空间中的分布大致为图 5-17 所示的一个椭圆。

如图 5-17 所示，将坐标系进行正交旋转一个角度 θ，使其椭圆长轴方向取坐标 y_1 在椭圆短轴方向取坐标 y_2，旋转公式为：

$$\begin{cases} y_{1j} = x_{1j}\cos\theta + x_{2j}\sin\theta \\ y_{2j} = x_{1j}(-\sin\theta) + x_{2j}\cos\theta \end{cases} \quad j = 1, 2, \cdots, n \quad (5-59)$$

其矩阵形式为：

$$Y = \begin{pmatrix} y_{11} & y_{12} & \cdots \\ y_{21} & y_{21} & \cdots \end{pmatrix} = \begin{pmatrix} \cos\theta & \sin\theta \\ -\sin\theta & \cos\theta \end{pmatrix} \begin{pmatrix} x_{11} & x_{12} & \cdots \\ x_{21} & x_{21} & \cdots \end{pmatrix} = UX \quad (5-60)$$

其中，U 为坐标旋转变换矩阵，它是正交矩阵，即有 $UU^T = I$，变量经过旋转变换后得到图 5-18 所示的新坐标体系下的表示。

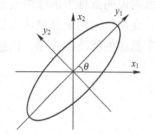
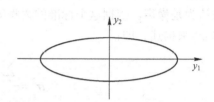

图 5-17 旧坐标系下主成分几何解释图　　　　图 5-18 新坐标下主成分几何解释图

1）n 个点的坐标 y_1 和 y_2 的相关几乎为零。

2）二维平面上的 n 个点的方差大部分都归结为 y_1 轴上，而 y_2 轴上的方差较小。

y_1 和 y_2 称为原始变量和的综合变量。由于 n 个点在 y_1 轴上的方差最大，因而将二维空间的点用在 y_1 轴上的一维综合变量来代替，所损失的信息量最小，由此称 y_i 轴为第一主成分，y_2 轴与 y_1 轴正交，有较小的方差，称它为第二主成分。

图 5-19 中的 r_1 和 r_2 分别是两个不同的观测变量，最佳拟合线 $r_2 = k\, r_1$ 虚线表示。它揭示了两个观测变量之间的关系。图 5-19a 所示的情况是低冗余的，从统计学上说，这两个观测变量是相互独立的，它们之间的信息没有冗余。而相反的极端情况如图 5-19c 所示，r_1 和 r_2 高度相关，r_2 完全可以用 r_1 表示。这个变量的观测数据就是完全冗余的，只需用一个变量就可以表示这两个变量，这也就是 PCA 中"降维"思想的本源。

对于上面的简单情况，可以通过简单的线性拟合方法来判断各观测变量之间是否出现冗余。而对于复杂的情况，需要借助协方差来进行衡量和判断：

$$\sigma_{AB}^2 = \frac{\sum_{i=1}^{n}(a_i - \bar{a})(b_i - \bar{b})}{n-1} \quad (5-61)$$

A，B 分别表示不同的观测变量所记录的一组值，由协方差的性质可以得到：

① 当且仅当观测变量 A，B 相互独立时，$\sigma_{AB}^2 \geq 0$。

② 当 $A = B$，$\sigma_{AB}^2 = \sigma_A^2$。

等价的，如果将 A，B 写成行向量的形式：$A = [a_1 \quad a_2 \quad \cdots]$，$B = [b_1 \quad b_2 \quad \cdots]$，则

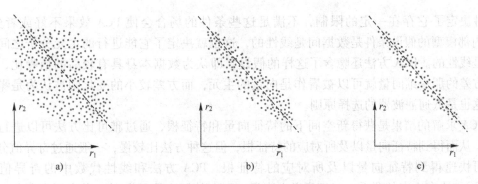

图 5-19 可能冗余的数据频谱图
a) 低冗余 b) 中冗余 c) 高冗余

协方差可以表示为:

$$\sigma_{AB}^2 \equiv \frac{1}{n-1}AB^T \tag{5-62}$$

那么,对于一组具有 m 个观测变量、n 个采样时间点的采样数据 X,将每个观测变量的值写为行向量,可以得到一个的矩阵:

$$X = \begin{pmatrix} x_1 \\ \vdots \\ x_m \end{pmatrix} \tag{5-63}$$

由此定义协方差矩阵如下:

$$C_X \equiv \frac{1}{n-1}XX^T \tag{5-64}$$

C_X 是一个 $m \times m$ 的平方对称矩阵。C_X 对角线线上的元素是对应的观测变量的方差,非对角线上的元素是对应的观测变量之间的协方差。

协方差矩阵 C_X 包含了所有观测变量之间的相关性度量。这些相关性度量反映了数据的噪声和冗余的程度。在对角线上的元素越大,表明信号越强,变量的重要性越高;元素越小则表明可能是存在噪声或是次要变量。在非对角线上的元素大小对应于相关观测变量对之间冗余程度的大小。

主元分析以及协方差矩阵优化的原则是要实现最小化变量冗余,对应于协方差矩阵的非对角元素要尽量小,同时还要最大化信号,即要使协方差矩阵的对角线上的元素尽可能的大。因为协方差矩阵的每一项都是正值,最小值为 0,所以优化的目标矩阵 C_Y 的非对角元素应该都是 0,对应于冗余最小,即只有对角线上的元素可能是非零值。同时,PCA 假设 P 所对应的一组变换基 $\{p_1, \cdots, p_m\}$ 必须是标准正交的,而优化矩阵 C_Y 对角线上的元素越大,就说明信号所占的成分越大,它们对应于越重要的"主元"。

对协方差矩阵进行对角化的方法很多。根据上面的分析,最简单最直接的算法就是在多维空间内进行搜索。如同图 5-15 的例子中旋转 P 的方法一样,在 m 维空间中进行遍历,找到一个方差最大的向量为 p_1。在与 p_1 垂直的向量空间中进行遍历,找出次大的方差对应的向量为 p_2。对以上过程进行循环直到找出全部 m 的向量,由此生成的向量顺序也就是"主元"的排序。

实际应用中,还要考虑 PCA 的假设和局限性,PCA 的模型中存在许多的假设条件,这些条件决定了它存在一定的限制，不满足这些条件的场合会使 PCA 效果不好或者失效。PCA 内部模型的假设条件是数据间是线性的，这也就决定了它能进行的主元分析之间的关系也是线性的。PCA 方法还隐含了这样的假设，即认为数据本身具有较高的信噪比，具有最高方差的那一维向量就可以被看作是向量的主元，而方差较小的变化则被认为是噪声部分，这也是低通滤波器的选择原则。

PCA 求解的结果是获得新空间下的特征向量和特征根，通过雅可比方法可以进行特征分解，从而得到特征向量以及所对应的特征根，但这种方法比较慢，一般通过奇异值分解的方法可快速得到特征向量以及所对应的特征根。PCA 方法和线性代数中的奇异值分解（SVD）方法有内在的联系，一定意义上来说，PCA 的解法是 SVD 的一种变形和弱化。对于 $m \times n$ 的矩阵 X，通过奇异值分解可以直接得到如下形式：

$$X = U \sum V^{\mathrm{T}} \tag{5-65}$$

其中，U 是一个 $m \times m$ 的矩阵，V 是一个 $n \times n$ 的矩阵，而 Σ 是 $m \times n$ 的对角阵。Σ 的形式如下：

$$\Sigma = \begin{pmatrix} \sigma_1 & & & & & \\ & \ddots & & & 0 & \\ & & \sigma_r & & & \\ 0 & & 0 & & & \\ & & & & \ddots & \\ & & & & & 0 \end{pmatrix} \tag{5-66}$$

其中，$\sigma_1 \geqslant \sigma_2 \geqslant \cdots \geqslant \sigma_r$，是原始矩阵的奇异值。由简单推导可知，如果对奇异值分解加以约束：U 的向量必须正交，则矩阵 U 即为 PCA 的特征值分解中的 E，这说明 PCA 并不一定需要求取 XX^{T}，直接对原数据矩阵 X 进行 SVD 奇异值分解即可得到特征向量矩阵，也就是主元向量。

对新求出的"主元"向量的重要性还要进行排序，维数排在越前面的是越重要的"主元"。根据需要取排在前面最重要的维数，而将后面的维数消去，以达到降维，从而简化模型的效果，同时这也最大限度地保持原有数据的信息完整性。

有时我们考察的数据的概率分布并不满足高斯分布或是指数型的概率分布，这将导致 PCA 的失效，此时可以使用 kernel – PCA 方法及非线性的权值对原有 PCA 技术进行拓展和修正这类方法使用中值和方差进行充分统计，但其模型只限于指数型概率分布模型在这种模型下，不能使用方差和协方差来很好地描述噪声和冗余，去除冗余最基础的方程是：

$$P(y_1, y_2) = P(y_1)P(y_2) \tag{5-67}$$

其中，$P(.)$ 代表概率分布的密度函数。然而，有时数据并不满足高斯分布，这种情况下，PCA 方法得出的主元可能并不是最优的，因此在这种情况下寻找主元，不能将方差作为衡量重要性的唯一标准，而要根据数据的分布情况选择合适的描述完全分布的变量，然后根据概率分布式来计算两个向量上数据分布的相关性。

PCA 数据分解和 ICA 数据分解的数据分布并不满足高斯分布，而是呈明显的十字形状。在这种情况下，方差最大的方向并不是最优的主元方向，如果保持主元间的正交假设而寻找的主元同样要 $P(y_1, y_2) = 0$，基于这个方程进行冗余去除的方法被称作独立主元分析方法（Independent Component Analysis，ICA）。在 PCA 的分析计算过程中，获得的主元结果只与样本数据相关，这样在知晓数据的一些特征的情况下，仍无法通过参数化等方法对处理过程进行干预，因此获得的主元不是预期所求的。

kernel – PCA 的示意图如图 5-20 所示，图中的黑色点表示采样数据，排列成转盘的形状，该数据的主元是 (P_1, P_2) 或是 θ 旋转 。如图 5-20 中，PCA 找出的主元将是 (P_1, P_2)，但是它显然不是最优和最简化的主元。(P_1, P_2) 之间存在着非线性的关系。根据先验的知识可知在旋转角为 0 时才是最优的主元。这样

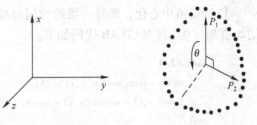

图 5-20　kernel – PCA 的示意图

如果通过加入先验的知识，对数据进行某种划归，就可以将数据转化到以 θ 为线性的空间中。这类根据先验知识对数据预先进行非线性转换的方法就称为 kernel – PCA，这种方法扩展了 PCA 能够处理的问题的范围，同时结合了一些先验知识的约束。

下面通过一个分类问题来阐述 PCA 具体的实现程序。以下是一组鸢尾花图片的样本特征数据（大小为 25×4）：

5.1	3.5	1.4	0.2
4.9	3.0	1.4	0.2
4.7	3.2	1.3	0.2
4.6	3.1	1.5	0.2
5.0	3.6	1.4	0.2
5.4	3.9	1.7	0.4
4.6	3.4	1.4	0.3
5.0	3.4	1.5	0.2
4.4	2.9	1.4	0.2
4.9	3.1	1.5	0.1
5.4	3.7	1.5	0.2
4.8	3.4	1.6	0.2
4.8	3.0	1.4	0.1
4.3	3.0	1.1	0.1
5.8	4.0	1.2	0.2
5.7	4.4	1.5	0.4
5.4	3.9	1.3	0.4
5.1	3.5	1.4	0.3
5.7	3.8	1.7	0.3
5.1	3.8	1.5	0.3
5.4	3.4	1.7	0.2
5.1	3.7	1.5	0.4
4.6	3.6	1.0	0.2
5.1	3.3	1.7	0.5
4.8	3.4	1.9	0.2

该样本中包含鸢尾花图片的四个样本特征，利用 PCA 法对其进行主成分分析具体过程如下。

① 特征值中心化，即每一维的数据都减去该维的均值。目的是使得变换之后的每一维的均值都为 0。其 MATLAB 代码如下：

```
for i = 1:4
        mean = sum( source( :,i) )/25;
        temp( :,i) = source( :,i) - mean;
end
result = temp;
```

其结果如下：

0.0720	0.0200	-0.0600	-0.0480
-0.1280	-0.4800	-0.0600	-0.0480
-0.3280	-0.2800	-0.1600	-0.0480
-0.4280	-0.3800	0.0400	-0.0480
-0.0280	0.1200	-0.0600	-0.0480
0.3720	0.4200	0.2400	0.1520
-0.4280	-0.0800	-0.0600	0.0520
-0.0280	-0.0800	0.0400	-0.0480
-0.6280	-0.5800	-0.0600	-0.0480
-0.1280	-0.3800	0.0400	-0.1480
0.3720	0.2200	0.0400	-0.0480
-0.2280	-0.0800	0.1400	-0.0480
-0.2280	-0.4800	-0.0600	-0.1480
-0.7280	-0.4800	-0.3600	-0.1480
0.7720	0.5200	-0.2600	-0.0480
0.6720	0.9200	0.0400	0.1520
0.3720	0.4200	-0.1600	0.1520
0.0720	0.0200	-0.0600	0.0520
0.6720	0.3200	0.2400	0.0520
0.0720	0.3200	0.0400	0.0520
0.3720	-0.0800	0.2400	-0.0480
0.0720	0.2200	0.0400	0.1520
-0.4280	0.1200	-0.4600	-0.0480
0.0720	-0.1800	0.2400	0.2520
-0.2280	-0.0800	0.4400	-0.0480

② 计算协方差矩阵：

```
result = cov( temp) ;
```

结果如下：

0.1604	0.1181	0.0241	0.0194

126

0.1181	0.1358	0.0062	0.0223
0.0241	0.0062	0.0392	0.0066
0.0194	0.0223	0.0066	0.0109

③ 计算协方差矩阵的特征向量和特征值:

```
[v,D] = eig(result);
display(v);
display(D);
```

结果如下:

特征向量

v =

0.0975	0.5847	0.3260	0.7365
−0.2397	−0.5197	−0.4870	0.6598
−0.2115	−0.5384	0.8099	0.0969
0.9425	−0.3135	0.0242	0.1133

特征值

D =

0.0058	0	0	0
0	0.0229	0	0
0	0	0.0453	0
0	0	0	0.2724

④ 选取大的特征值对应的特征向量,得到新的数据集:

```
new(:,1) = v(:,3);
new(:,2) = v(:,4);
result = source * new;
```

结果如下:

1.0967	6.2238
1.2750	5.7466
1.0314	5.7216
1.2095	5.6013
1.0154	6.2161
1.2475	6.7604
0.9848	5.8009
1.1938	6.0939
1.1607	5.3124
1.3048	5.8109
1.1780	6.5864
1.2096	5.9563
1.2400	5.6616
0.8340	5.2643

0.9194	7.0498
0.9398	7.2919
0.9235	6.7216
1.0991	6.2351
1.3915	6.9040
1.0340	6.4428
1.4861	6.4078
1.0851	6.3881
0.5610	5.8828
1.4443	6.1549
1.4526	5.9853

整个过程将原有的 25×4 的数组降为了 25×2 的数组，实现了主成分的提取。在图像处理中可先将图片信息转化为矩阵，然后通过上述过程来进行主成分分析，并且对比不同特征值下的主成分提取效果。

5.5 基于 Fisher 线性判据的特征选择

许多实际问题中，由于样本特征空间的类条件概率密度的形式常常很难确定，利用 Parzen 窗等非参数方法估计分布又往往需要大量样本，而且随着特征空间维数的增加所需要的样本数急剧增加。因此在实际问题中，往往不用恢复类条件概率密度，而是利用样本集直接设计分类器。具体说就是，首先给定某个判别函数类，然后利用样本集确定出判别函数中的未知参数。

本节将要介绍的线性判别函数法是一类较为简单的判别函数。它首先假定判别函数 d (x) 是 x 的线性函数，即 $d(x) = w^{\mathrm{T}}x + w_0$，对于 n 类问题，可以定义 n 个判别函数，$d(x) = w_i^{\mathrm{T}} + w_{i0}, i = 1, 2, \cdots, n$。我们要用样本去估计各个 w_i 和 w_{i0}，并把未知样本 x 归到具有最大判别函数值的类别中。这里关键的问题是如何利用样本集求得 w_i 和 w_{i0}。一个基本的考虑是针对不同的实际情况，提出不同的设计要求，使所设计的分类器尽可能好地满足这些要求。当然，由于所提要求不同，设计结果也将各异，这说明上述"尽可能好"是相对于所提要求而言的。这种设计要求，在数学上往往表现为某个特定的函数形式，称为准则函数。"尽可能好"的结果是相应于准则函数取最优值。这实际上是将分类器设计问题转化为求准则函数极值的问题，这样就可以利用最优化技术解决模式识别问题。

由于线性判别函数易于分析，所以关于这方面的研究特别多。其中，Fisher 方法是 R. A. Fisher 于 1936 年的论文中提出的。Fisher 求判别函数权矢量的算法既适用于线性可分情况，又适用于非线性可分情况，它也是特征提取与选择的有效方法。

在应用统计方法解决模式识别问题时，总是经常涉及维数问题。在低维空间里解析上或计算上行得通的方法，在高维空间里往往行不通。因此，降低维数有时就成为处理实际问题的关键。Fisher 的方法就可以解决维数压缩的问题。

我们可以考虑把 d 维空间的样本投射到一条直线上，形成一维空间，即把维数压缩到一维，这在数学上是容易得到的。然而，即使样本在 d 维空间里形成若干紧凑的互相分得开的集群，若把它们投影到一条任意的直线上，也可能使几类样本混在一起而变得无法识别。但在一般情况下，总可以找到某个方向，使得在这个方向的直线上，样本的投影能分开得最好。问题是如何根据实际情况找到这条最适合分类的投影线，这就是 Fisher 法要解决的基本问题。

假设有 N 个 d 维样本 $x_1, x_2, \cdots, x_N$ 其中 N_1 个样本属于 w_1 类，N_2 个样本属于 w_1 类，分别记为样本集 X_1 和 X_2。

对 x_n 的分量做线性组合可得到如下标量：

$$y_n = w^{\mathrm{T}} x_n, \quad n = 1, 2, \cdots, N_1 \tag{5-68}$$

这样便得到 N 个一维样本 y_n 组成的集合，从而将多维转换到了一维，如图 5-21 所示。

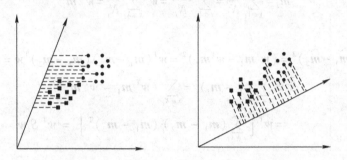

图 5-21　二维模式向一维空间投影示意图

1. 在 d 维 X 空间

各类样本均值向量如下：

$$m_i = \frac{1}{N} \sum_{x \in X_i} x \quad i = 1, 2 \cdots n \tag{5-69}$$

各类类内离散度矩阵 S_i 和总类内离散度矩阵 S_W 如下：

$$S_i = \sum_{x \in X_i} (x - m_i)(x - m_i)^{\mathrm{T}} \quad i = 1, 2 \cdots n \tag{5-70}$$

$$S_W = S_1 + S_2 \tag{5-71}$$

类间离散度矩阵如下：

$$S_B = (m_1 - m_2)(m_1 - m_2)^{\mathrm{T}} \tag{5-72}$$

其中，S_W 和 S_B 都是对称的半正定矩阵。S_B 在两类条件下，它的秩最大且等于 1。

2. 在一维 Y 空间

各类样本均值如下：

$$\widetilde{m}_i = \sum_{y \in Y_i} \frac{y}{N_i} \quad i = 1, 2 \cdots n \tag{5-73}$$

样本类内离散度 $\overline{S}_i^2$ 和总类内离散度 $\overline{S}_W$ 如下：

$$\widetilde{S}_i^2 = \sum_{y \in Y_i} (y - \widetilde{m}_i)^2 \quad i = 1, 2 \cdots n \tag{5-74}$$

$$\widetilde{S}_W = \widetilde{S}_1^2 + \widetilde{S}_2^2 \tag{5-75}$$

类间离散度 $\widetilde{S}_B^2$ 如下：

$$\widetilde{S}_B^2 = (\widetilde{m}_1 - \widetilde{m}_2)^2 \tag{5-76}$$

那么 Fisher 准则函数投影后，各类样本应尽可能分开些，类间离散度 $\widetilde{S}_B^2$ 越大越好，同时希望各类样本内部尽可能密集，即希望类内离散度越小越好，即总类内离散度 $\widetilde{S}_W$ 越小越好。根据这个目标选取准则函数如下：

$$J_F(w) = (\widetilde{m}_1 - \widetilde{m}_2^2)/(\widetilde{S}_1^2 + \widetilde{S}_2^2) \tag{5-77}$$

并使其最大。式（5-60）称为 Fisher 准则函数。

但是 J_F 并不显含 w，下面设法将 $J_F(w)$ 变为 w 的显函数：

$$\widetilde{m}_i = \sum_{y \in Y_i} \frac{y}{N_i} = \sum_{x \in X_i} \frac{w^T x}{N_i} = w^T \sum_{x \in X_i} \frac{x}{N_i} = w^T \widetilde{m}_i \tag{5-78}$$

则

$$\widetilde{S}_B^2 = (\widetilde{m}_1 - \widetilde{m}_2)^2 = (w^T m_1 - w^T m_2)^2 = w^T (m_1 - m_2)(m_1 - m_2)^T w = w^T S_B w \tag{5-79}$$

$$\widetilde{S}_i^2 = \sum_{y \in Y_i} (y - m_i)^2 = \sum_{x \in X_i} (w^T m_1 - w^T m_2)^2$$

$$= w^T \Big[\sum_{x \in X_i} (m_1 - m_2)(m_1 - m_2)^T \Big] = w^T S_i w \tag{5-80}$$

因此

$$\widetilde{S}_1^2 + \widetilde{S}_2^2 = w^T (S_1 + S_2) w = w^T S_W w \tag{5-81}$$

最后

$$J_F(w) = (w^T S_B w)/(w^T S_W w) \tag{5-82}$$

下面求使 $J_F(w)$ 取极大值时的 w_0，可采用拉格朗日乘子法求解，令式（5-82）等于非零常数，即：

$$w^T S_W w = c \neq 0$$

定义拉格朗日函数为：

$$L(w, \lambda) = w^T S_B w - \lambda (w^T S_W w - c) \tag{5-83}$$

式中，λ 为拉格朗日乘子。将式（5-83）对 w 求偏导数，得

$$\partial L(w, \lambda)/\partial w = S_B w - \lambda S_W w \tag{5-84}$$

令偏导数为零，得

$$S_B w_0 - \lambda S_W w_0 = 0$$

即

$$S_B w_0 = \lambda S_W w_0 \tag{5-85}$$

其中 w_0 就是 $J_F(w)$ 的极值解。因为 S_W 非奇异，式（5-85）两边左乘 S_W^{-1}，可得

$$S_W^{-1} S_B w_0 = \lambda w_0 \tag{5-86}$$

式（5-86）表明，w^* 是矩阵 $S_W^{-1} S_B$ 的特征矢量。对于两类问题，S_B 的秩为 1，因此，$S_W^{-1} S_B$ 只有一个非零特征值，其所对应的特征矢量 w_0 称为 Fisher 最佳鉴别矢量，由式（5-72）和式（5-86）可得：

$$\lambda w_0 = S_W^{-1} S_B w_0 = S_W^{-1} (m_1 - m_2)(m_1 - m_2)^T w_0 \tag{5-87}$$

由于上式中 $(m_1 - m_2)^T w_0$ 为一标量，因此令 $\alpha = (m_1 - m_2)^T w_0$，于是可得

$$w_0 = \alpha S_W^{-1}(m_1 - m_2)/\lambda \tag{5-88}$$

式中，$\dfrac{\alpha}{\lambda}$为一标量因子，不改变轴的方向，去该标量因子为1，于是有

$$w_0 = S_W^{-1}(m_1 - m_2) \tag{5-89}$$

此时的w^*可使 Fisher 准则函数取最大值，也就是d维X空间到一维Y空间的最佳投影方向。由式（5-65）和式（5-72）可得$J_F(w)$的最大值为：

$$
\begin{aligned}
J_F(w) &= (w^{\mathrm{T}} S_B w)/(w^{\mathrm{T}} S_W w) \\
&= (m_1 - m_2)^{\mathrm{T}} S_W^{-1}(m_1 - m_2)(m_1 - m_2)^{\mathrm{T}} S_W^{-1}(m_1 - m_2) \\
&\quad /[(m_1 - m_2)^{\mathrm{T}} S_W^{-1} S_W S_W^{-1}(m_1 - m_2)] \\
&= (m_1 - m_2)^{\mathrm{T}} S_W^{-1}(m_1 - m_2)
\end{aligned} \tag{5-90}
$$

即

$$J_F(w) = (m_1 - m_2)^{\mathrm{T}} S_W^{-1}(m_1 - m_2) \tag{5-91}$$

称$y = (m_1 - m_2)^{\mathrm{T}} S_W^{-1} x$为 Fisher 变换函数。

至此，解决了将d维空间的样本集X转化为一维样本集Y，并且找到了d维X空间到一维Y空间的最佳投影方向w^*。但是对于分类的问题还没有解决。下面将简单介绍几种一维分类问题的基本原则。

由于变换后的模式是一维的，因此判别界面实际上是各类样本所在轴上的一个点，即确定一个阈值y_i。于是 Fisher 判别规则为：

$$w_0^{\mathrm{T}} x = y \begin{cases} y > y_t \\ y < y_t \end{cases} \Rightarrow x \in \begin{cases} w_1 \\ w_2 \end{cases} \tag{5-92}$$

可取两类类心在方向上轴上的投影连线的中点作为阈值，即：

$$y_i = (\widetilde{m}_1 + \widetilde{m}_2)/2 \tag{5-93}$$

容易得出：

$$
\begin{aligned}
y_i &= (w_0^{\mathrm{T}} m_1 + w_0^{\mathrm{T}} m_2)/2 = w_0^{\mathrm{T}}(m_1 + m_2)/2 \\
&= w_0^{\mathrm{T}} m = (m_1 - m_2)^{\mathrm{T}} S_W^{-1}(m_1 + m_2)/2
\end{aligned} \tag{5-94}
$$

显然，这里m是m_1和m_2连线的中点。

当考虑类的先验概率时，S_W、S_B应取下面的定义：

$$S_W = P(w_1) S_{W_1} + P(w_2) S_{W_2} \tag{5-95}$$

$$S_B = P(w_1) P(w_2)(m_1 - m_2)(m_1 - m_2)^{\mathrm{T}} \tag{5-96}$$

$P(w_1)$、$P(w_2)$可由各类样本的频率估计，即

$$P(w_1) = N_1/N, \quad P(w_2) = N_2/N \tag{5-97}$$

在这种情况下，可以取类的频率为权值的两类中心的加权算术平均作为阈值，即

$$y_i = (N_1 \widetilde{m}_1 + N_2 \widetilde{m}_2)/(N_1 + N_2) = \widetilde{m} \tag{5-98}$$

易得

$$y_i = (N_1 w_0^{\mathrm{T}} m_1 + N_2 w_0^{\mathrm{T}} m_2)/(N_1 + N_2) = w_0^{\mathrm{T}}(N_1 m_1 + N_2 m_2)/(N_1 + N_2) = w_0^{\mathrm{T}} m \tag{5-99}$$

这里的m是m_1和m_2连线上以频率为比例的内分点。

为了反映类概率的影响和作用，一维轴上的阈值也可取为：

$$y_i = (N_1 \widetilde{m}_1 + N_2 \widetilde{m}_2)/N_1 + N_2 \tag{5-100}$$

利用贝叶斯判决中关于两类均为正态分布且协方差相同条件下的判决函数 u，阈值也可取为：

$$y_i = (m_1 - m_2)^{\mathrm{T}} S_W^{-1} (m_1 + m_2)/2 + \lg(P(w_2)/P(w_1)) \tag{5-101}$$

Fisher 方法实现步骤如下。

1）把来自两类的 w_1/w_2 训练样本集 X 分成与 w_1 对应的子集 X_1 和与 w_2 对应的子集 X_2。

2）由 $m_i = \sum\limits_{x \in X_i} x/N_i (i=1,2)$，计算 m_i。由 $S_i = \sum\limits_{x \in X_i} (x - m_i)(x - m_i)^{\mathrm{T}} (i=1,2)$，计算各类的类内离散度矩阵 S_1、S_2。

3）计算类内总离散度矩阵 $S_W = S_1 + S_2$。

4）计算 S_W 的逆矩阵 S_W^{-1}。

5）按 $w_0 = S_W^{-1}(m_1 - m_2)$ 求解 w_0。

6）计算 $\widetilde{m}_i$，公式如下：

$$\widetilde{m}_1 = \sum_{y \in Y_i} y/N_i = \sum_{x \in X_i} w^{\mathrm{T}} x/N_i = w^{\mathrm{T}} m_i \tag{5-102}$$

7）计算 y_i，公式如下：

$$y_i = (\widetilde{m}_1 + \widetilde{m}_2)/2 \tag{5-103}$$

8）对未知模式 x 判定模式类，公式如下：

$$w_0^{\mathrm{T}} x = \begin{cases} y > y_t \\ y < y_t \end{cases} \Rightarrow x \in \begin{cases} w_1 \\ w_2 \end{cases} \tag{5-104}$$

下面通过示例来说明如何利用 Fisher 来实现数据的分类，已知不同类型图像的两组特征如下：

```
m1 =
[ -0.4   0.58   0.089;
 -0.31   0.27   -0.04;
0.38   0.055   -0.035;
 -0.15   0.53   0.011;
 -0.35   0.47   0.034;
0.17   0.69   0.1;
 -0.011   0.55   -0.18 ];
m2 =
[0.83   1.6   -0.014;
1.1   1.60.48;
 -0.44  -0.41   0.32;
0.047  -0.45   1.4;
0.280.35   3.1;
 -0.39  -0.48   0.11;
0.34   -0.079   0.14 ];
```

现利用 Fisher 变换来对特征 $i(-0.3, 0.58, 0.088)$ 所归属的图片类型进行判别，MAT-LAB 代码如下：

```
clear;
clc;
close all;
% m1,m2 均为 10 个样本
m1 =
[ -0.4,0.58,0.089;
 -0.31,0.27, -0.04;
0.38,0.055, -0.035;
 -0.15,0.53,0.011;
 -0.35,0.47,0.034;
0.17,0.69,0.1;
 -0.011,0.55, -0.18];
m2 =
[0.83,1.6, -0.014;
1.1,1.6,0.48; -0.44,
 -0.41,0.32;
0.047, -0.45,1.4;
0.28,0.35,3.1;
 -0.39, -0.48,0.11;
0.34, -0.079,0.14];
u1 = mean(m1);        % 求均值
u2 = mean(m2);
% 计算类内散度 Si 和总类内散度 Sw
t1 = abs(m1);
t2 = abs(m2);
t11 = min(t1);
t12 = min(t2);
t21 = max(t1);
t22 = max(t2);
e1 = min(t11,t12);
e2 = max(t21,t22);
[s,i1] = size(m1);
[t,i2] = size(m2);
One1 = ones(s,1);
One2 = ones(t,1);
S1 = s * (m1 - One1 * u1)' * (m1 - One1 * u1);
S2 = t * (m2 - One2 * u2)' * (m2 - One2 * u2);
Sw = S1 + S2;
% 变换向量
w = inv(Sw) * (u1 - u2)'
```

运行后可得投影向量为：

```
w =
```

$$-0.0559$$
$$0.0312$$
$$-0.0131$$

绘制投影前各点的分布情况及投影线,其 MATLAB 代码如下:

```
x1 = m1(1:s,1);y1 = m1(1:s,2);z1 = m1(1:s,3);
x2 = m2(1:t,1);y2 = m2(1:t,2);z2 = m2(1:t,3);
figure(1)
plot3(x1,y1,z1,'r * ',x2,y2,z2,'b * ');      % plot3 为三维线图
title('原样本分布图');                         % 画出原两类样本点
hold on
x = e1 - 10:(e1 + e2)/100:e2 + 10;
y = w(2,1)/w(1,1) * x;
z = w(3,1)/w(1,1) * x;
plot3(x,y,z);                                 % 画出投影线
```

结果如图 5-22 所示,图 5-23 是图 5-22 的局部放大图。

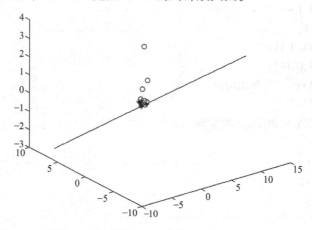

图 5-22　投影前各点的分布情况及投影线(坐标轴依次为 x、y、z)

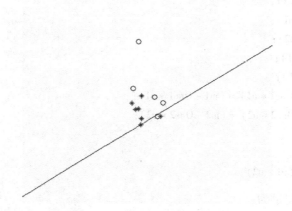

图 5-23　投影情况局部放大图

绘制 Fisher 变换后点的分布:

```
figure(2)
x = e1 − 10:(e1 + e2)/100:e2 + 10;
y = w(2,1)/w(1,1) * x;
z = w(3,1)/w(1,1) * x;
plot3(x,y,z);              % 画出投影线
hold on
% 对 w1 中的点投影
for i = 1:s
x1 = (m1(i,1) + w(2,1)/w(1,1) * m1(i,2) + w(3,1)/w(1,1)
* m1(i,3))/(1 + (w(2,1)/w(1,1))^2 + (w(3,1)/w(1,1))^2);
    y1 = w(2,1)/w(1,1) * x1;
    z1 = w(3,1)/w(1,1) * x1;
    plot3(x1,y1,z1,'r*');
    X1(i,1) = x1;
    X1(i,2) = y1;
    X1(i,3) = z1;
end
% 对 w2 中的点投影
for i = 1:t
x2 = (m2(i,1) + w(2,1)/w(1,1) * m2(i,2) + w(3,1)/w(1,1)
* m2(i,3))/(1 + (w(2,1)/w(1,1))^2 + (w(3,1)/w(1,1))^2);
    y2 = w(2,1)/w(1,1) * x2;
    z2 = w(3,1)/w(1,1) * x2;
    plot3(x2,y2,z2,'b*');
title('投影后的样本分布图');
    X2(i,1) = x2;
    X2(i,2) = y2;
    X2(i,3) = z2;
end
```

结果如图 5-24 所示，图 5-25 是图 5-24 的局部放大图。

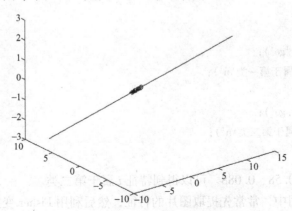

图 5-24　Fisher 变换后各点的分布（坐标轴依次为 x、y、z）

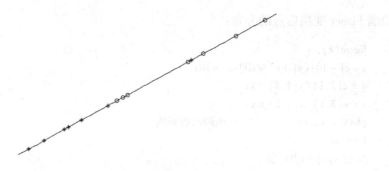

图 5-25　Fisher 变换后点分布的局部放大图

判断特征 $i(-0.3,0.58,0.088)$ 的类型，代码如下：

```
for i = 1 : s
    X11(i) = w' * X1(i, :)';
end
for i = 1 : t
    X21(i) = w' * X2(i, :)';
end
M1 = mean(X11);
M2 = mean(X21);
F = (M1 + M2)/2;        % 分界阈值点
a = input('请输入测试样本点坐标    x =');
b = input('请输入测试样本点坐标    y =');
c = input('请输入测试样本点坐标    z =');
plot3(a,b,c,'go');
a = (a + w(1,1)/w(1,1) * b + w(3,1)/w(1,1) * c)/(1 + (w(2,1)/w(1,1))^2 + (w(3,1)/w(1,
1))^2);
b = w(2,1)/w(1,1) * a;
c = w(3,1)/w(1,1) * a;
L = [a b c];
exam = w' * L';
if exam > F
    plot3(a,b,c,'go');
    fprintf('i 点属于第一类\n');
else
    plot3(a,b,c,'go');
    fprintf('i 点属于第二类\n');
end
```

依次输入 -0.3、0.58、0.088。可以得到特征 i 属于第二类。

注意，在实际应用中，常常先提取图片的特征，然后利用 Fisher 变换对图像特征进行选择，即进行降维，最终实现分类。

【课后习题】

1. 特征提取与特征选择的区别是什么？
2. 什么是颜色直方图、颜色集、颜色矩、颜色聚合向量？
3. 简述共生矩阵和灰度 – 梯度共生矩阵的定义。
4. 基于灰度共生矩阵和灰度 – 梯度共生矩阵的图像纹理特征有哪些？利用 MATLAB 实现图像的纹理特征的提取。
5. PCA 方法的主要目的是什么？
6. 根据 Fisher 准则函数，解释为什么要使 J_F 最大？
7. 利用 MATLAB 分别实现基于 PCA 和 Fisher 方法的特征选择的编程练习。

第6章 图像匹配

图像匹配技术是数字图像信息处理和计算机视觉领域中的一个热点问题，在气象预报、医疗诊断、文字读取空间飞行器自动导航、武器投射系统制导、雷达图像目标跟踪、地球资源分析与检测以及景物分析等许多领域中得到广泛应用。

在数字图像处理领域，常常需要把不同的传感器或同一传感器在不同时间、不同成像系统条件下，对同一景物获取的两幅或者多幅图像进行比较，找到该组图像中的共有景物，或是根据已知模式到另一幅图中寻找相应的模式，此过程称为图像匹配。实际上，图像匹配就是一幅图像到另一幅图像对应点的最佳变换。

6.1 模板匹配旳概念

在一般情况下，目标物体在不同光线照射下，通过不同图像采集设备，在不同的位置对图像进行采集，将采集到的图像进行对比，即使是同一目标物体的图像也不尽是相同的。之所以会产生这种情况，是因为在采集图像的过程中，目标物体受到诸多因素的干扰，使图像在原有的基础上发生了改变，如光照的变化、位置的变化都会使目标物体发生转变，模板匹配就是略过这些干扰因素，寻找模板图像与搜索图像相同的那些点。模板匹配算法的基本思想是：在一幅大图中查找是否存在已知的模板图像，通过相关搜索策略在大图中找到与模板图像相似的子图像，并确定其位置。如图 6-1 所示，图 6-1a 为被搜索图像，图 6-1b 为模板图像，模板通过搜索算法在被搜索图像中寻找是否有三角形特征的图像。

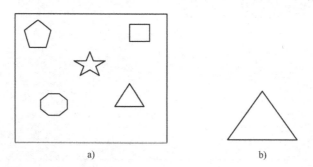

图 6-1　搜索策略在大图中找到与模板图像相似的子图像
a）被搜索图　b）模板

模板匹配过程大致可分为以下几步。

1）图像的取样与量化：通过采样设备获取图像，经过图像处理装置将计算机中的图像数据以数组的方式存储。

2）图像分割：分割图像是按照颜色、亮度或纹理来进行判断。

3）图像分析：分析被分割的图像，是否可修改或合并。

4）形状描述：提取图像的特征。

5）图像匹配：计算模板图像与被搜索图像区域的相似度。

模板匹配的分类方法很多，通常可分为四种：基于灰度相关的模板匹配方法、基于特征的模板匹配方法、基于模型的模板匹配方法和基于变换域的模板匹配方法。

6.2 基于灰度相关的模板匹配

利用原始图像和模板图像中的所有灰度值的精度区分不同的对象，对所有灰度值进行计算，产生大量的冗余信息，在计算时具有一定的复杂度。基于灰度值相关的方法直接对原始图像和模板图像进行操作，通过区域（矩形、圆形或者其他变形模板）属性（灰度信息或频域分析等）的比较来反映它们之间的相似性。灰度的模板匹配算法主要特点是原始图像与模板图像之间点的像素值具有一定的关系。模板与图像像素值能否成功匹配的关键在于图像是否受到外界的影响（光照、旋转），如果未受到干扰，那么匹配成功，否则匹配失败。通过以上的分析可知基于灰度的模板匹配算法对外部的一些影响因素适应性较差，在一般情况下，基于灰度的模板匹配算法只能适用于模板图像与搜索图像之间具有相同的外界条件。

基于灰度的模板匹配算法是基于模板与图像中最原始的灰度值来进行匹配的，是模板匹配中最基本的匹配思想。在原始图像区域中所有像素的灰度值都是被搜索图像的信息，利用被搜索图像与模板图像的灰度值信息建立模板图像与被搜索图像中子图像的相似性度量，再根据采用的搜索方法，查找能够将两幅图像相似性度量值最大或最小的参数。常用的相似性度量算法有：平均绝对差算法（MAD）、绝对误差和算法（SAD）、误差平方和算法（SSD）、归一化积相关算法（NCC）、序贯相似性算法（SSDA）、绝对值求和算法（SATD）等。

6.2.1 MAD 算法

平均绝对差算法（Mean Absolute Differences，MAD），它是 Leese 在 1971 年提出的一种匹配算法。是模式识别中常用方法，该算法的思想简单，具有较高的匹配精度，广泛用于图像匹配。

设 $S(x,y)$ 是大小为 $m \times n$ 的被搜索图像，$T(x,y)$ 是 $M \times N$ 的模板图像，分别如图 6-2a 和图 6-2b 所示，我们的目标是：在图 6-2a 中找到与模板图 6-2b 匹配的区域（方框所示）。

算法思路如下：

在搜索图 $S(x,y)$ 中，以 (i,j) 为左上角，取 $M \times N$ 大小的子图，计算其与模板的相似度；遍历整个搜索图，在所有能够取到的子图中，找到与模板图最相似的子图作为最终匹配结果。

MAD 算法的相似性测度公式如下：

$$D(i,j) = \frac{1}{M \times N} \sum_{S=1}^{M} \sum_{t=1}^{N} |S(i+s-1,j+t-1) - T(s,t)| \tag{6-1}$$

其中：$1 \leq i \leq m - M + 1, 1 \leq j \leq n - N + 1$。平均绝对差 $D(i,j)$ 越小，表明越相似，故只需找到最小的 $D(i,j)$ 即可确定能匹配的子图位置。这种算法思路简单，容易理解，运算过程简单，匹配精度高。但是，运算量偏大，对噪声非常敏感。

a)   b)

图 6-2   搜索图与模板图

a) 搜索图   b) 模板图

6.2.2   SAD 算法

绝对误差和算法（Sum of Absolute Differences，SAD）实际上与 MAD 算法思想几乎是完全一致的，只是其相似度测量公式有所不同（计算的是子图与模板图的 L_1 距离）。

$$D(i,j) = \sum_{S=1}^{M} \sum_{t=1}^{N} |S(i+s-1,j+t-1) - T(s,t)| \tag{6-2}$$

由于 SAD 算法与 MAD、SSD、NCC 算法类似，所以仅列出 SAD 算法的代码，其余算法的实现类似。

SAD 算法的 MATLAB 程序代码如下：

```
% 绝对误差和算法（SAD）
Clear all;
Close all;
src = imread('lena. jpg');
[a b d] = size(src);
If d == 3
src = rgb2gray(src);
end
mask = imread('lena_mask. jpg');
[m n d] = size(mask);
If d == 3
mask = rgb2gray(mask);
end
%%
N = n;                              % 模板尺寸,默认模板为正方形
M = a;                              % 搜索图像尺寸,默认搜索图像为正方形
%%
dst = zeros(M - N, M - N);
```

```
for i = 1:M - N                          % 子图选取,每次滑动一个像素
    for j = 1:M - N
        temp = src(i:i + N - 1,j:j + N - 1);       % 当前子图
        dst(i,j) = dst(i,j) + sum(sum(abs(temp - mask)));
    end
end
abs_min = min(min(dst));
[x,y] = find(dst == abs_min);
figure;
imshow(mask); title('模板');
figure;
imshow(src);
hold on;
rectangle('position',[x,y,N - 1,N - 1],'edgecolor','r');
hold off; title('搜索图');
```

输出结果为:

a)

b)

图 6-3 SAD 搜索图与模板图

a) 模板图　b) 搜索图

6.2.3　SSD 算法

误差平方和算法（Sum of Squared Differences，SSD），也叫差方和算法。SSD 算法与 SAD 算法如出一辙，只是其相似度测量公式有一点改动（计算的是子图与模板图的 L_2 距离）。相似性测度计算公式如下：

$$D(i,j) = \sum_{S=1}^{M} \sum_{t=1}^{N} \left[S(i+s-1,j+t-1) - T(s,t) \right]^2 \tag{6-3}$$

6.2.4　NCC 算法

归一化积相关算法（Normalized Cross Correlation，NCC）是通过归一化的相关性度量公式来计算二者之间的匹配程度。

$$R(i,j) = \frac{\sum_{S=1}^{M} \sum_{t=1}^{N} |S^{i,j}(s,t) - E(S^{i,j})| \cdot |T(s,t - E(T)|}{\sqrt{\sum_{S=1}^{M} \sum_{t=1}^{N} [S^{i,j}(s,t) - E(S^{i,j})]^2} \cdot \sqrt{\sum_{S=1}^{M} \sum_{t=1}^{N} [T(s,t - E(T)]^2}}$$

$$\tag{6-4}$$

其中，$E(S^{i,j})$、$E(T)$ 分别表示 (i,j) 处子图、模板的平均灰度值。

6.2.5　SSDA 算法

序贯相似性检测算法（Sequential Similiarity Detection Algorithm，SSDA），它是由 Barnea 和 Sliverman 于 1972 年提出的一种匹配算法，是对传统模板匹配算法的改进，比 MAD 算法快几十到几百倍。

设 $S(x,y)$ 是 $m \times n$ 的搜索图，$T(x,y)$ 是 $M \times N$ 的模板图，$S(i,j)$ 是搜索图中的一个子图（左上角起始位置为 (i,j)）。显然：$1 \leqslant i \leqslant m - M + 1$，$1 \leqslant j \leqslant n - N + 1$。

SSDA 算法描述如下：

1）定义绝对误差：

$$\varepsilon(i,j,s,t) = |S_{i,j}(s,t) - \overline{S_{I,J}} - T(s,t) + \overline{T}| \tag{6-5}$$

其中，带有上画线的分别表示子图、模板的均值：

$$\overline{S_{I,J}} = E(S_{i,j}) = \frac{1}{M \times N} \sum_{S=1}^{M} \sum_{t=1}^{N} S_{i,j}(s,t) \tag{6-6}$$

$$\overline{T} = E(T) = \frac{1}{M \times N} \sum_{S=1}^{M} \sum_{t=1}^{N} T(s,t) \tag{6-7}$$

可见，绝对误差就是子图与模板图各自去掉其均值后，对应位置之差的绝对值。

2）设定阈值 T_h；

3）在模板图中随机选取不重复的像素点，计算与当前子图的绝对误差，将误差累加，当误差累加值超过了 T_h 时，记下累加次数 H，所有子图的累加次数 H 用一个表 $R(i,j)$ 来表示。SSDA 检测定义为：

$$R(i,j) = \left\{ H \left| \min_{1 \leqslant H \leqslant M \times N} \left[\sum_{h=1}^{H} \varepsilon(i,j,s,t) \geqslant T_h \right] \right. \right\} \tag{6-8}$$

图 6-4 给出了 A、B、C 三点的误差累计增长曲线，其中 A、B 两点偏离模板，误差增长

得快；C 点增长缓慢，说明很可能是匹配点（图中 T_k 相当于上述的 T_h，即阈值；$I(i,j)$ 相当于上述 $R(i,j)$，即累加次数）。

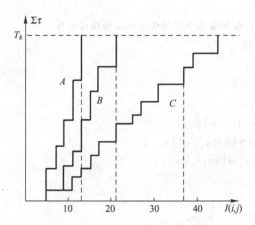

图 6-4　A、B、C 三点的误差累计增长曲线

4）在计算过程中，随机点的累加误差和超过了阈值（记录累加次数 H）后，则放弃当前子图转而对下一个子图进行计算。遍历完所有子图后，选取最大 R 值所对应的 (i,j) 子图作为匹配图像。若 R 存在多个最大值（一般不存在），则取累加误差最小的作为匹配图像。

由于随机点累加值超过阈值 T_h 后便结束当前子图的计算，所以不需要计算子图所有像素，大大提高了算法速度；为进一步提高速度。可以先进行粗配准，即：隔行、隔离的选取子图，用上述算法进行粗定位；然后再对定位到的子图，用同样的方法求其 8 个邻域子图的最大 R 值作为最终配准图像。这样可以有效地减少子图个数和计算量，提高计算速度。

SSDA 算法的 MATLAB 程序代码如下：

```
A_G = imread('Pic1. jpg');
T_G = imread('Snap1_32. jpg');
[M,N] = size(A_G);  % 求图像的大小
[m,n] = size(T_G);
A_G = double(A_G);
T_G = double(T_G);
figure(1),imshow(uint8(A_G));
axis on;
% SSDA
doubleDist = zeros(M - m,N - n);
for x = 1:M - m
    for y = 1:N - n
        Temp = 0;
        for i = 0:m - 1
            for j = 0:n - 1
                Temp = Temp + abs(A_G(i + x,j + y) - T_G(i + 1,j + 1));
            end
        end
```

```matlab
                    Dist(x,y) = Temp/(m*n);
            end
    end
% % % % % % % % % % % % % % % % % % % % % % % %
% 求每一行的最小值
D = zeros(1,M - m);
for x = 1:M - m      % 行
        D(x) = Dist(x,1);
        for y = 1:N - n - 1      % 列
                if(D(x) > Dist(x,y + 1))      %
                        D(x) = Dist(x,y + 1);
                end
        end
end
% % % % % % % % % % % % % % % % % % % % % % % %
% 求最小值的坐标点
min0 = D(1);      % min0 为最小值
for i = 1:M - m - 1
        if(min0 > D(i + 1))
                min0 = D(i + 1);
        end
end
min0
for x = 1:M - m      % 行
    for y = 1:N - n - 1      % 列
        if(min0 == Dist(x,y))
                x          % 实时图像的纵坐标
                y
                end
        end
end
```

6.2.6　SATD 算法

绝对值求和变换算法（Sum of Absolute Transformed Difference, SATD），它是经 Hadamard 变换再对绝对值求和算法。Hadamard 变换等价于把原图像 Q 矩阵左右分别乘以一个 Hadamard 变换矩阵 H。其中，Hardamard 变换矩阵 H 的元素都是 1 或 -1，是一个正交矩阵，可以由 MATLAB 中的 Hadamard(n) 函数生成，n 代表 n 阶方阵。

SATD 算法就是将模板与子图做差后得到的矩阵 Q，再对矩阵 Q 求其 Hadamard 变换（左右同时乘以 H，即 HQH），对变换所得矩阵求其元素的绝对值之和，即 SATD 值，作为相似度的判别依据。对所有子图都进行如上的变换后，找到 SATD 值最小的子图，便是最佳匹配。

SATD 算法 MATLAB 代码如下：

```
%SATD 模板匹配算法 – 哈达姆变换(hadamard)
src = double(rgb2gray(imread('lena.jpg')));              % 长宽相等的
mask = double(rgb2gray(imread('lena_mask.jpg')));       % 长宽相等的
M = size(src,1);                                          % 搜索图像大小
N = size(mask,1);                                         % 搜索模板大小
%%
hdm_matrix = hadamard(N);                                % hadamard 变换矩阵
hdm = zeros(M - N,M - N);                                 % 保存 SATD 值
for i = 1:M - N
    for j = 1:M - N
        temp = (src(i:i + N - 1,j:j + N - 1) - mask)/256;
        sw = (hdm_matrix * temp * hdm_matrix)/256;
        hdm(i,j) = sum(sum(abs(sw)));
    end
end
min_hdm = min(min(hdm));
[x y] = find(hdm == min_hdm);
figure;imshow(uint8(mask));
title('模板');
figure;imshow(uint8(src));hold on;
rectangle('position',[y,x,N - 1,N - 1],'edgecolor','r');
title('搜索结果'); hold off;
```

输出结果:

a)   b)

图 6-5　SATD 算法的模板图和搜索图

a) 模板图　b) 搜索图

6.3 基于灰度值的亚像素精度匹配

在计算左右图像的视差时，传统匹配算法都是以图像整像素为步长进行匹配搜索，因此获得的视差值也是整像素的。这就导致了在一些连续的平面上出现了严重的锯齿现象，特别表现在大倾斜度平面、圆球面、曲面等与摄像机处于非正对着的场景中。

如何对这些大倾斜度平面、圆球面、曲面进行处理，将立体图相对的匹配精度从整像素提升到亚像素的匹配精度，使得目标表面上的视差呈现自然的平滑过渡，三维信息恢复后的结果也与实际场景中的表面保持相对一致性，也是立体匹配中一个重要的研究方向。

一般而言，每个视差值会对应数个等级，用 scale 来表示等级数，那么立体匹配中的亚像素精度一般是指计算的误差和真值的差值小于 0.5 个 scale 的视差精度。对视差的精度提高都基于同一局部平面上的视差变化的连续性假设。

众所周知，基于整像素精度视差的计算方式由来已久，而亚像素精度视差的需求与计算是近些年来实际应用项目中才提出的新要求与新方法，可以说亚像素精度视差的计算是建立在整像素精度视差的基础之上。历数国内外对于图像亚像素精度算法研究，根据它们处理方式的角度不同，可将它们分为以下四类。

（1）基于相邻像素上视差的高阶插值实现

最常见的亚像素精度视差是通过插值来计算的，它的主要思想是利用已经计算出的整像素精度视差和相应的匹配代价作为补充信息，采用数学方法更加精确地判断物体的边缘信息。灰度插值法（也可称之为图像重采样法）是利用插值技术对参考图像的选择部分进行插值获得更加稠密网格，利用立体匹配技术确定亚像素位置。灰度插值方法具有实现简单而且精度高等特点，但其计算复杂度较高，定位精度受插值算法影响。

而高阶插值则主要作用在匹配代价曲线上、图像的不同尺度之间以及相邻像素的视差之间。在匹配代价曲线上，可以通过对相邻的几个代价值进行二次曲线（或者说抛物线曲线）或者是 sinc 插值求极值的方式获得更精确的极致位置。

（2）基于相关性实现

基于相关性的亚像素实现主要是通过将空间物体在二维与三维信息变换过程中不变的量用相互关系来表示，再依据这种对应之间存在的相关关联程度来度量相似性。在匹配代价计算的过程中，将所有的可能亚像素精度偏移量加入到对应点的相似性计算当中，通过亚像素精度的对应点之间的匹配代价聚集来选取聚集代价最大值，求得高精度视差值。这种算法是最基本的基于亚像素定位点的视差计算方法，其复杂度较大，实现时间长。虽然相关算法在亚像素精度下的配准达到了相当高的精度，但是算法复杂度非常高，运行速度很慢，因此发展较慢，现在大多应用于遥感图像配准等刚性变换的自动配准领域。

（3）基于曲线拟合或者曲面拟合方法的实现

拟合是另外一种获得亚像素精度匹配结果的方法，它的最终目的是为了从一个初始视差的集合中获得存在相关性的多个视差值与像素坐标点之间的函数关系。这种方法的提出存在一个假设：局部区域像素点的视差是处于同一个面上的。在实际的操作中，由于观测数据（即初始匹配视差）不可避免地存在误差，因此并不需要所有的像素点视差都在拟合后的视差面上，仅仅要求对于给定的像素点集上的误差按某种标准达到最小即可。在实际的应用中，往往都只以整像素精度匹配得到的最佳匹配点为中心进行拟合，然后采用数学方法计算得到极值点的估计位置。在保证视差准确的前提下，分析影响拟合算法定位精度的主要因素，可以归结为以下两点：相似性度量函数的选取以及拟合函数的选取。常用的拟合方法包括曲线拟合与曲面拟合。

通过曲线拟合方式进行视差精度的提高，最常见的方法就是二次曲线拟合方法。一般而言，可以通过图6-6来表示基于代价函数的二次曲线拟合过程，左边图像代表像素点，在视差范围内各个视差等级上的匹配代价值图像，右边图像代表需要提取出来进行二次曲线拟合的三组数据，横轴表示视差值，纵轴表示匹配代价值。

从图6-6可知，对于任意一个像素(u,v)，那么需要提取出来进行计算的三组数据分别为$(d_{\min-1},C(u,v,d_{\min-1}))$，$(d_{\min},C(u,v,d_{\min}))$和$(d_{\min+1},C(u,v,d_{\min+1}))$，通过这三个点，可以拟合出一条实际曲线，拟合曲线的极值点就是要求的对于原始最佳匹配点$(d_{\min},C(u,v,d_{\min}))$的亚像素偏差的估计，表示为$d_{\text{after}}$。

$$d_{\text{after}} = \frac{C(u,v,d_{\min-1}) - C(u,v,d_{\min+1})}{2 * [2 * C(u,v,d_{\min}) - C(u,v,d_{\min-1}) - C(u,v,d_{\min+1})]} \tag{6-9}$$

其中$d_{\min}$为像素级的最佳匹配点匹配视差；

$C(u,v,d_{\min})$表示点(u,v)在取得视差值$d_{\min}$所对应的匹配代价能量值；

$C(u,v,d_{\min-1})$表示点(u,v)在取得视差值$d_{\min-1}$所对应的匹配代价能量值；

$C(u,v,d_{\min+1})$表示点(u,v)在取得视差值$d_{\min+1}$所对应的匹配代价能量值；

$d_{\min-1} = d_{\min+1}, d_{\min+1} = d_{\min} + 1$，分别表示最佳匹配点匹配视差临近两视差值。

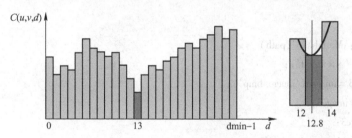

图6-6　二次曲线拟合图

因此，通过二次曲线拟合可以在每一个像素上进行视差的亚像素化，实现过程很简单，但是也存在着不足。如果图像的初始视差就是不正确的，那么拟合后的结果必定也是存在偏差的。

而通过基于曲面拟合的方法来提升视差精度有很多方式。但是由于曲面拟合存在着拟合过程需要在相对单一的表面模型才能进行，拟合表面模型不同时，拟合系数个数和拟合公式也有很大的不同。平面拟合的公式单一，而且可以通过若干个平面来逼近待求的曲面，所以实际工作中多以平面拟合来代替曲面拟合进行视差估计。

其中基于颜色分割方法进行平面拟合是最常见的一种平面拟合方法。它是基于在图像上具有相同或者相近颜色连通邻域内的像素处于同一个表面上，并具有相同的视差值这个假设而存在的。因此，通过拟合局部区域平面上的值来替代视差，从而实现整像素精度视差到亚像素精度视差的转换过程。其主要实现步骤是：先将图像进行彩色图像分割，变成若干个小的区域；再根据假设将同一个视差平面上的区域用统一的平面模型来表示，从而实现局部区域内的视差的估计。为了减少由于错误分割带来的误估计问题，提出对彩色图像采用过分割，然后依据一定规则将相近的平面模型进行合并，再进行视差拟合，这样两步处理的方式一方面保持了边缘信息，另一方面也提高了总体的精度。

（4）基于分层与表面模型描述的实现

由于实际场景中的物体并不完全由平面组成，有些情况下需要在空间连续的表面模型上进行描述，因此基于分层与表面模型描述方法诞生了。Bleyer 提出了基于软分割的方法，将图像分割成若干个区域，这若干个分割区域并不是如其他分割方法一样完全没有交集，而是允许存在一定的重叠区域，这种处理方式被证明可以改善过渡区域的视差精度。

基于灰度值的亚像素精度匹配 MATLAB 程序代码如下：

```
clc
format compact
more off
% load samples/coords/syntcds
% load samples/coords/realcds
% addpath solvopt
addpath C:\
addpath C:\Matlab\2\
echo on
% press enter to start the calibration with synthetic data
pause
tic
path('C:\Matlab\1\',path)
b = load('×××.txt');
% image3 = imread('image.bmp');
image2 = image3;
K = image3;
K_threshold = graythresh(K);
BW = im2bw(double(K)./255,K_threshold);
J = find(BW == 1);
length = size(J);
Gray_point = [floor(J/2048),rem(J,2048)];
Gray_xy = round(mean(Gray_point));
Gray_d = round(3 * (Gray_xy(1,1) - Gray_point(1,1))/4);
yc1 = Gray_xy(1,1) - Gray_d;
xc1 = Gray_xy(1,2);
yc = Gray_xy(1,1);
xc = Gray_xy(1,2) - Gray_d;
yc3 = Gray_xy(1,1);
xc3 = Gray_xy(1,2) + Gray_d;
yc2 = Gray_xy(1,1) + Gray_d;
xc2 = Gray_xy(1,2);
```

```
[x_sub,y_sub,maxcor] = thresholdmax( xc,yc ,Gray_d,b,image3);
[x_sub1,y_sub1,maxcor1] = thresholdmax( xc1,yc1,Gray_d,b,image3);
[x_sub2,y_sub2,maxcor2] = thresholdmax( xc2,yc2,Gray_d,b,image3 );
[x_sub3,y_sub3,maxcor3] = thresholdmax( xc3,yc3,Gray_d,b,image3 );
pix = [y_sub,x_sub,maxcor
    y_sub1,x_sub1,maxcor1
    y_sub2,x_sub2,maxcor2
    y_sub3,x_sub3,maxcor3];
% Below is the function of showing the point in the picture and save the
% picture.
pix_int = round( pix);
xcenter_sub = ( pix(1,1) + pix(2,1) + pix(3,1) + pix(4,1))/4
ycenter_sub = ( pix(1,2) + pix(2,2) + pix(3,2) + pix(4,2))/4
xcenter_pix = floor(( pix(1,1) + pix(2,1) + pix(3,1) + pix(4,1))/4)
ycenter_pix = floor(( pix(1,2) + pix(2,2) + pix(3,2) + pix(4,2))/4)
image2( xcenter_pix + 1,ycenter_pix + 1) = 255;
image2( floor( x_sub) + 1,floor( y_sub) + 1) = 0;
image2( floor( x_sub1) + 1,floor( y_sub1) + 1) = 0;
image2( floor( x_sub2) + 1,floor( y_sub2) + 1) = 0;
image2( floor( x_sub3) + 1,floor( y_sub3) + 1) = 0;
image_show = double( image2( ycenter_pix - 2 * Gray_d:ycenter_pix + 2 * Gray_d - 1, xcenter_pix - 2 *
Gray_d:xcenter_pix + 2 * Gray_d - 1));
figure(4)
imshow( image_show,[0,255]);
format long g
save( 'sub_pix. txt','pix',' - ASCII',' - double');
im = uint8( image_show);
imwrite( im,'sub_image. bmp');
toc
```

6.4 使用空间金字塔进行匹配

6.4.1 空间金字塔的表示方法

原始方法是首先提取原图像的全局特征，然后把每个金字塔的水平图像划分为细网格序列，从每个金字塔水平的每个网格中提取出特征，并把它们连接成一个大特征向量。但由于图像中每个局部区域反映的信息量不同，由此提出加权空间金字塔方法，即给每层每网格分配一个权重，按权重把每层每网格特征加权串联在一起。

图 6-7 中左边图像是原始方法，右边是加权方法。其中 f_{k1} 表示第 l 层第 k 网格的特征向量，特征用 d 维向量表示，$c(1)$ 表示 l 层金字塔的网格数。原始方法中，一幅图像的空间金字塔特征向量表示为 f_s，如下：

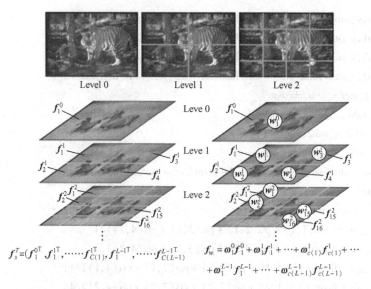

图 6-7　加权空间金字塔方法

$$f_s^{\mathrm{T}} = (f_1^{0\mathrm{T}}, f_1^{1\mathrm{T}}, \cdots\cdots f_{C(1)}^{1\mathrm{T}}, f_1^{L-1\mathrm{T}}, \cdots\cdots f_{C(L-1)}^{L-1\mathrm{T}}$$

$$f_s \in \mathbf{R}^d, d_k = d\sum_{i=0}^{L-1} c(l) \tag{6-10}$$

加权方法表示为 f_w，其计算公式如下：

$$f_w = \omega_1^0 f_1^0 + \omega_1^1 f_1^1 + \cdots + \omega_{c(1)}^1 f_{c(1)}^1 + \cdots$$
$$+ \omega_1^{L-1} f_1^{L-1} + \cdots + \omega_{c(L-1)}^{L-1} f_{c(L-1)}^{L-1} \tag{6-11}$$

$$\omega = (\omega_1^0, \omega_1^1, \cdots \omega_{C(1)}^1, \cdots \omega_1^{L-1}, \cdots \omega_{c(L-1)}^{L-1}) \tag{6-12}$$

$$F = (f_1^0 f_1^1 \cdots f_{c(1)}^1, \cdots f_1^{L-1}, \cdots f_{C(L-1)}^{L-1} \tag{6-13}$$

因此可表示为：

$$f_w = F\omega, \omega \in \mathbf{R}^{d_W}, d_W = \sum_{i=0}^{L-1} c(l) \tag{6-14}$$

为了能更好地表示一幅图像，需要一组权重 ω，来更好地反映所有金字塔层所有网格的权重，$W = \{\omega_1 \in R^{d_W}\}_1^{N_W}$，所以一幅图像的最终加权金字塔表示方法为：

$$f_W^{(N_W)} = ((F_{\omega 1})^{\mathrm{T}}, \cdots, (F_{\omega N_W})^{\mathrm{T}})^{\mathrm{T}}, f_W^{N_W} \in \mathbf{R}^{N_W d} \tag{6-15}$$

6.4.2　空间金字塔匹配的基本原理

图像金字塔空间匹配是一种减少匹配搜索时间的有效方法，它采用金字塔式的数据结构，通过从粗糙图像（即低分辨率图像）开始模板匹配，找到粗匹配点，逐步找到原始图像（即最高分辨率图像）的精确匹配点。这是一种由粗到细的匹配方法，其实现步骤如下。

1）对待匹配的两幅原图像中 2×2 领域内的像点灰度值取平均，得到分辨率低一级的图像。

2）对低一级图像中 2×2 领域内的像点灰度值再取平均，得到分辨率更低一级的图像。依次处理，可以得到一组呈金字塔式的图像，假设有 $L+1$ 级，即，其中 $k = 0$ 即原图像。

3）从待匹配的两幅图的某一低分辨率级开始进行匹配搜索，由于这两幅图不但像点数目少，高频信息也平滑掉一部分，因此粗匹配结果可能出现不止一个匹配位置，但由于图中点数少，匹配搜索的过程很快。

4）对高一级分辨率的图像进行匹配搜索，但搜索空间只限于一个或几个粗匹配点附近，所以计算量并不大。依次类推，直到 $k=0$ 的那一级（即原图像）找到两图的匹配点为止。上述算法的加快程度可从总搜索位置数的减少可以看出：第一次（最低分辨率一级）是全部搜索，搜索位置数为 $(N/2^L - M/2 + 1)^2$，第二次到最高分辨率一级都只在粗匹配点附近搜索，所以本法总的搜索位置数约为普通不分级搜索的 $1/4^L$。若 $L=3$，就只有普通搜索位置的 1/64，扣除预处理多出来的时间，计算总时间仍减少了许多。

6.4.3　空间金字塔匹配算法实现

空间金字塔匹配（Spatial Pyramid Matching, SPM），是一种利用空间金字塔进行图像匹配、识别、分类的算法。SPM 是 BOF（Bag Of Features）的改进，因为 BOF 是在整张图像中计算特征点的分布特征，进而生成全局直方图，所以会丢失图像的局部细节信息，无法对图像进行精确识别。SPM 算法，它是在不同分辨率上统计图像特征点分布，从而获取图像的局部信息。

如图 6-8 所示，将 level(i) 的图像划分为 4^i 个 cell（bins），然后在每一个 cell 上统计直方图特征，最后将所有 level 的直方图特征连接起来组成一个向量，作为图形的特征。

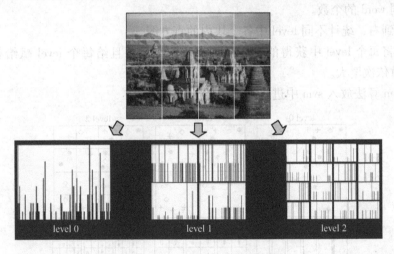

图 6-8　level 的图像划分示意图

金字塔匹配：

1）假设存在两个特征集合 X、Y，其中每个特征 X 的维度为 d，将特征空间划分为不同的尺度 $0, \cdots, L$，在尺度 L 下把特征空间的每一维度划出 2^l 个 bins，那么 d 维的特征空间就能划出 $D=2^{dl}$ 个 bins。

2）在 level(i) 中，如果点 x、y 落入同一 bin 中就称 x、y 点匹配，每个 bin 中匹配的点的个数为 $Min(X_i, Y_i)$，其中 X_i, Y_i 代表相应 level 下的第 i 个 bin。

3）H^l_X 和 H^l_Y 表示 X、Y 在 level L 下的直方图特征，$H^l_X(i)$ 和 $H^l_Y(i)$ 表示 level L 中 X、Y 落入第 i 个 bin 的特征点的个数，那么在 level L 下匹配的点的总数为：

$$L(H_X^l, H_Y^l) = \sum_{i=1}^{D} \min(H_X^l(i), H_Y^l(i)) \tag{6-16}$$

通常，我们把 $L(H_X^l, H_Y^l)$ 简写为 L^l。

4）统计各个尺度下匹配的总数 L^l（等于直方图相交）。由于细粒度的 bin 被大粒度的 bin 所包含，为了不重复计算，每个尺度的有效匹配定义为匹配的增量 $L^l - L^{l+1}$。

5）不同的尺度下的匹配应赋予不同权重，显然大尺度的权重小，而小尺度的权重大，因此定义权重为 $\frac{1}{2^{L-l}}$。

6）两个点集 X、Y 金字塔匹配核的匹配度为：

$$\kappa^L(X, Y) = \Gamma^L + \sum_{l=0}^{L-1} \frac{1}{2^{L-l}}(\Gamma^l - \Gamma^{l+1})$$

$$= \frac{1}{2^L}\Gamma^0 + \sum_{l=1}^{L} \frac{1}{2^{L-l+1}}\Gamma^l \tag{6-17}$$

如图 6-9 所示，有三个特征类型，由圆、方框、加号表示。在最顶层，我们把图像分为三个不同等级的分辨率。然后，每个等级的分辨率和每个通道，我们计算每个空间的特征点，最后权衡每一个空间直方图。图 6-9a 中的黑圆点、方块、十字星代表一副图像上属于 kmeans 词典中的某个词。

1）将图像划分为固定大小的块，如从左到右：1×1，2×2，4×4，然后统计每个方块中词中的不同 word 的个数。

2）从左到右，统计不同 level 中各个块内的直方图。

3）最后将每个 level 中获得的直方图都串联起来，并且给每个 level 赋给相应的权重，从左到右权重依次增大。

4）将 spm 算法放入 svm 中进行训练和预测。

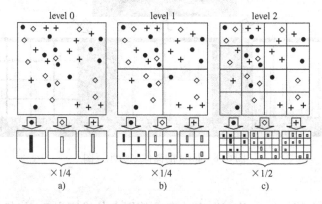

图6-9　建造三层金字塔的模型

a）level(0)　b）level(1)　c）level(2)

通常的实验过程如下。

1）用 SIFT 进行特征检测，patch size $= 16 \times 16$，patch 每次移动的步长 spacing grid $= 8 \times 8$。

2）按照 BOF 相同的方法（即 kmeans）构建包含 M 个 words 的 dictionary。

3）利用图像金字塔把图像划分为多个 scales 的 bins，然后计算落入每个 bins 中属于不同类别的 word 的个数，则图像 X、Y 最终的匹配度为：

$$K^L(X,Y) = \sum_{m=1}^{M} \kappa^L(X_m, Y_m) \tag{6-18}$$

4）把所有 level 下的直方图特征连接起来组成的维度为：

$$M \sum_{l}^{L} 4^l = M \frac{4^{L+1} - 1}{3} \tag{6-19}$$

其特征作为分类的特征向量。

空间金字塔匹配算法 MATLAB 代码如下：

```
% Example of how to use theBuildPyramid function
% setimage_dir and data_dir to your actual directories
image_dir = 'images';
data_dir = 'data';
% for other parameters, seeBuildPyramid
fnames = dir(fullfile(image_dir, '*.jpg'));
num_files = size(fnames, 1);
filenames = cell(num_files, 1);
for f = 1:num_files
    filenames{f} = fnames(f).name;
end
% return pyramid descriptors for all files in filenames
pyramid_all = BuildPyramid(filenames, image_dir, data_dir);
% build a pyramid with a different dictionary size without re-generating the
% sift descriptors.
params.dictionarySize = 400
pyramid_all2 = BuildPyramid(filenames, image_dir, data_dir, params, 1);
% control all the parameters
params.maxImageSize = 1000
params.gridSpacing = 1
params.patchSize = 16
params.dictionarySize = 200
params.numTextonImages = 300
params.pyramidLevels = 2
pyramid_all3 = BuildPyramid(filenames, image_dir, [data_dir '2'], params, 1);
% compute histogram intersection kernel
K = hist_isect(pyramid_all, pyramid_all);
% for faster performance, compile and usehist_isect_c:
% K = hist_isect_c(pyramid_all, pyramid_all);
```

6.5　带旋转与缩放的模板匹配

SIFT 尺度不变特征变换，在检测图像中具有唯一性，对图像平移、旋转、缩放，甚至是仿射变换（如从不同角度拍摄图片）保持不变性的图像局部特征的一种有效方法。可以容易地应用到图像匹配的应用中，如目标检测与识别，或者计算图像间的几何变换，是一种非常热门的图像匹配算法，能对发生旋转、缩放的图像进行匹配。

6.5.1 高斯尺度空间的极值检测

高斯卷积核是实现尺度变换的唯一变换核，并且是唯一的线性核，因此尺度空间理论的主要思想是利用高斯核对原始图像进行尺度变换，获得图像多尺度下的尺度空间表示序列，再对这些序列进行尺度空间特征提取。

一幅二维图像的尺度空间可由高斯函数与原图像卷积得到，定义为：

$$L(x,y,\sigma) = G(x,y,\sigma) * I(x,y) \tag{6-20}$$

其中 $G(x,y,\sigma)$ 是尺度可变高斯函数，

$$G(x,y,\sigma) = (e^{-(x^2+y^2)/2\sigma^2})/(2\pi\sigma^2) \tag{6-21}$$

(x,y) 是空间坐标，符号 $*$ 表示卷积，(x,y) 代表图像的像素位置，σ 是尺度空间因子，值越小表示图像被平滑的越少，相应的尺度也就越小。大尺度对应于图像的概貌特征，小尺度对应于图像的细节特征。L 代表了图像所在的尺度空间，选择合适的尺度平滑因子是建立尺度空间的关键。

高斯尺度空间的极值点检测步骤如下。

（1）建立高斯金字塔

将图像 $I(x,y)$ 与不同尺度因子下的高斯核函数 $G(x,y,\sigma)$ 进行卷积操作构建高斯金字塔。在构建高斯金字塔过程中要注意，第 1 阶第一层是放大两倍的原始图像，其目的是得到更多的特征点；在同一阶中相邻两层的尺度因子比例是 k，则第一阶第二层的尺度因子是 k 然后其他层以此类推即可；第二阶的第一层由第一阶的中间层抽样获得，其尺度因子是 k^2，然后第三阶的第二层的尺度因子是第一层的 k 倍，即 k^3。第三阶的第一层由第二阶的中间层尺度图像进行子抽样获得，其他阶的构成以此类推。

（2）建立差分金字塔（DOG）

为了有效地在尺度空间检测到稳定的特征点，我们采用高斯差值方程同图像卷积得到差分尺度空间并求取极值。高斯差值方程用 $D(x,y,\sigma)$ 表示：

$$D(x,y,\sigma) = (G(x,y,k\sigma) - G(x,y,\sigma)) * I(x,y) = L(x,y,k\sigma) - L(x,y,\sigma) \tag{6-22}$$

每一阶相邻尺度空间的高斯图像相减就得到了高斯差分图像，即 DOG 图像。

（3）求取 DOG 极值

为了寻找尺度空间的极值点，每一个采样点要和它所有的相邻点比较，看其是否比它的图像域和尺度域的相邻点大或者小。如图 6-10 所示，中间的检测点和它同尺度的 8 个相邻点和上下相邻尺度对应的 9×2 个点共 26 个点比较，以确保在尺度空间和二维图像空间都检测到极值点。

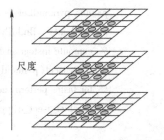

图 6-10 DOG 尺度空间局部极值比较

6.5.2 特征点位置的确定

由于 DOG 对噪声和边缘比较敏感，因此应当将候选特征点中低对比度及位于边缘的点过滤掉，以增强匹配稳定性和抗噪能力。

154

（1）滤去低对比度的特征点

将尺度空间函数按泰勒级数展开：

$$D(X) = D + \frac{\partial D^{\mathrm{T}}}{\partial X}X + \left(X^{T}\frac{\partial^{2}D}{\partial X^{2}}X\right)\Big/2 \tag{6-23}$$

式中：$X = (x, y, \sigma)$，$\dfrac{\partial D^{\mathrm{T}}}{\partial X} = \begin{pmatrix} \dfrac{\partial D}{\partial x} & \dfrac{\partial D}{\partial y} & \dfrac{\partial D}{\partial z} \end{pmatrix}$，$\dfrac{\partial^{2}D}{\partial X^{2}} = \begin{pmatrix} \dfrac{\partial^{2}D}{\partial x^{2}} & \dfrac{\partial^{2}D}{\partial xy} & \dfrac{\partial^{2}D}{\partial \sigma x} \\ \dfrac{\partial^{2}D}{\partial yx} & \dfrac{\partial^{2}D}{\partial y^{2}} & \dfrac{\partial^{2}D}{\partial y\sigma} \\ \dfrac{\partial^{2}D}{\partial x\sigma} & \dfrac{\partial^{2}D}{\partial \sigma y} & \dfrac{\partial^{2}D}{\partial \sigma^{2}} \end{pmatrix}$ （6-24）

求导并令方程等于 0 可得到极值点：

$$\hat{X} = -\frac{\partial^{2}D^{-1}}{\partial X^{2}}\frac{\partial D}{\partial X} \tag{6-25}$$

对应极值点，方程的值为：

$$D(\hat{X}) = D + \left(\frac{\partial D^{\mathrm{T}}}{\partial X}\hat{X}\right)\Big/2 \tag{6-26}$$

$D(\hat{X})$ 的值对于剔除低对比度的不稳定特征点十分有用，通常将 $|D(\hat{X})| < 0.03$ 的极值点视为低对比度的不稳定特征点，进行剔除。同时，在此过程中获取了特征点的精确位置以及尺度。

（2）滤去边缘特征点

DOG 算子会产生较强的边缘响应，需要剔除不稳定的边缘响应点。获取特征点处的 Hessian 矩阵，主曲率通过一个 2×2 的 Hessian 矩阵 H 求出：

$$H = \begin{pmatrix} D_{xx} & D_{xy} \\ D_{xy} & D_{yy} \end{pmatrix} \tag{6-27}$$

H 的特征值 α 和 β 代表 x 和 y 方向的梯度，

$$\begin{aligned} Tr(H) &= D_{xx} + D_{yy} = \alpha + \beta, \\ Det(H) &= D_{xx}D_{yy} - (D_{xy})2 = \alpha\beta \end{aligned} \tag{6-28}$$

$Tr(H)$ 表示矩阵 H 对角线元素之和，$Det(H)$ 表示矩阵 H 的行列式。假设 α 是较大的特征值，而 β 是较小的特征值，令 $\alpha = r\beta$，则

$$(Tr(H^{2}))/(Det(H)) = (\alpha + \beta)^{2}/(\alpha\beta^{2}) = (r\beta + \beta)^{2}/(r\beta^{2}) = (r+1)^{2}/r \tag{6-29}$$

其中：$H = \begin{pmatrix} D_{xx} & D_{xy} \\ D_{xy} & D_{yy} \end{pmatrix}$

导数由采样点相邻差估计得到。

D 的主曲率和 H 的特征值成正比，令 ∂ 为最大特征值，β 为最小的特征值，则公式 $(r+1)2/r$ 的值在两个特征值相等时最小，随着 r 的增大而增大。值越大，说明两个特征值的比值越大，即在某一个方向的梯度值越大，而在另一个方向的梯度值越小，而边缘恰恰就是这种情况。所以为了剔除边缘响应点，需要让该比值小于一定的阈值，因此，为了检测主曲率是否在某域值 r 下，只需检测 $(tr(H))/(Det(H)) < ((\gamma + 1)^{2})/\gamma$，一般取 $\gamma = 10$。

6.5.3 特征点方向的确定

利用特征点邻域像素的梯度方向分布特性为每个特征点指定方向参数，从而使算子具备旋转不变性。(x,y) 处的梯度值和方向分别为：

$$m(x,y) = \sqrt{(L(x+1,y)-L(x-1,y))^2 + (L(x,y+1)-L(x,y-1))^2}$$
$$\theta(x,y) = \arctan((L(x,y+1)-L(x,y-1))/L(x+1,y)-L(x-1,y))) \tag{6-30}$$

其中，尺度 L 为每个关键点各自所在的尺度。在以关键点为中心的邻域窗口内采样，并用直方图统计邻域像素的梯度方向。梯度直方图的范围是 $0° \sim 360°$，其中每 $10°$ 一个方向，总共 36 个方向。

直方图的峰值则代表了该关键点处邻域梯度的主方向，即作为该关键点的方向。在计算方向直方图时，需要用一个参数 σ 等于关键点所在尺度 1.5 倍的高斯权重窗对方向直方图进行加权，图 6-11 中用蓝色的圆形表示，中心处的蓝色较重，表示权值最大，边缘处颜色潜，表示权值小。如图 6-11 所示，该示例中为了简化给出了 8 方向的方向直方图计算结果，实际原文中采用 36 方向的直方图。

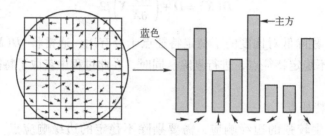

图 6-11 主梯度方向示意图

方向直方图的峰值则代表了该特征点处邻域梯度的方向，以直方图中最大值作为该关键点的主方向。为了增强匹配的鲁棒性，只保留峰值大于主方向峰值 80% 的方向作为该关键点的辅方向。因此，对于同一梯度值的多个峰值的关键点位置，在相同位置和尺度将会有多个关键点被创建但方向不同。仅有 15% 的关键点被赋予多个方向，但可以明显地提高关键点匹配的稳定性。

至此，图像的关键点已检测完毕，每个关键点有三个信息：位置、所处尺度、方向。由此可以确定一个 SIFT 特征区域（在实验章节用椭圆或箭头表示）。

6.5.4 特征点描述子生成

通过以上步骤，对于每一个关键点，拥有三个信息：位置、尺度以及方向。接下来就是为每个关键点建立一个描述符，使其不随各种变化而改变，比如光照变化、视角变化等。并且描述符应该有较高的独特性，以便于提高特征点正确匹配的概率。

首先将坐标轴旋转为关键点的方向，以确保旋转不变性。

接下来以关键点为中心取 8×8 的窗口。图 6-12 左部分的中央黑点为当前关键点的位置。每个小格代表关键点邻域所在尺度空间的一个像素箭头方向代表该像素的梯度方向箭头长度代表梯度模值。

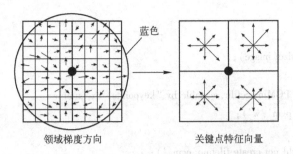

领域梯度方向   关键点特征向量

图 6-12 由关键点邻域梯度信息生成特征向量

图 6-12 中蓝色的圈代表高斯加权的范围（越靠近关键点的像素梯度方向信息贡献越大）。然后在每 4×4 的小块上计算 8 个方向的梯度方向直方图，绘制每个梯度方向的累加值，即可形成一个种子点，如图 6-12 右部分所示。此图中一个关键点由 2×2 共 4 个种子点组成，每个种子点有 8 个方向向量信息。这种邻域方向性信息联合的思想增强了算法抗噪声的能力，同时对于含有定位误差的特征匹配也提供了较好的容错性。

实际计算过程中，为了增强匹配的稳健性，Lowe 建议对每个关键点使用 4×4 共 16 个种子点来描述，这样对于一个关键点就可以产生 128 个数据，即最终形成 128 维的 SIFT 特征向量。此时 SIFT 特征向量已经去除了尺度变化、旋转等几何变形因素的影响，再继续将特征向量的长度归一化，则可以进一步去除光照变化的影响。

6.5.5 SIFT 特征向量的匹配

1. 基于特征描述子夹角的初始匹配

当两幅图像的 SIFT 特征向量生成后，下一步我们采用关键点特征向量的欧式距离来作为两幅图像中关键点的相似性判定度量。取图像 1 中的某个关键点，并找出其与图像 2 中欧式距离最近的前两个关键点，在这两个关键点中，如果最近的距离除以次近的距离少于某个比例阈值，则接受这一对匹配点。降低这个比例阈值，SIFT 匹配点数目会减少，但更加稳定。

设特征描述子为 N 维，则两个特征点的特征描述子 d_i 和 d_j 之间的欧式距离如式（6-31）所示：

$$d(i,j) = \sqrt{\sum_{m=1}^{N} (d_i(m) - d_j(m))^2} \qquad (6-31)$$

SIFT 初始匹配算法 MATLAB 代码如下：

```
function [image,descriptors,locs] = sift(imageFile)

% Load image
image = imread(imageFile);

% If you have the Image Processing Toolbox,you can uncomment the following
%     lines to allow input of color images,which will be converted to grayscale.
% ifisrgb(image)
%     image = rgb2gray(image);
```

```
%  end

[ rows , cols ] = size( image ) ;

%  Convert into PGMimagefile , readable by "keypoints" executable
f = fopen( 'tmp. pgm' , 'w' ) ;
if f == - 1
    error( 'Could not create filetmp. pgm. ' ) ;
end
fprintf( f , 'P5 \n% d \n% d \n255 \n' , cols , rows ) ;
fwrite( f , image' , 'uint8' ) ;
fclose( f ) ;

%  Callkeypoints executable
ifisunix
    command = '! . /sift' ;
else
    command = '! siftWin32' ;
end
command = [ command' < tmp. pgm  > tmp. key' ] ;
eval( command ) ;

%  Opentmp. key and check its header
g = fopen( 'tmp. key' , 'r' ) ;
if g == - 1
    error( 'Could not open filetmp. key. ' ) ;
end
[ header , count ] = fscanf( g , '% d % d' , [ 1 2 ] ) ;
if count  ~ = 2
    error( 'Invalidkeypoint file beginning. ' ) ;
end
num = header( 1 ) ;
len = header( 2 ) ;
iflen  ~ = 128
    error( 'Keypoint descriptor length invalid ( should be 128 ). ' ) ;
end

%  Creates the two output matrices ( use known size for efficiency )
locs = double( zeros( num , 4 ) ) ;
descriptors = double( zeros( num , 128 ) ) ;

%  Parsetmp. key
for i = 1 : num
```

158

```
[vector,count] = fscanf(g,'%f %f %f %f',[1 4]); % row col scale ori
if count ~ = 4
    error('Invalidkeypoint file format');
end
locs(i, :) = vector(1, :);

[descrip,count] = fscanf(g,'% d',[1 len]);
if (count ~ = 128)
    error('Invalidkeypoint file value. ');
end
% Normalize each input vector to unit length
descrip = descrip / sqrt(sum(descrip. ^2));
descriptors(i, :) = descrip(1, :);
end
fclose(g);
```

匹配结果如图 6-13 所示，以数条细蓝色直线连接对应匹配点。

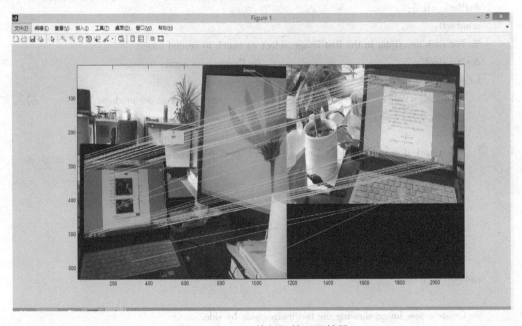

图 6-13 SIFT 特征初始匹配结果

2. RANSAC 剔除无匹配点

RANSAC 是一种经典的去外点方法，可以利用特征点集的内在约束关系去除错误的匹配。其思想如下：首先选择两个点，这两个点就确定了一条直线，将这条直线的一定距离范围内的点称为这条直线的支撑，选择重复次数，然后具有最大支撑集的直线被确定为是此样本点集合的拟合，在拟合的距离范围内的点被称为内点，反之为外点。具体计算步骤如下。

1）重复 N 次随机采样。

2）随机选取不在同一直线上的 4 对匹配点，线性的计算变换矩阵 $\boldsymbol{H}$。

3）计算每个匹配点经过矩阵变换后到对应匹配点的距离。

4）设定一距离阈值 D 通过与阈值的比较，确定有多少匹配点与阈值一致，把满足 abs $(d) < D$ 的点作为内点，并在此内点集合中重新估计 H。

RANSAC 算法剔除误匹配相关 MATLAB 代码：

```
functionnum = immatch(image1,image2)
% Find SIFTkeypoints for each image
[im1,des1,loc1] = sift(image1);
[im2,des2,loc2] = sift(image2);

% For efficiency in Matlab,it is cheaper to compute dot products between
%    unit vectors rather than Euclidean distances.    Note that the ratio of
%    angles (acos of dot products of unit vectors) is a close approximation
%    to the ratio of Euclidean distances for small angles.
%
% distRatio:Only keep matches in which the ratio of vector angles from the
%    nearest to second nearest neighbor is less than distRatio.
distRatio = 0.6;
count = 0;
% For each descriptor in the first image,select its match to second image.
des2t = des2';                        % Precompute matrix transpose
for i = 1 :size(des1,1)
    dotprods = des1(i,:) * des2t;        % Computes vector of dot products
    [vals,indx] = sort(acos(dotprods));  % Take inverse cosine and sort results

    % Check if nearest neighbor has angle less than distRatio times 2nd.
    if (vals(1) < distRatio * vals(2))
        match(i) = indx(1);
        count = count + 1;
    else
        match(i) = 0;
    end
end

% Create a new image showing the two images side by side.
im3 = appendimages(im1,im2);

% Show a figure with lines joining the accepted matches.
figure('Position',[100 100 size(im3,2) size(im3,1)]);
colormap('gray');
imagesc(im3);
hold on;
cols1 = size(im1,2);
m1 = zeros(count,2);
m2 = zeros(count,2);
```

```matlab
            j = 1;
            for i = 1:size(des1,1)
                if (match(i) > 0)
                    m1(j,1) = loc1(i,1);
                    m1(j,2) = loc1(i,2);
                    m2(j,1) = loc2(match(i),1);
                    m2(j,2) = loc2(match(i),2) + cols1;
                    j = j + 1;
                    line([loc1(i,2) loc2(match(i),2) + cols1],...
                        [loc1(i,1) loc2(match(i),1)],'Color','c');
                end
            end
            hold off;
            num = sum(match > 0);
            fprintf('Found %d matches. \n',num);
            [corners1 corners2] = Ransac(m1,m2,5,10);
            k = size(corners1,1);
            figure('Position',[100 100 size(im3,2) size(im3,1)]);
            colormap('gray');
            imagesc(im3);
            hold on;
            for i = 1:k
                line([corners1(i,2) corners2(i,2)],...
                    [corners1(i,1) corners2(i,1)],'Color','b');
            end
            end
```

去除无匹配结果如图 6-14 所示，以数条细黄色直线连接对应匹配点。

图 6-14　RANSAC 剔除误匹配点后的匹配结果

【课后习题】

1. 什么是模板匹配，并叙述其实现过程。
2. 基于灰度相关的匹配算法有几种，并叙述其原理。
3. 叙述灰度亚像素精度匹配的概念及其实现的过程。
4. 叙述空间金字塔匹配的原理，并列举其实现算法。
5. 叙述 SIFT 算法的实现原理。

第7章 图像智能识别方法

7.1 聚类识别

7.1.1 聚类算法主要思想

与分类不同,聚类分析是在没有给定划分类别的情况下,根据数据相似度进行样本分组的一种方法。与分类模型需要使用有类标记样本构成的训练数据不同,聚类模型可以建立在无类标记的数据上,是一种非监督的学习算法。聚类的输入是一组未被标记的样本,聚类根据数据自身的距离或相似度将它们划分为若干组,划分的原则是组内样本距离最小化而组间(外部)距离最大化,如图7-1所示。常用的聚类方法见表7-1。

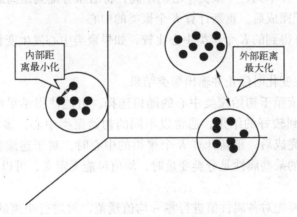

图7-1 聚类分析示意图

表7-1 常用的聚类方法

类 型	包括的主要算法
划分(分裂)方法	K‑Means(K‑均值)算法、K‑Mmedoids(K‑中心点)算法、CLARANS 算法(基于随机搜索的算法)
层次分析方法	BIRCH 算法(平衡迭代规约和聚类)、CURE 算法(代表聚类)、CHAMELEON 算法(动态模型)
基于密度的方法	DBSCAN 算法(基于高度连接区域)、DENCLUE 算法(密度分布函数)、OPTICS 算法(对象排序识别)
基于网格的方法	STING 算法(统计信息网络)、CLOUE 算法(聚类高维空间)、WAVE‑CLUSTER 算法(小波变换)
基于模型的方法	统计学方法、神经网络方法

常用的聚类算法见表7-2。

表 7-2 常用的聚类分析算法

算法名称	算法描述
K-Means	K-Means 聚类也叫快速聚类法,在最小误差函数的基础上将数据划分为预定的类数 K。该算法原理简单并便于处理大量的数据
K-中心点	K-中心点算法对于孤立点有敏感性,K-中心点算法不采用簇中的对象的平均值作为簇中心,而选用簇中离心平均值最近的对象作为簇中心
系统聚类	系统聚类也叫多层次聚类,分类的单位由高到低呈树形结构,且所处的位置越低,其所包含的对象就越少,但这些对象间的共同特征越多。该聚类方法只适合在数据量小的时候使用,数据量大的时候处理速度会非常慢

7.1.2 K-Means 聚类算法理论基础

K-Means 聚类算法是典型的基于距离的非层次聚类算法,在最小化误差函数的基础上将数据划分为预定的类数 K,采用距离作为相似性的评价指标,即认为两个对象的距离越近,其相似度越大。

1. 算法过程

1)从 N 个样本数据中随机选取 K 个对象作为初始的聚类中心。

2)分别计算每个样本到各个聚类中心的距离,将对象分配到距离最近的聚类中。

3)所有对象分配完成后,重新计算 K 个聚类的中心。

4)与前一个计算得到的 K 个聚类中心比较,如果聚类中心发生变化,转步骤2),否则转步骤4)。

5)当质心不发生变化时停止并输出聚类结果。

聚类的结果可能依赖于初始聚类中心的随机选择,可能使得结果严重偏离全局最优分类,在实践中为了得到较好的结果,通常以不同的初始聚类中心,多次运行 K-Means 算法。在所有对象分配完成后,重新计算 K 个聚类的中心时,对于连续数据聚类中心取该簇的均值,但是当样本的某些属性是分类变量时,均值可能无定义,可以使用 K-众数方法。

2. 相似性的度量

对于连续属性,要先对各属性值进行零-均值规范,再进行距离的计算。K-Means 聚类算法中,一般需要度量样本之间的距离、样本与簇之间的距离以及簇与簇之间的距离。

度量样本之间的相似性最常用的是欧几里得距离、曼哈顿距离和闵可夫斯基距离;样本与簇之间的距离可以用样本到簇中心的距离 $d(e_i, X)$;簇与簇之间的距离可以用簇中心的距离 $d(e_i, e_j)$。

用 p 个属性来表示 n 个样本的数据矩阵如下:

$$\begin{pmatrix} X_{11} & \cdots & X_{1p} \\ \vdots & \ddots & \vdots \\ X_{n'} & \cdots & X_{np} \end{pmatrix}$$

欧几里得距离的计算公式为:

$$d(i,j) = \sqrt{(x_{i1} - x_{j1})^2 + (x_{i2} - x_{j2})^2 + \ldots + (x_{ip} - x_{jp})^2} \tag{7-1}$$

曼哈顿距离的计算公式为:

$$d(i,j) = |x_{i1} - x_{j1}| + |x_{i2} - x_{j2}| + \cdots + |x_{ip} - x_{jp}| \tag{7-2}$$

闵可夫斯基距离的计算公式为：

$$d(i,j) = \sqrt[q]{(\,|\,x_{i1} - x_{j1}\,|\,)^q + (\,|\,x_{i2} - x_{j2}\,|\,)^q + \cdots + (\,|\,x_{ip} - x_{jp}\,|\,)^q}\tag{7-3}$$

q 为正整，$q = 1$ 时曼哈顿距离；$q = 2$ 时即为欧几里得距离。

3. 目标函数

使用误差平方和（Sum of the Squared Errors，SSE）作为度量聚类质量的目标函数，对于两种不同的聚类结果，可选择误差平方和较小的分类结果。

连续属性的误差平方和（SSE）计算公式为：

$$\text{SSE} = \sum_{i=1}^{K} \sum_{x \in E_i} \text{dist}\,(e_i, x)^2\tag{7-4}$$

式中，dist 为欧式距离加权函数。

文档数据的误差平方和（SSE）计算公式为：

$$\text{SSE} = \sum_{i=1}^{K} \sum_{x \in E_i} \cos\,(e_i, x)^2\tag{7-5}$$

簇 E_i 的聚类中心 e_i 的计算公式为：

$$e_i = \frac{1}{e_i} \sum_{x \in E_i} x\tag{7-6}$$

式（7-4）~ 式（7-6）中，K 表示聚类簇的个数，E_i 是第 i 个簇，X 是对象（样本），e_i 是簇 E_i 的聚类中心。

4. 聚类分析算法评价

聚类分析仅根据样本数据本身将样本分组。其目标是，组内的对象相互之间是相似的（相关的），而不同组中的对象是不同的（不相关的）。组内的相似性越大，组间差别越大，聚类效果就越好。

（1）purity 评价法

purity 方法是极为简单的一种聚类评价方法，只需要计算正确聚类数占总数的比例，purity 评价公式如下：

$$\text{purity}(X, Y) = \frac{1}{n} \sum_k \max\,|\,x_k \cap y_i\,|\tag{7-7}$$

其中，$x = (x_1, x_2, \cdots, x_k)$ 是聚类的集合。x_k 表示第 k 个聚类的集合；$y = (y_1, y_2, \cdots, y_k)$ 表示需要被聚类的集合，y_i 表示第 i 个聚类对象；n 表示被聚类集合对象的总数。

（2）RI 评价法

实际上这是一种用排列组合原理来对聚类进行评价的手段，RI 评价公式如下：

$$\text{RI} = \frac{R + W}{R + M + D + W}\tag{7-8}$$

其中，R 是指被聚类在一类的两个对象被正确分类了；W 是指不应该被聚类在一类的两个对象被正确分开了；M 是指不应该放在一类的对象被错误地放在了一类；D 是指不应该分开的对象被错误地分开了。

（3）F 值评价法

这是基于上述 RI 评价法衍生出的一种方法，F 值评价公式如下：

$$F_a = \frac{(1 + a^2)pr}{a^2 p + r}\tag{7-9}$$

其中，$p = \dfrac{R}{R+M}$；$r = \dfrac{R}{R+D}$。

实际上 RI 评价法就是把准确率 p 和召回率 r 看得同等重要，事实上有时候我们可能需要某一特性更多一点儿，这时候就适合使用 F 值评价法。

7.1.3 聚类算法的 MATLAB 实现

在 MATLAB 中实现的聚类主要包括 K – Means 聚类、层次聚类、FCM 以及神经网络聚类，其主要的相关函数见表 7-3。

表 7-3　聚类主要函数列表

函 数 名	函 数 功 能	所属工具箱
linkage( )	创建一个层次聚类树	统计工具箱
cluster( )	根据层次聚类树进行聚类或根据高斯混合分布构建聚类	统计工具箱
kmeans( )	K – Means 聚类	统计工具箱
evalclusters( )	用于评价聚类结果	统计工具箱
fem( )	模糊聚类	模糊逻辑工具箱
selformgmap( )	用于聚类的自组织神经网络	神经网络工具箱

1. linkage( )

功能：创建一个层次聚类树，和 Cluster 配合使用

使用格式：$Z = linkage(x, method, metric)$，根据输入数据 x 以及给定的 method、metric（输入数据 x 的每个样本，即每行之间的距离的算法）参数构建层次聚类树。

2. cluster( )

功能：创建一个层次聚类或者高斯混合分布聚类模型

使用格式：$T = cluster(Z, 'maxclust', n)$ 或 $T = cluster(Z, 'cutoff', c)$，其中 Z 为使用 linkage 函数构建的层次聚类树，是一个 $(m-1) \times 3$ 维的矩阵，其中 m 是观察的样本数，当参数为 'maxclust' 时，n 为聚类的类别，当参数为 'cutoff' 时，c 表示剪枝的阈值

3. kmeans( )

功能：创建一个 k 均值聚类模型

使用格式：$[IDX, C, sumd, D] = kmeans(x, k, param1, val1, param2, val2, \cdots)$，根据给定的输入数据 x，聚类数 k 以及各种其他附加参数进行聚类，其中返回值中的 IDX 为每个样本数据的类别；C 为返回的 k 个类别的中心向量；$k \times p$ 维矩阵中，p 为样本的维度；sumd 为返回每个类别样本到中心向量的距离和，$1 \times k$ 维向量；D 为返回每个样本到中心的距离，$n \times k$ 维矩阵。

使用 K – Means 函数构建一个聚类模型，并使用图表示聚类记录以及聚类中心，MATLAB 程序代码如下：

% 构建聚类输入数据

```
rng('default') % For reproducibility
X = [randn(100,2) + ones(100,2);
    randn(100,2) - ones(100,2)];
```

```
% 构建聚类模型——设置参数
opts = statset('Display','final');
[idx,ctrs] = kmeans(X,2,'Distance','city','Replicates',5,'Options',opts);
% 画图表示样本及聚类中心
plot(X(idx==1,1),X(idx==1,2),'r.','MarkerSize',12);
hold on;
plot(X(idx==2,1),X(idx==2,2),'b.','MarkerSize',12);
plot(ctrs(:,1),ctrs(:,2),'kx','MarkerSize',12,'LineWidth',2);
plot(ctrs(:,1),ctrs(:,2),'ko','MarkerSize',12,'LineWidth',2);
legend('Cluster 1','Cluster  2','Centroids','Location','NW')
hold off;
```

运行结果如图 7-2 所示。

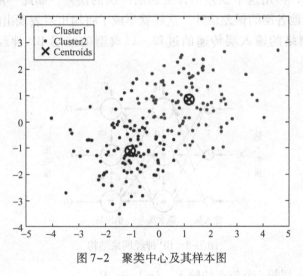

图 7-2　聚类中心及其样本图

7.2　神经网络识别

7.2.1　人工神经网络的主要思想

神经网络是由许多相互连接的处理单元组成。这些处理单元通常是线性排列成组,称为层。每一个处理单元有许多输入量,而对每一个输入量都相应有一个相关联的权重。处理单元将输入量经过加权求和,并通过传递函数的作用得到输出量,再传给下一层的神经元。

人工神经网络(Artificial Neural Networks,ANN)由神经元模型构成,这种由许多神经元组成的信息处理网络具有并行分布结构。每个神经元具有单一输出,并且能够与其他神经元连接,存在许多(多重)输出连接方法,每种连接方法对应一个连接权系数。严格地说,人工神经网络是一种具有下列特性的有向图:

1) 对于每个节点存在一个状态变量 x_i;

2) 从节点 i 至节点 j,存在一个连接权系数 w_{ij};

167

3）对于每个节点，存在一个阈值θ_j；

4）对于每个节点，定义一个变换函数$f_j(x_i, w_{ij}, \theta_j)$，$i \neq j$，对于最一般的情况，此函数取$f_j\left(\sum_i w_{ji}x_i - \theta_j\right)$形式。

人工神经网络的学习也称为训练，指的是神经网络在受到外部环境的刺激时调整神经网络的参数，使神经网络以一种新的方式对外部环境做出反应的一个过程。在分类与预测中，人工神经网络主要使用有指导的学习方式，即根据给定的训练样本，调整人工神经网络的参数，以使网络输出接近于已知的样本类标记或其他形式的因变量。

7.2.2 BP 神经网络算法的理论基础

基本反向传播（Back Propagation，BP）算法的特征是利用输出后的误差来估计输出层的直接前导层的误差，再用这个误差估计更新前一层的误差，如此一层一层地反向传播下去，就获得了所有其他各层的误差估计。这样就形成了将输出层表现出的误差沿着与输入层相反的方向逐级向网络的输入层传递的过程。以典型的三层 BP 神经网络为例，结构如图 7-2 所示。

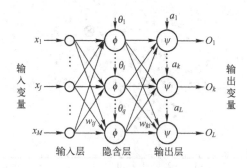

图 7-3 BP 神经网络结构

图中：x_j表示输入层第 j 个节点的输入，$j = 1, \cdots, M$；

w_{ij}表示隐含层第 i 个节点到输入层第 j 个节点之间的权值；

θ_i表示隐含层第 i 个节点的阈值；

$\phi(x)$表示隐含层的激励函数；

w_{ki}表示输出层第 k 个节点到隐含层第 i 个节点之间的权值，$i = 1, \cdots, q$；

a_k表示输出层第 k 个节点的阈值，$k = 1, \cdots, L$；

$\Psi(x)$表示输出层的激励函数；

O_k表示输出层第 k 个节点的输出。

BP 算法的学习过程由信号的前向传播和误差的反向传播两个过程组成。即计算实际输出时按从输入到输出的方向进行，而权值和阈值的修正从输出到输入的方向进行。这两个过程周而复始的进行，权值不断修改的过程，就是网络学习的过程。此过程一直进行到网络输出的误差逐渐减小到可接受的程度或达到设定的学习次数为止。

BP 算法只能用到均方误差函数对权值和阈值的一阶导数（梯度）的信息，使得该算法存在收敛速度慢、易陷入局部极小等缺陷，在应用中可根据实际情况选择合适的人工神经网络算法与结构，如 LM 神经网络、RBF 径向基神经网络等。

7.2.3 神经网络学习算法的 MATLAB 实现

MATLAB 中 BP 神经网络的重要函数和基本功能见表 7-4。

表 7-4 神经网络学习算法主要函数

函 数 名	功 能
newff( )	生成一个前馈 BP 网络
tansig( )	双曲正切 S 型（Tan – Sigmoid）传输函数
logsig( )	对数 S 型（Log – Sigmoid）传输函数
traingd( )	梯度下降 BP 训练函数

1. newff( )

功能：建立一个前向 BP 网络

格式：net = newff(PR, [S1 S2... SN1], { TF1 TF2... TFN1 }, BTF, BLF, PF)

说明：net 为创建的新 BP 神经网络；PR 为网络输入取向量取值范围的矩阵；[S1 S2…SNl] 表示网络隐含层和输出层神经元的个数；{ TFl TF2…TFN1 } 表示网络隐含层和输出层的传输函数，默认为 tansig；BTF 表示网络的训练函数，默认为 trainlm；BLF 表示网络的权值学习函数，默认为 learngdm；PF 表示性能数，默认为 mse。

2. tansig( )

功能：正切 Sigmoid 激活函数

格式：a = tansig(n)

说明：双曲正切 Sigmoid 函数把神经元的输入范围从（ – ∞，+ ∞ ）映射到（ – 1，1）。它是可导函数，适用于 BP 训练的神经元。

3. logsig( )

功能：对数 Sigmoid 激活函数

格式：a = logsig(N)

说明：对数 Sigmoid 函数把神经元的输入范围从（ – ∞，+ ∞ ）映射到（0，1）。它是可导函数，适用于 BP 训练的神经元。

4. traingd( )

功能：是一种网络训练功能，可根据梯度下降更新权重和偏差值。

格式：[net, tr] = train(net, ⋯)

说明：将 net. trainFcn 设置为"traingd"。这将 net. trainParam 设置为 traingd 的默认参数。将 net. trainParam 属性设置为所需的值。在任一情况下，所产生的网络的呼叫训练使用 traingd 来训练网络。

利用数字图像处理技术和神经网络，可实现基于水色图像的颜色一阶矩、二阶矩和三阶矩的水质自动评价。MATLAB 程序代码如下：

%% 颜色矩提取代码如下：

```
clear;
% 参数初始化
filename ='···/data/1_1_processed. jpg';          % 图片路径的名称
```

```matlab
outputfile = '…/tmp/moment.xls';                    % 颜色矩提取文件
%% 计算阶矩
results = zeros(1,9+2);
subimage = imread(filename);                         % 读取图像数据
subimage = im2double(subimage);                      % 数据转换
firstmoment = mean(mean(subimage));                  % 一阶矩
for m = 1:3                                           % 针对 RGB 三通道分别计算
    results(1,2+m) = firstmoment(1,1,m);
    differencemoment = subimage(:,:,m) - firstmoment(1,1,m);
    secondmoment = sqrt(sum(differencemoment(:).*differencemoment(:))/101/101);  % 二阶矩
    results(1,5+m) = secondmoment;
    thirdmoment = nthroot(sum(differencemoment(:).
    *differencemoment(:).*differencemoment(:))/101/101,3);              % 三阶矩
    results(1,8+m) = thirdmoment;
end
% 提取类别和序号
index_ = strfind(filename,'/');
index_dot = strfind(filename,'_');
filename = filename(index_(1,end)+1:index_dot(1,end)-1);
index__ = strfind(filename,'_');
type = filename(1:index__-1);
id = filename(index__+1:end);
results(1,1) = str2double(type);
results(1,2) = str2double(id);
%% 各阶矩写入文件
result_title = {'类别''序号''R 通道一阶矩''G 通道一阶矩''B 通道一阶矩''R 通道二阶矩''G 通道二阶
矩''B 通道二阶矩'…
    'R 通道三阶矩''G 通道三阶矩''B 通道三阶矩'};
result = [result_title;num2cell(results)];
xlswrite(outputfile,result);
disp('图像阶矩文件生成');


%% 把数据分为两部分:训练数据、测试数据
% 参数初始化
datafile = '…/data/moment.xls';                      % 数据文件
trainfile = '…/tmp/train_moment.xls';                % 训练数据文件
testfile = '。…/tmp/test_moment.xls';                 % 测试数据文件
proportion = 0.8;   % 设置训练数据比例
%% 数据分割
[num,txt] = xlsread(datafile);
% split2train_test 为自定义函数,把 num 变量数据(按行分布)分为两部分
% 其中训练数据集占比 proportion
[train,test] = split2train_test(num,proportion);
```

```
%%数据存储
xlswrite(trainfile,[txt;num2cell(train)]);          % 写入训练数据
xlswrite(testfile,[txt;num2cell(test)]);            % 写入测试数据
disp('数据分割完成!');

%%读取数据并转化
[data,txt] = xlsread(trainfile);
input = data(:,3:end);
targetoutput = data(:,1);
%输入数据变换
input = input';
targetoutput = targetoutput';
targetoutput = full(ind2vec(targetoutput));
%%新建 LM 神经网络,并设置参数
net = patternnet(10,'trainlm');
net. trainParam. epochs = 1000;
net. trainParam. show = 25;
net. trainParam. showCommandLine = 0;
net. trainParam. showWindow = 0;
net. trainParam. goal = 0;
net. trainParam. time = inf;
net. trainParam. min_grad = 1e - 6;
net. trainParam. max_fail = 5;
net. performFcn = 'mse';
%训练神经网络模型
net = train(net,input,targetoutput);
%%使用训练好的神经网络测试原始数据
output = sim(net,input);
%%画混淆矩阵图
plotconfusion(targetoutput,output);
%%将数据写入文件
save(netfile,'net'); %保存神经网络模型
output = vec2ind(output);
output = output';
xlswrite(trainoutputfile,[txt,'模型输出';num2cell([data,output])]);
disp('LM 神经网络模型构建完成!');
```

7.3 支持向量机识别

7.3.1 支持向量机的分类思想

传统模式识别技术只考虑分类器对训练样本的拟合情况,以最小化训练集上的分类错误

为目标，通过为训练过程提供充足的训练样本来试图提高分类器在未测试过的测试集上的识别率。然而，对于少量的训练样本集合来说，不能保证一个合格的分类器也能够很好地分类测试样本。在缺乏代表性的小训练集情况下，一味地降低训练集上的分类错误就会导致过度拟合。

支持向量机（Support Vector Machine，SVM）以结构化风险最小化为原则，即兼顾训练误差（经验风险）与测试误差（期望风险）的最小化，具体体现在分类模型的选择和模型参数的选择上。

1. 分类模型的选择

要分类图 7-4a 所示的两类样本，可以看到图中的曲线可以将图中的训练样本全部分类正确，而直线则会错分两个训练样本；然而，对于图 7-4b 中的大量测试样本，简单的直线模型却取得了更好的识别结果。应该选择什么样的分类模型呢？

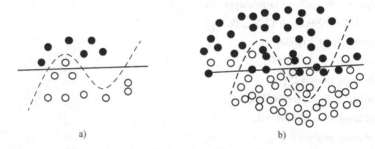

图 7-4　分类模型的选择

a）少量训练样本上的两种分类模型　b）大量测试样本上的两种分类模型

图中复杂的曲线模型过度拟合了训练样本，因而在分类测试样本时效果并不理想。通过控制分类模型的复杂性可以防止过度拟合，因而 SVM 更偏爱解释数据的简单模型——二维空间中的直线、三维空间中的平面和更高维空间中的超平面。

2. 模型参数的选择

如图 7-5 所示为二维空间中的两类样本，可以采用图 7-5a 中的任意直线将它们分开。哪条直线是最优的选择呢？

直观上，距离训练样本太近的分类线将对噪声比较敏感，且对训练样本之外的数据不太可能归纳得很好；而远离所有训练样本的分类线将可能具有较好的归纳能力。图 7-5b 中，设 H 为分类线，H_1、H_2 分别为过各类中离分类线最近的样本、且平行于分类线的直线，则 H_1 与 H_2 之间的距离叫作分类间隔（又称为余地，Margin）。所谓最优分类线就是要求分类线不但能将两类正确分开（训练错误率为 0），而且使分类间隔最大。分类线的方程为 $wTx + b = 0$，图 7-5 只是在二维情况下的特例——最优分类线，在三维空间中则是具有最大间隔的平面，更为一般的情况是最优分类超平面。实际上，SVM 正是从线性可分情况下的最优分类面发展而来的，其主要思想就是寻找能够成功分开两类样本并且具有最大分类间隔的最优分类超平面。

寻找最优分类面的算法最终将转化成为一个二次型寻优问题，从理论上说，得到的是全局最优点，解决了在神经网络方法中无法避免的局部极值问题。

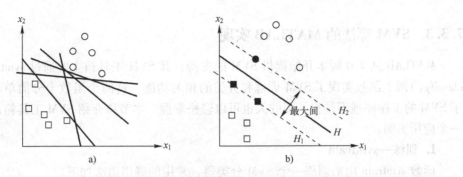

图 7-5 分割超平面

a) 任意分割超平面 b) 最佳分割超平面

7.3.2 SVM 的基本理论

对于二类问题，给定一个训练样本 $(x_i, y_j) \in \mathbf{R}^d \times \{-1, +1\}$，$i = 1, \cdots, n$，其中，$x_i$ 为 d 维空间中的一点，y_i 为类别标识。通过核函数（Mercer Kernel operator）：$K(x, y) = \Phi(x) \cdot \Phi(y)$，将样本数据从原空间 $\mathbf{R}^d$ 映射到高维空间 H 中（记为：$\Phi : \mathbf{R}^d \to \mathbf{H}$），使得这些样本数据在高维特征空间中线性可分。支持向量机在高维空间 H 中建立最大间隔分类超平面：

$$w\Phi(x) + b \tag{7-10}$$

可以证明下式成立：

$$w^* = \sum a_i^* y_i \Phi(x_i) \tag{7-11}$$

其中，α_i 是每个样本所对应的 Lagrange 乘子，可由下式得到

$$\mathrm{Max}Q(a) = \sum_{i=1}^{n} a_i - \frac{1}{2} \sum a_i a_j y_i y_j \Phi(x_i) \Phi(x_j) \tag{7-12}$$

$$\sum_{i=1}^{n} y_i a_i = 0 \ (a_i \geqslant 0, \ i = 1, \cdots, n) \tag{7-13}$$

上式中的内积函数 $(\Phi(x_i), \Phi(x_i))$ 可用 $K(x, x_i)$ 代替。核函数 $K(x, x_i)$ 有很多种，下面介绍几种常用形式：

线性核函数：$K(x, x_i) = (x \cdot x_i)$

多项式核函数：$K(x, x_i) = (v(x \cdot x_i) + r)^q, v > 0$

RBF 核函数（Gaussian 径向基）：$K(x, x_i) = \exp\{-v \parallel x - x_i \parallel^2 / (2\sigma^2)\}, v > 0$

Sigmoid 核函数：$K(x, x_i) = \tanh(v(x \cdot x_i) + c), v > 0$

对于多类问题，可通过组合或者构造多个二类分类器来解决。常用的算法有两种：1）一对多模式（1 - aginst - rest），对于每一类都构造一个分类器，使其与其他类分离，即 c 类问题构造 c 个二类分类器。2）一对一模式（1 - aginst - 1），在 c 类训练样本中构造所有可能的两类分类器，每个分类器分别将某一类从其他任意类中分离出来，在 c 类中的两类训练样本上训练共构造 $c(c-1)/2$ 个二类分类器。测试阶段将测试样本输入每个分类器，采用投票机制来判断样本所属类。若二类分类器判定样本属于第 j 类，则第 j 类的票数加 1，最终样本属于得票最多的那一类。

7.3.3 SVM 算法的 MATLAB 实现

MATLAB 从 7.0 版本开始提供 SVM 的支持，其 SVM 工具箱主要通过 svmtrain( ) 和 svm-classify( ) 两个函数实现了 SVM 训练和分类的相关功能。这两个函数十分简单易用，即使对于 SVM 的工作原理不是很了解的人也可以轻松掌握。本节将介绍 SVM 工具箱的用法并给出一个应用实例。

1. 训练——svmtrain

函数 svmtrain 用来训练一个 SVM 分类器，常用的调用语法如下。

$$SVMstruct = svmtrain(Training, Group)$$

参数说明：

Training 是一个包含训练数据的 m 行 n 列的二维矩阵，每行表示 1 个训练样本（特征向量），m 表示训练样本数目；n 表示样本的维数。Group 是一个代表训练样本标签的一维向量，其元素值只能为 0 或 1，通常 1 表示正例，0 表示反例，Group 的维数必须和 Training 的行数相等，以保证训练样本同其类别标号的一一对应。

返回值：

SVMStruct 是训练所得的代表 SVM 分类器的结构体，包含有关最佳分割超平面的种种信息，如 a、w 和 b 等；此外，该结构体的 Support Vector 域中还包含了支持向量的详细信息，可以使用 SVMStruct. SupportVector 获得它们。而这些都是后续分类所需要的，如在基于 1 对 1 的淘汰策略的多类决策时为了计算出置信度，需要分类间隔值，可以通过 a 计算出 w 的值，从而得到分割超平面的空白间隔大小 $m = \dfrac{2}{\|w\|}$。

除上述的常用调用形式外，还可以通过 <'属性名', 属性值> 形式的可选参数设置一些训练相关的高级选项，从而实现某些自定义功能，说明如下。

（1）设定核函数

svmtrain( ) 函数允许选择非线性映像时核函数的种类或指定自己编写的核函数，方式如下。

$$SVMStruct = svmtrain(\cdots, 'Kernel\_Function', Kernel\_FunctionValue);$$

（2）训练结果的可视化

当训练数据是二维时可利用'ShowPlot'选项来获得训练结果的可视化解释，调用形式如下。

$$svmtrain(\cdots, 'ShowPlot', ShowPlotValue);$$

此时，只需设置 ShowPlotValue 的值为 1（true）即可。

2. 分类——svmclassify

函数 svmclassify( ) 利用训练得到的 SVMStruct 结构对一组样本进行分类，常用调用形式如下。

$$Group = svmclassify(SVMStruct, Sample);$$

参数说明：

SVMStruct 是训练得到的代表 SVM 分类器的结构体，由函数 svmtrain 返回；

Sample 是要进行分类的样本矩阵，每行为 1 个样本特征向量，总行数等于样本数目，总列数是样本特征的维数，它必须和训练该 SVM 时使用的样本特征维数相同。

返回值：

Group 是一个包含 Sample 中所有样本分类结果的列向量，其维数与 Sample 矩阵的行数相同。当分类数据是二维时，可利用'ShowPlot'选项来获得分类结果的可视化解释，调用形式如下。

svmclassify(… ,'Showplot',ShowplotValue)

下面的 MATLAB 实例使用 svmtrain( ) 和 svmclassify( ) 函数解决了一个二维空间中的两类问题。本例使用了 MATLAB 自带的鸢尾属植物数据集来将刚刚学习的 SVM 训练和分类付诸实践，数据集本身共 150 个样本，每个样本为一个四维的特征向量，这四维特征的意义分别为：花瓣长度、花瓣宽度、萼片长度和萼片宽度。150 个样本分别属于 3 类鸢尾植物（每类 50 个样本）。实验中只用了前二维特征，这主要是为了便于训练和分类结果的可视化。为了避开多类问题，将样本是哪一类的 3 类问题变成了样本是不是'setosa'类的两类问题。如图 7-6 所示。

SVM 分类的 MATLAB 程序代码如下：

```
loadfisheriris% 载入 fisheriris 数据集
data = [meas(:,1),meas(:,2)]% 取出所有样本的前两维作为特征
% 转化为是不是'setosa'类的二类问题
groups = ismember(species,'setosa');
% 利用交叉验证随机分割数据集
[train,test] = crossvalind('holdOut',groups);
% 训练一个线性的支持向量机,训练好的分类器保存在 svmStruct
svmStruct = svmtrain(data(train,:),groups(train),'showplot',true);
% 利用包含训练所得分类器信息的 svmStruct 对测试样本进行分类,分类结果保存到 classes
classes = svmclassify(svmStruct,data(test,:),'showplot',true);
% 计算测试样本的识别率
ans = nCorrect
nCorrect = sum(classes == groups(test,:));% 正确分类的样本数目
accuracy = nCorrect/length(classes)% 计算正确率
```

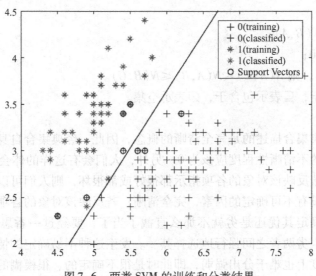

图 7-6　两类 SVM 的训练和分类结果

7.4 模糊识别

7.4.1 模糊图像识别的设计思想

在日常生活中，人们常常通过感官来对图形、文字、语言等做出识别，在气象科学、工程勘察、环境工程、医学、刑侦、军事等方面的工作都有一个共同特点，就是都涉及利用已知的各类型来识别给定对象属于哪一个类型的问题，这就是模式识别问题。模式识别（pattern recognition）是近30年来得到迅速发展的人工智能分支学科。但是，对于什么是"模式"，或者什么是机器（也包括人）能够辨认的模式，迄今尚无确切的定义。这里，只能形象地解释说，人之所以能识别图像、声音、动作，文字字形、面部表情等是因为它们都存在着反映其特征的某种模式。这种解释仍属同义反复，根本没有诠释模式的内涵和外延。连人工智能专家卡纳尔（L. Kanal）也认为："如果一旦出现了对模式的定义并被证实能够推动理论的发展，那将标志着人类智力的一大进步。虽然如此，目前的局面并不影响模式识别在各领域中广泛的应用。"

7.4.2 贴近度与模糊度

1. 贴近度

为了衡量同一论域上模糊集之间的接近程度，人们提出了贴近度的概念。在不同的资料上，贴近度定义有很多种，这些定义可以根据具体的需要进行选择。为使读者能根据实际需要构造新的更合适的贴近度计算公式，下面给出关于贴近度的一个一般概念。

称映射

$$N:F(X) \times F(X) \rightarrow [0,1]$$

为一贴近度，其中 A、B、C 为论域 N 上的模糊子集如果满足：对任意的 $A, B \in F(X)$，有

1）$N(A,A) = 1$；

2）$N(A,B) = N(B,A)$；

3）$N(X,\varnothing) = 0$；

4）若 $A \subseteq B \subseteq C$，则 $N(A,C) \leqslant N(A,B) \leqslant N(B,C)$。

符号 $\in$ 表示属于，$\subseteq$ 表示包含于，$\varnothing$ 表示空集。

2. 模糊度

众所周知，经典集合描述的是完全清晰的概念，因此，经典集合自身也不应该具有模糊性，所以经典集合的不清晰性程度应该为0。另外，人们会有这样的体会：当要判断一个对象的优劣情况时，若反映该对象的各项指示都很好或都很坏，则人们可以不假思索地确定其优或劣，因为此时没有不可确定的因素，完全清晰；若反映该对象的各项指标都处于好和坏的中间时，则人们确定其优还是劣就不那么直截了当了，要经过一番思考、分析对比和判断，最后才能在优与劣两者之间强行地选择其一。发生这种不易确定的情况的原因就在于其亦此亦彼，且从程度上也难于分出强弱，即此时是很不确定的、很模糊的，因此这时该对象关于优劣而言具有很大的模糊性。基于上述直观的背景，提出了模糊度的概念。

设 $N: F(X) \times F(X) \to [0,1]$ 为一贴近度。称映射

$$D: F(X) \to [0,1]$$

为一模糊度，若满足：对任意的 $A, B \in F(X)$，有

1）若存在 $C \in F(X), N(A,C) = 1, D(A) = 1$；

2）$D(A, 0.5) \leqslant N(B, 0.5)$，则 $D(A) \leqslant N(B)$；

3）$D(A) = N(A^O)$；

4）$D(0.5) = 1$；

5）$D(A \cup B) + D(A \cap B) = D(A) + D(B)$。

符号 $\cup$ 表示并集，$\cap$ 表示交集，A, B 为模糊子集。

还有用另外的概念衡量模糊度的方法，如果熵的概念和距离的概念等。

7.4.3 最大隶属原则与择近原则

最大隶属原则与择近原则是模糊模式识别所依据的基本原则。最大隶属原则直接基于隶属函数，择近原则基于贴近度概念。下面分别介绍最大隶属原则和择近原则。

1. 最大隶属原则

模糊模式所涉及的是论域上的模糊集，当要识别的对象为论域中的元素时，根据模糊集的概念，可以通过该元素隶属于模糊模式的程度达到识别的目的。为此，人们常采用下述的最大隶属原则。

最大隶属原则 1：设 $A_1, \cdots, A_n \in F(X)$ 为 X 上的 n 个模糊模式，$x_0 \in X$ 为待识别的对象。如果 $i_0 \in \{1, \cdots, n\}$ 满足

$$A_{i_0}(x_0) = \bigvee_{i=1}^{n} A_i(x_0) \tag{7-14}$$

则认为 x_0 相对隶属与 A_{i_0}。其中 $\bigvee$ 表示一个特征函数。

最大隶属原则 2：设 $A \in F(X)$ 为 X 上的模糊模式，$x_1, \cdots, x_n \in X$ 为待选择的对象。如果 $i_0 \in \{1, \cdots, n\}$ 满足

$$A(x_{i_0}) = \bigvee_{i=1}^{n} A(x_i) \tag{7-15}$$

则应选择 x_{i_0}。

如图 7-7 所示，根据最大隶属原则 1 和最大隶属原则 2，可通过对象对于模糊模式的隶属程度直接模糊识别。因此，依据最大隶属原则 1 或最大隶属原则 2 而进行模糊模式识别的方法也常称为模糊模式识别的直接方法。

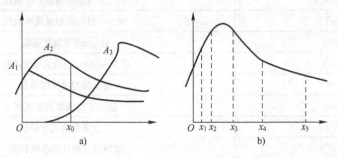

图 7-7 最大隶属原则

a）最大隶属原则 1 示意图 b）最大隶属原则 2 示意图

2. 择近原则

在模式识别的实际应用中，常遇到模式和被识别的对象均带有模糊性的情况，这时可以通过贴近度的计算来解决这种模糊模式和模糊对象的识别问题。其中，常用到如下最基本也是最重要的原则——择近原则。

择近原则：设 $A_i \in F(X)$，$i = 1, \cdots, n$，表示 n 个模糊模式，$B \in F(X)$ 是待识别的模糊对象。若 $i_0 \in \{i = 1, \cdots, n\}$ 满足

$$N(A_{i_0}, B) = \bigvee_{i=1}^{n} N(A_i, B) \tag{7-16}$$

则称 B 相对归于模式 A_{i_0}，其中，N 是某种贴近度。

依据择近原则进行模糊模式识别的方法也常称为模糊模式识别的间接方法。

7.4.4 模糊算法的 MATLAB 实现

MATLAB 模糊逻辑工具箱提供了建立和测试模糊逻辑系统的一整套功能函数，包含定义语言变量及其隶属度函数、输入模糊推理规则、整个模糊推理系统的管理以及交互式地观察模糊推理的过程和输出结果。

模式识别的模糊聚类技术通常采用了 Mamdani 型推理方法和 Sugeno 型推理方法。

1. 隶属度函数

在 MATLAB 模糊逻辑工具箱中支持的隶属度函数类型有如下几种：高斯型、三角型、梯型、钟型、Sigmoid 型、π 型以及 Z 型。利用工具箱中提供的函数可以建立和计算上述各种类型隶属度函数。

隶属度函数曲线的形状决定了对输入、输出空间的模糊分割，对模糊推理系统的性能有重要的影响。在 MATLAB 模糊逻辑工具箱中提供了丰富的隶属度函数类型的支持，利用工具箱的有关函数可以方便地对各类隶属度函数进行建立、修改和删除等操作，函数见表7-5。

表7-5　MATLAB 模糊逻辑工具箱中的隶属度函数

函 数 名	功　能
plotmf( )	绘制隶属度函数曲线
addmf( )	添加模糊语言变量的隶属度函数
rmmf( )	删除隶属度函数
gaussmf( )	建立高斯型隶属度函数
gauss2mf( )	建立双边高斯型隶属度函数
gbellmf( )	建立一般的钟型隶属度函数
pimf( )	建立 π 型隶属度函数
sigmf( )	建立 sigmiod 型的隶属度函数
trapmf( )	建立梯型隶属度函数
trimf( )	建立三角型隶属度函数
zmf( )	建立 Z 型隶属度函数
mf2mf( )	隶属度函数间的参数转换
psigmf( )	计算两个 sigmiod 型隶属度函数之积
dsigmf( )	计算两个 sigmiod 型隶属度函数之和

2. 模糊规则的建立与修改

在模糊推理系统中，模糊规则以模糊语言的形式描述人类的经验和知识，规则是否正确地反映人类专家的经验和知识，是否客观地反映对象的特性，直接决定模糊推理系统的性能。通常模糊规则的形式是"IF 前件 THEN 后件"，前件由对模糊语言变量的语言值描述构成，如"温度较高，压力较低"。

模糊规则的建立是构造模糊推理系统的关键。在实际应用中，初步建立的模糊规则往往难以到达良好的效果，必须不断加以修正和试凑。在模糊规则的建立修正和试凑过程中，应尽量保证模糊规则的完备性和相容性。在 MATLAB 模糊逻辑工具箱中，提供了有关对模糊规则建立和操作的函数，见表 7-6。

表 7-6　MATLAB 模糊逻辑工具箱中的模糊规则

函　数　名	功　　能
addrule( )	向模糊推理系统添加模糊规则函数
parsrule( )	解析模糊规则函数
showrule( )	显示模糊规则函数

3. 模糊推理计算与去模糊化

在设定好模糊语言变量及其隶属度的值，并构造完成模糊规则之后，就可执行模糊推理计算了。模糊推理的执行结果与模糊蕴含操作的定义、推理合成规则、模糊规则前件部分的连接词"and"的操作定义等有关，因而有多种不同的算法。

目前常用的模糊推理合成规则是"极大——极小"合成规则，设 R 表示规则"X 为 A →Y 为 B"表达的模糊关系，则当 X 为 A 时，按照"极大——极小"规则进行模糊推理的结论 B。

在 MATLAB 模糊逻辑工具箱中提供了有关对模糊推理计算与去模糊化的函数，见表 7-7。

表 7-7　MATLAB 模糊逻辑工具箱中模糊推理计算与去模糊化的函数

函　数　名	功　　能
evalfis( )	执行模糊推理计算函数
defuzz( )	执行输出去模糊化函数
gensurf( )	生成模糊推理系统的输出曲面并显示函数

【课后习题】

1. 使用 MATLAB 实现 K – Means 聚类算法。

（1）随机选取 k 个聚类质心点（cluster centroids）为 $\mu_1, \mu_2, \cdots, \mu_k \in \mathbf{R}^n$。

（2）重复下面过程直到收敛

{

对于每个样例 i，计算其应该属于的类

$$c^{(i)} := \arg\min_j \| x^{(i)} - \mu_j \|^2$$

对于每一个类 j，重新计算该类的质心

$$\mu_j := \frac{\sum_{i=1}^{m} 1\{c^{(i)} = j\} x^{(i)}}{\sum_{i=1}^{m} 1\{c^{(i)} = j\}}$$

}

```
% 第一类数据
mu1 = [0, 0, 0];                          %% 多维高斯向量均值
s1 = [0.3 0 0; 0 0.35 0; 0 0 0.3];        %% 协方差分布
data1 = mvnrnd (mu1, s1, 100);            %% 产生高斯分布数据

% 第二类数据
mu2 = [1.25, 1.25, 1.25];                 %% 多维高斯向量均值
s2 = [0.3 0 0; 0 0.35 0; 0 0 0.3];        %% 协方差分布
data2 = mvnrnd (mu2, s2, 100);            %% 产生高斯分布数据

% 第三类数据
mu3 = [-1.25, -1.25, -1.25];              %% 多维高斯向量均值
s3 = [0.3 0 0; 0 0.35 0; 0 0 0.3];        %% 协方差分布
data3 = mvnrnd (mu3, s3, 100);            %% 产生高斯分布数据

data = [data1; data2; data3];             %% 原始数据
```

2. 使用 libsvm，在一个数据集上分别用线性核和高斯核训练一个 SVM，并比较其支持向量的差别。

3. 选择两个 UCI 数据集，分别用线性核和高斯核训练一个 SVM，并与 BP 神经网络和 C4.5 决策树进行实验比较。

4. 对如下的 BP 神经网络，学习系数 $\eta = 1$，各点的阈值 $\theta = 0$。作用函数为：

$$f(x) = \begin{cases} x & x \geqslant 1 \\ 1 & x < 1 \end{cases}$$

输入样本 $x_1 = 1, x_2 = 0$，输出节点 z 的期望输出为 1，对于第 k 次学习得到的权值分别为 $w_{11}(k) = 0, w_{12}(k) = 2, w_{21}(k) = 2, w_{22}(k) = 1, T_1(k) = 1, T_2(k) = 1$，求第 k 次和 $k+1$ 次学习得到的输出节点值 $z(k)$ 和 $z(k+1)$（写出计算公式和计算过程）。

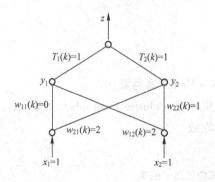

第8章　工程应用：车牌识别

随着经济水平的提升，汽车逐渐普及，人工管理的方式已经不能满足实际的需要。微电子、通信和计算机技术在交通领域的应用极大地提高了对交通的管理效率，特别是汽车牌照的自动识别技术得到了广泛的应用。

车牌识别系统是对特定的目标对象的专用计算机系统，它可以从图像中提取车牌的图像信息、自动分割字符，从而对分割字符的图像进行识别。系统通常由硬件和软件组成。硬件一般由车体感应设备、摄像机、辅助光源、图像采集卡和计算机组成。软件部分是该系统的核心内容，主要是用来实现车牌字符的识别功能。车牌识别系统通常涉及模式识别、人工智能、图像处理、计算机视觉和信号处理等学科。车牌识别的核心技术有车牌定位、字符切割和字符识别等。

车牌定位是从图像中确定车牌位置并提取车牌区域图像，目前常用的方法有基于直线检测的方法、基于灰度边缘检测方法、基于彩色图像的车牌分割方法、神经网络法和基于矢量量化的牌照定位方法等。

字符切割时完成车牌区域图像的切割处理从而得到所需要的单个字符图像。目前常用的方法有基于投影方法和基于连通字符的提取等方法。

字符识别是利用字符识别原理识别提取出字符图像，目前常用的方法有基于模板匹配方法、基于特征方法和神经网络法。

车牌号图像识别要进行以下几个基本的步骤：

① 牌照定位，定位图片中的牌照位置；

② 牌照字符分割，把牌照中的字符分割出来；

③ 牌照字符识别，把分割好的字符进行识别，最终组成牌照号码。

8.1　牌照定位

在自然环境下，由于汽车图像背景复杂、光线不均等因素，使得如何在自然背景中准确地定位车牌区域成为了整个车牌识别系统的关键。

图像读取及车牌区域提取的主要步骤有：图像灰度图转化、图像边缘检测、灰度图腐蚀、图像的平滑处理及车牌区域的边界值计算。

图像提取的相对应程序代码如下：

```
I = imread('F:\MATLAB\bin\BMW.jpg ');      % 读入图片
figure;
imshow(I);
```

程序执行效果如图 8-1 所示。

图 8-1　原始图像

图像灰度图转化相应的程序代码如下：

```
Im1 = rgb2gray(I);
figure(2);
subplot(1,2,1),
imshow(Im1);
title('灰度图');
figure(2),
subplot(1,2,2),
imhist(Im1);
title('灰度图的直方图');      % 显示图像的直方图
```

程序执行效果如图 8-2 所示。

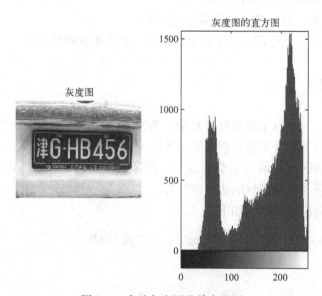

图 8-2　车牌灰度图及其直方图

通过图像的对比分析，原始图像中车牌区域的灰度明显不同于其他区域，蓝底部分最为明显。经过程序运行出来的灰度图可以比较容易地识别出车牌的区域，达到预期的灰度效果。

1. 增强灰度图

对于光线不理想的图像，可以进行一次图像增强处理，使得图像灰度动态范围扩展和对比度增强，再进行定位与分割，提高分割的正确率。

增强灰度的程序代码如下：

```
Tiao = imadjust(Im1,[0.19,0.78],[0,1]);
figure(3),
subplot(1,2,1),
imshow(Tiao);
title('增强灰度图');
figure(3),
subplot(1,2,2),
imhist(Tiao);
title('增强灰度图的直方图');
```

程序执行结果如图 8-3 所示。

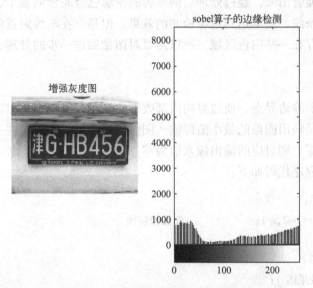

图 8-3　车牌增强灰度图及其直方图

2. 图像的边缘检测

在 MATLAB 中利用函数 edge( )实现边缘检测，在 edge( )函数中有 Sobel 算子、Prewitt 算子、Log 算子以及 Canny 算子。比较几种算法，Sobel 算子是一组方向算子，从不同的方向检测边缘，它不是简单的求平均再差分，而是加强了中心像素上下左右四个方向像素的权重。运算结果是一幅边缘图像。Sobel 算子通常对灰度渐变和噪声较多的图像处理得较好。因此，在这里使用 Sobel 算子。

边缘检测对应的程序代码如下：

```
Im2 = edge(Im1,'sobel',0.15,'both');        % 使用 sobel 算子进行边缘检测
figure(4),
imshow(Im2);
title('sobel 算子实现的边缘检测');
```

程序执行效果如图 8-4 所示。

图 8-4　车牌边缘检测效果

从边缘效果图能看出来，经过处理后的车牌的轮廓已经非常明显了，车牌区域及汽车标志的边缘呈现白色条纹，基本达到边缘检测的效果。但是，在车牌附近的其他区域也由于各种干扰的影响，也存在一些白色区域。所以需要对图像做进一步的处理，用灰度图腐蚀来消除多余的边界点。

3. 灰度图腐蚀

腐蚀就是一种消除边界点，使边界向内部收缩的过程。利用它可以消除小而且无价值的物体。腐蚀的规则是输出图像的最小值即输入图像领域中的最小值，在一个二值图像中，只要有一个像素值为零，则对应的输出像素值为零。

灰度图腐蚀的程序代码如下：

```
se = [1;1;1];
Im3 = imerode(Im2,se);            % 图像腐蚀
figure(5),
imshow(Im3);
title('腐蚀效果图');
se = strel('rectangle',[25,25]);        % 创建由指定形状构成的结构元素
```

程序执行效果如图 8-5 所示。

从腐蚀的结果分析，腐蚀的目的是消除小而无价值的对象。对比边缘效果的检测图，我们在腐蚀效果图能看出，原本在边缘检测图中还有的小的无价值的图像已经完全消除了，留下的只有车牌区域的标志。已经得到了车牌图像的轮廓线，只要再经过适当的处理可把车牌提取出来。

4. 图像平滑处理

得到车牌区域的图像轮廓线后，由于图像的数字化误差和噪声直接影响了角点提取，所

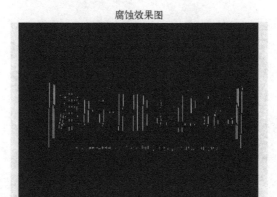

图 8-5　车牌腐蚀效果图

以在角点提取之前必须对图像进行平滑处理。

图像平滑处理程序代码如下：

```
Im4 = imclose( Im3 , se ) ;      % d 对图像实现闭运算,闭运算能平滑图像的轮廓
figure( 6 ) ;
imshow( Im4 ) ;
title( '平滑图像的轮廓' ) ;
```

程序执行效果如图 8-6 所示。

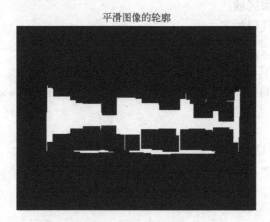

图 8-6　车牌平滑效果图

5. 移除小对象

图像平滑处理后可能有多个闭合区域，对于不是车牌区域的必须删除。

移除小对象的程序代码如下：

```
Im5 = bwareaopen( Im4 ,2000 ) ;
figure( 7 ) ,
imshow( Im5 ) ;
title( '移除小对象' ) ;
```

程序执行效果如图 8-7 所示。

移除小对象

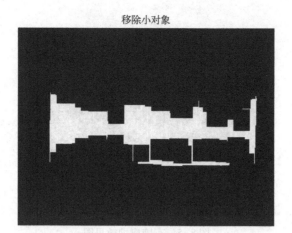

图 8-7　移除小对象后的图像

8.2　牌照区域的分割

对车牌的分割有很多种办法，通常我们采用车牌的彩色分割方法。根据车牌底色等有关的先验知识，采用彩色像素点统计的方法分割出合理的车牌区域，确定车牌底色蓝色 RGB 对应的各自灰度范围，然后在行方向统计在此颜色范围内的像素点数量，设定合理的阈值，确定车牌在行方向的合理区域。然后，在分割出的行区域内，统计列方向蓝色像素点的数量，最终确定完整的车牌区域。

牌照区域分割程序代码如下：

```
[y,x,z] = size(Im5);
Im6 = double(Im5);
Blue_y = zeros(y,1);                    % 创建元素为零的数组或矩阵 y×1
fori = 1:y
for j = 1:x
if(Im6(i,j,1) == 1)
Blue_y(i,1) = Blue_y(i,1) + 1;          % 根据 Im5 的 y 值确定
end
end
end
[tempMaxY] = max(Blue_y);               % 垂直方向车牌区域确定
PY1 = MaxY;
while((Blue_y(PY1,1) > = 5)&&(PY1 > 1))
PY1 = PY1 - 1;
end
PY2 = MaxY;
while((Blue_y(PY2,1) > = 5)&&(PY2 < y))
PY2 = PY2 + 1;
end
IY = I(PY1:PY2,:,:);
```

```
Blue_x = zeros(1,x);
for j = 1:x
fori = PY1:PY2
if(Im6(i,j,1) ==1)
Blue_x(1,j) = Blue_x(1,j) +1;          % 根据 Im5 的 x 值确定
end
end
end
PX1 =1;
while((Blue_x(1,PX1) <3)&&(PX1 < x))
PX1 = PX1 +1;
end
PX2 = x;
while((Blue_x(1,PX2) <3)&&(PX2 > PX1))
PX2 = PX2 -1;
end
PX1 = PX1 -1;                          % 对车牌区域的校正
PX2 = PX2 +1;
dw = I(PY1:PY2,PX1:PX2,:);
figure(8),
subplot(1,2,1),
imshow(IY),
title('垂直方向合理区域');
figure(8),
subplot(1,2,2),
imshow(dw),
title('定位剪切后的彩色车牌图像');
```

程序执行效果如图 8-8 所示。

a)   b)

图 8-8 分割后的车牌图像

a) 垂直方向合理区域 b) 定位剪切后的彩色车牌图像

对比原始图像可以看出，车牌的四个边界基本被确定下来了，这样就可以从原始图像中直接确定车牌的区域。因此，车牌就成功地被提取出来了。

经过分割后车牌图像中存在目标物体、背景，还有噪声，要想从图像中直接提取目标物体，最常用的方法就是设定一个阈值 T，用 T 将图像的数据分成两部分：大于 T 的像素群和小于 T 的像素群，即对图像二值化。

图像二值化程序代码如下：

```
imwrite(dw,'dw.jpg');                  % 把图像写入图形文件中
```

```
a = imread('dw. jpg');
b = rgb2gray(a);
imwrite(b,'车牌灰度图像. jpg');
figure(9);
subplot(3,2,1),
imshow(b),
title('1. 车牌灰度图像')
g_max = double(max(max(b)));
g_min = double(min(min(b)));
T = round(g_max - (g_max - g_min)/3);        % T 为设定的二值化的阈值
[m,n] = size(b);
d = (double(b) > = T);                        % d 为二值图像
imwrite(d,'车牌二值图像. jpg');
figure(9);
subplot(3,2,2),
imshow(d),
title('2. 车牌二值图像')
figure(9),
subplot(3,2,3),
imshow(d),
title('3. 均值滤波前')
h = fspecial('average',3);
d = im2bw(round(filter2(h,d)));
imwrite(d,'均值滤波后. jpg');
figure(9)
subplot(3,2,4),
imshow(d),
title('4. 均值滤波后')
se = eye(2);
[m,n] = size(d);% d 为二值图像
ifbwarea(d)/m/n > = 0. 365
d = imerode(d,se);
else ifbwarea(d)/m/n <= 0. 235
d = imdilate(d,se);
end
imwrite(d,'膨胀或腐蚀处理后. jpg');
figure(9),
subplot(3,2,5),
imshow(d),
title('5. 膨胀或腐蚀处理后')
```

程序执行效果如图 8-9 所示。

图 8-9 分割图像的图像预处理

a）车牌灰度图像 b）车牌二值图像 c）均值滤波前 d）均值滤波后 e）膨胀或腐蚀处理后

8.3 字符分割与归一化

字符分割在前期牌照定位的基础上进行字符的分割，然后利用分割的结果进行字符识别。字符分割与归一化的流程如下。

1）$[m,n] = size(d)$，逐排检查有没有白色像素点，设置 $1 <= j < n - 1$，若图像两边是 $s(j) = 0$，则切割，去除图像两边多余的部分。

2）切割图像上下多余的部分。

3）根据图像的大小，设置阈值，检测图像的 X 轴，若宽度等于这一阈值则切割，分离出七个字符。

4）归一化切割出来的字符图像的大小为 40×20 像素，与模板中字符图像的大小相匹配。

程序代码如下：

```
d = QieGe(d);                    % 寻找连续有文字的块
[m,n] = size(d);
figure,subplot(2,1,1),imshow(d),title(n);
j = 1;
s = sum(d);
while j ~ = n
while s(j) == 0
j = j + 1;
end
k1 = j;
while s(j) ~ = 0 && j <= n - 1
j = j + 1;
end
k2 = j - 1;
if k2 - k1 > = round(n/6.5)
[val,num] = min(sum(d(:,[k1 + 5:k2 - 5])));
d(:,k1 + num + 5) = 0;
end
end
```

```
y1 = 10;y2 = 0. 25;flag = 0;word1 = [ ];
while flag == 0
[ m,n ] = size( d );
wide = 0;
while sum( d( : ,wide + 1 ) ) ~ = 0
wide = wide + 1;
end
if wide < y1
d( : ,[ 1:wide ] ) = 0;
d = QieGe( d );
else
temp = QieGe( imcrop( d,[ 1 1 wide m ] ) );
[ m,n ] = size( temp );
all = sum( sum( temp ) );
two_thirds = sum( sum( temp( [ round( m/3 ) :2 * round( m/3 ) ],: ) ) );
iftwo_thirds/all > y2
flag = 1;word1 = temp;
end
d( : ,[ 1:wide ] ) = 0;d = QieGe( d );
end
end
[ word2,d ] = FenGe( d );                    %分割出第二个字符
[ word3,d ] = FenGe( d );                    %分割出第三个字符
[ word4,d ] = FenGe( d );                    %分割出第四个字符
[ word5,d ] = FenGe( d );                    %分割出第五个字符
[ word6,d ] = FenGe( d );                    %分割出第六个字符
[ word7,d ] = FenGe( d );                    %分割出第七个字符
word1 = imresize( word1,[ 40 20 ] );         %模板字符大小统一为 40 × 20,为字符辨认做准备
word2 = imresize( word2,[ 40 20 ] );
word3 = imresize( word3,[ 40 20 ] );
word4 = imresize( word4,[ 40 20 ] );
word5 = imresize( word5,[ 40 20 ] );
word6 = imresize( word6,[ 40 20 ] );
word7 = imresize( word7,[ 40 20 ] );
figure( 10 )
subplot( 2,7,1 ),
imshow( word1 ),
title( '1 ' );
subplot( 2,7,2 ),
imshow( word2 ),
title( '2 ' );
subplot( 2,7,3 ),
imshow( word3 ),
```

```
title('3');
subplot(2,7,4),
imshow(word4),
title('4');
subplot(2,7,5),
imshow(word5),
title('5');
subplot(2,7,6),
imshow(word6),
title('6');
subplot(2,7,7),
imshow(word7),
title('7');
imwrite(word1,'1.jpg');
imwrite(word2,'2.jpg');
imwrite(word3,'3.jpg');
imwrite(word4,'4.jpg');
imwrite(word5,'5.jpg');
imwrite(word6,'6.jpg');
imwrite(word7,'7.jpg');
```

字符分割效果如图 8-10 所示：

图 8-10　字符分割效果图

8.4　字符细化

在图像处理中，形状信息是十分重要的。为了便于描述和提取特征，对那些细长的区域常用类似骨架的细线来表示，这些细线位于图形的中轴附近，而且从视觉来说仍然保持原来的形状，这种处理就是所谓的细化。细化的目的是要得到与原来区域形状近似的，由简单的弧和曲线组成的图形。

细化算法实际上是一种特殊的多次迭代的收缩算法。但是，细化的结果是要求得到一个由曲线组成的连通的图形，这是细化与收缩的根本区别。所以，不能像收缩处理那样简单地消去所有的边界点，否则将破坏图形的连通性。因此，在每次迭代中，在消去边界点的同时，还要保证不破坏它的连通性，即不能消去那些只有一个邻点的边界点，以防止弧的端点被消去。

字符细化的相关程序代码如下。

```
Xi1 = bwmorph(word1,'thin',5);
Xi2 = bwmorph(word2,'thin',5);
Xi3 = bwmorph(word3,'thin',5);
```

```
Xi4 = bwmorph(word4, 'thin', 5);
Xi5 = bwmorph(word5, 'thin', 5);
Xi6 = bwmorph(word6, 'thin', 5);
Xi7 = bwmorph(word7, 'thin', 5);
figure(11)
subplot(2,7,1),
imshow(Xi1),
title('1');
subplot(2,7,2),
imshow(Xi2),
title('2');
subplot(2,7,3),
imshow(Xi3),
title('3');
subplot(2,7,4),
imshow(Xi4),
title('4');
subplot(2,7,5),
imshow(Xi5),
title('5');
subplot(2,7,6),
imshow(Xi6),
title('6');
subplot(2,7,7),
imshow(Xi7),
title('7');
imwrite(Xi1, 'Xi1.jpg');
imwrite(Xi2, 'Xi2.jpg');
imwrite(Xi3, 'Xi3.jpg');
imwrite(Xi4, 'Xi4.jpg');
imwrite(Xi5, 'Xi5.jpg');
imwrite(Xi6, 'Xi6.jpg');
imwrite(Xi7, 'Xi7.jpg');
```

字符细化效果如图 8-11 所示。

图 8-11　字符细化效果图

8.5　字符的识别

字符的识别目前用于车牌字符识别（OCR）中的算法主要有基于模板匹配的 OCR 算法

以及基于人工神经网络的 OCR 算法。基于模块匹配的 OCR 的基本过程是：首先对待识别字符进行二值化并将其尺寸大小缩放为字符数据库中模板的大小，然后与所有的模板进行匹配，最后选最佳匹配作为结果。

模板匹配的主要特点是实现简单，当字符较规整时对字符图像的缺损、污迹干扰适应力强且识别率相当高。综合模板匹配的这些优点，将其用为车牌字符识别的主要方法。

模板匹配是图像识别方法中最具有代表性的基本方法之一，它是将从待识别的图像或图像区域 $f(i,j)$ 中提取若干特征量与模板 $T(i,j)$ 相对应的特征量逐个进行比较，计算它们之间互相关量，其中互相关量最大的一个就表示期间相似程度最高，可将图像归入相应的类，也可以计算图像与模板特征量之间的距离，用最小距离法判定所属类。然而，通常情况下用于匹配的图像各自的成像条件存在差异，产生较大的噪音干扰，或图像经预处理和规格化处理后，使得图像的灰度或像素点的位置发生改变。按照一些基于图像不变特性所设计的特征量来构建模板，就可以避免上述问题。

此处采用相减的方法来求得字符与模板中哪个字符最相似，然后找到相似度最大的输出。汽车牌照的字符一般有七个，大部分车牌的第一位是汉字，通常代表车辆的所属省份，紧接其后的为字母与数字。车牌字符识别与一般文字识别区别在于它的字符数有限，汉字共约 50 多个，大写英文字母 26 个，数字 10 个。

字符识别的相关程序代码如下：

```
liccode = char(['0':'9''A':'Z''京辽鲁陕苏浙']);        % 建立自动识别字符代码表
l = 1;
for I = 1:7
ii = int2str(I);                              % 将整数转换为字符串
t = imread([ii,'.jpg']);
SegBw2 = imresize(t,[40 20],'nearest');
if l == 1
kmin = 37;
kmax = 40;
elseif l > = 2&&l <= 3                         % 第二、三位 A ~ Z 字母识别,根据车牌情况做修改
kmin = 11;
kmax = 36;
elseif l > = 4&&l <= 7
kmin = 1;                                      % 第三、四位 0 ~ 9   A ~ Z 字母和数字识别
kmax = 10;
end
for k2 = kmin:kmax
fname = strcat('字符模板\',liccode(k2),'.jpg');
SamBw2 = imread(fname);
Dm = 0;
for k1 = 1:40
for l1 = 1:20
if SegBw2(k1,l1) == SamBw2(k1,l1)
Dm = Dm + 1;                                   % 判断分割字符与模板字符的相似度
```

```
        end
        end
        end
        Error(k2) = Dm;
        end
    Error1 = Error(kmin:kmax);
    MinError = max(Error1);
    findc = find(Error1 == MinError);              % 返回矩阵中非 0 项的坐标
    Resault(l * 2 - 1) = liccode(findc(1) + kmin - 1);
    Resault(l * 2) = '';
    l = l + 1;
    end
    t = toc
    Resault
    msgbox(Resault ,'识别结果')
    fid = fopen('Data. xls',a +');
    fprintf(fid,'% s\r\n',Resault,datestr(now));
    fclose(fid);                                    % 将识别结果保存在 Data. xsl 中
```

识别结果如图 8-12 所示。

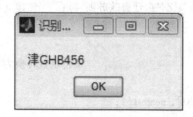

图 8-12　字符识别效果图

第9章 工程应用：多气泡上升轨迹跟踪

垂直管道中气泡上升的运动行为是气泡动力学研究中的关键问题，利用图像方法来研究气泡的运动特性具有直观性和非接触性等优点，受到国内外学者的青睐。为了准确跟踪气泡的运动轨迹，利用高速摄像机获得运动气泡的图像序列是必要的，然后通过数字图像处理技术得到气泡的几何中心位置。当图像中仅有一个气泡时，只需将所计算出的气泡中心的位置坐标绘制到图中，然后按照先后顺序连接便可以得到气泡的运动轨迹。而当一幅图像中存在多个气泡，且气泡的前后位置发生变化时，如果只将每个气泡点的坐标绘制到图中，多个气泡的中心杂乱排放，容易混淆。因此需要寻找到适当的方法进行目标匹配，将不同的气泡区分开来，以辨别目标气泡在不同时刻的位置，获得目标气泡的运动轨迹。

9.1 气泡图像的预处理

1. 图像去噪

在气泡图像的拍摄过程中，背景光照不均匀，透明管壁上存在划痕，以及拍摄时视野范围过大而摄入多余的背景物体等都会造成背景噪声，这种噪声在气泡图像中所占比例较大，有时甚至超过有用信息。这种强势噪声无法通过滤波器来去除。针对这一问题，通常采用同一图像序列中的两幅图像相减的方法来去除背景噪声，即剪影算法。因此，在拍摄过程中，照明光应保持稳定，拍摄的背景保持固定，否则图像相减的效果将明显降低。

剪影算法是基于电子技术中门电路的逻辑思想提出的，是一种可以增强目标像素点的灰度值的自适应算法，主要是根据目标图像和背景图像的对应点的灰度值相差的多少来确定运算关系：

$$F_2(i,j) = \begin{cases} A(i,j) & (B(i,j) - A(i,j)) > T_h \\ 0 & (B(i,j) - A(i,j)) \leq T_h \end{cases} \tag{9-1}$$

式中，T_h 为阈值（$T_h > 0$），T_h 的值可根据图像中灰度变化情况来选取，通常取 $T_h = 0$。当目标物体的灰度值大于背景像素的灰度值时，则用目标图像减去背景图像。经过剪影算法得到的图像背景均匀，且背景与目标像素点的对比度增强，从而使气泡更加突出，图像质量得到很好的改善。

图像剪影去噪 MATLAB 程序代码如下：

```
I1 = imread('beijing. tif');        % 背景图像读入
J1 = imread('bubble. tif');        % 气泡图像读入
I2 = double(I1);                    % 将图像矩阵转化为双精度类型
J2 = double(J1);
```

```
L = I2 - J2;                    % 剪影
figure, imshow(L);             % 显示剪影图像
```

对图 9-1a 的原始气泡图像进行剪影处理，结果如图 9-1b 所示。

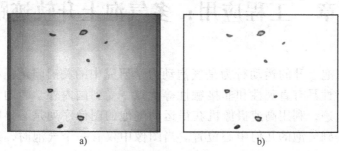

a)   b)

图 9-1　气泡图像的剪影
a）原始图像　b）剪影后的图像

在去除了固有的背景噪声后，仍然存在一些随机噪声，例如图像中气泡轮廓模糊、图像中存在麻点等，这些对后续的图像处理过程存在很大的影响，尤其对图像二值化处理十分不利。可继续采用平滑滤波和小波去噪的方法进一步滤除噪声。

2. 图像二值化

为了便于对气泡目标进行跟踪，可对去噪后的图像进行二值化处理，将气泡从背景中分割出来。在气泡图像二值化处理过程中，确定合适的阈值 T_h 是非常关键的。通常 MATLAB 默认的阈值不能很好地实现分割功能，本案例采用了最大类间方差法来选取分割阈值，不仅能提取到较为理想的阈值，而且计算速度快。

最大类间方差法来选取分割阈值，并进行图像二值化的代码如下：

```
L = imread('jianying_gray. tif');          % 气泡灰度图像读入
% % OTSU 阈值选取
gmax = 0;
Th = 0;
for TT1 = 0:1:255
    % number
    k1 = 0;
    k2 = 0;
    B = zeros(480,640);
    C = zeros(480,640);
    for i = 1:1:480
        for j = 1:1:640
            a = L(i,j);
            if a <= TT1
                k1 = k1 +1;
                B(i,j) = a;
            else C(i,j) = a;
                k2 = k2 +1;
```

```
                end

            end
        end
        w1 = k1/(640 * 480);
        if k1 == 0
            u1 = 0;
        else u1 = mean2(B) * 480 * 640/k1;
        end
        w2 = 1 - w1;
        if k2 == 0
            u2 = 0;
        else
            u2 = mean2(C) * 480 * 640/k2;
        end
        u = w1 * u1 + w2 * u2;
        g = w1 * (u1 - u) * (u1 - u) + w2 * (u2 - u) * (u2 - u);
        % g = w0 * w1 * (u0 - u1) * (u0 - u1);
        if g > gmax
            gmax = g;
            Th = TT1;
        end
    end
    %%二值化
    Th1 = Th/256;
    M_bw = im2bw(L,Th1);
    figure,imshow(M_bw)
```

分割结果如图 9-2 所示。

3. 图像填充

当灰度图像经过二值化处理以后，为了方便对气泡参数的计算（如气泡的面积、中心、纵横比等），需要对气泡内部的白色反光区域进行填充。气泡中心的填充计算是由图像预处理转向两相流参数计算的关键环节之一，其填充效果直接影响到两相流参数计算的简易程度及精确性。

气泡填充的 MATLAB 程序代码如下：

```
M_bw = im2bw(imread('M_bw.tif'));          % 读入二值图像
M_fill = imfill(M_bw,'holes');              % 执行填充运算
Figure,imshow(M_fill)                       % 显示填充后的图像
```

填充结果如图 9-3 所示。

在进行完上述的图像预处理操作之后，就可以将图像中的气泡完全分割出来。下面对图像序列中气泡的模板匹配及轨迹跟踪方法进行介绍。

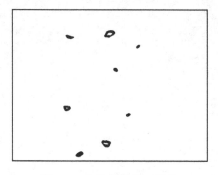 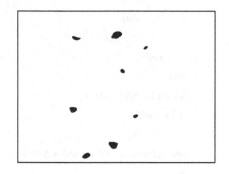

图 9-2　气泡图像的二值化　　　　　　图 9-3　气泡的填充图

9.2　气泡运动轨迹跟踪方法

9.2.1　基于互相关匹配的目标跟踪

相关法包括自相关法和互相关法，其中互相关法是由自相关法发展而来的。自相关法是通过将两次连续曝光的粒子图像成像在一张底片上，从而利用这些粒子在图像中的自相关性获得粒子的运动速度。进行自相关计算时，是在其自身图像中寻找与搜寻模板具有最大相似度的匹配模板。当连续曝光的时间间隔很短时，可以用于测量某些高速流动的速度。自相关法在速度方向上存在模糊性，尽管已经有一些解决方法，但处理比较复杂，使得这一方法难于应用。互相关法的基本原理与自相关法相同，只不过两次连续曝光的图像成像在两张底片上，搜寻模板与匹配模板分别存在于两幅连续图像中。

在进行互相关计算时，先在一幅图像中选取搜寻模板，然后在另一幅图像中寻找与其具有最大相似度的匹配模板。由于互相关法中的运动的目标物体分别存在于两幅先后拍摄的图像中，这就消除了速度方向的不确定性问题。互相关法在众多图像匹配问题中得到了应用，基本互相关算法的工作原理如图 9-4 所示，互相关系数的计算如式（9-2）所示。

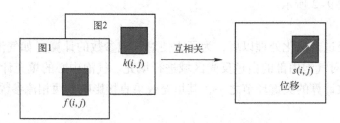

图 9-4　搜寻模块的互相关计算

$$C = \frac{\sum_{i=1}^{M} \sum_{j=1}^{N} f(i,j) \times k(i+m,j+n)}{\sqrt{\sum_{i=1}^{M} \sum_{j=1}^{N} (f(i,j))^2} \sqrt{\sum_{i=1}^{M} \sum_{j=1}^{N} (k(i+m,j+n))^2}} \tag{9-2}$$

在图 9-4 中，图 1 的 $f(i,j)$ 为模板窗口，窗口大小为 $M \times N$，利用互相关法在图 2 任意选取尺寸相同的搜寻窗口 $k(i,j)$ ，计算二者的相关系数。具有最大相关系数的搜寻窗口 $s(i,j)$ 即为所要寻找的匹配窗口。

为了提高计算速度，需要为每一个模板窗口定义一个搜索区域。由于气泡在上升过程中左右摇摆，因此搜索区域的高和宽均为模板窗口的两倍。搜索区域的位置如图 9-5 所示，$f(i,j)$ 表示模板窗口，$g(i,j)$ 表示搜索区域。搜索区域的底边与模板窗口重合，其底边的中线与模板窗口底边的中线重合。

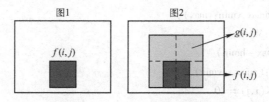

图 9-5　搜索区域的选取

模板窗口与搜索窗口的互相关系数计算及跟踪的 MATLAB 程序代码如下：

```
clear all
I = imread('1. tif');
I1 = I(32:45,88:98);                    %初始图像中目标所在的位置
template1 = [32,45,88,98];
b = 31;                                  %窗口的宽度
I1 = I(x:(x + b),y:(y + b));             %初始模板图像
I2 = ~I1;
coemax = 0;
for z = 2:20
    numStr1 = num2str(num(z));
    fileName1 = [numStr1,'. tif'];
    J = imread(fileName1);               %待匹配图像
    %在 J 中寻找匹配窗口
    x = template1(z - 1,1);
    y = template1(z - 1,3);
    for n = ( - (b + 1)/2):1:((b - 1)/2)
        for m = ( - b):1:0
            J1 = J((x + m):(x + m + b),(y + n):(y + n + b));
            J2 = ~J1;
            Coe = xorr2(I2,J2);          %计算互相关系数
            if coe > cmax
                cmax = coe;
                vmin = x + m;            %一次匹配模板的窗口位置
                vmax = x + m + b;
                hmin = y + n;
                hmax = y + n + b;
            end
```

```
            end
        end
    template1(z,1) = hmin;
    template1(z,2) = hmax;
    template1(z,3) = vmin;
    template1(z,4) = vmax;
    %计算其几何中心
    K = J(hmin:hmax,vmin:vmax);
    xc = 0;yc = 0;M = 0;
    for i = 1:(hmax - hmin)
        for j = 1:(vmax - vmin)
            if K(i,j) == 0
                xc = xc + (j - 1);
                yc = yc + (480 - i);
                M = M + 1;
            end
        end
    end
    coXY(1,z) = xc/M;                    %目标质心
    coXY(2,z) = yc/M;
end
figure,
hold on
for j = 1:z - 1
    plot([coXY(1,j),coXY(1,j + 1)],[coXY(2,j),coXY(2,j + 1)],'> - r','LineWidth',2)
    grid on;
    title('bubble track','FontSize',14,'FontWeight','Bold');
    Ylabel('Xg/pixel','FontSize',14,'FontWeight','Bold');
    Xlabel('Yg/pixel','FontSize',14,'FontWeight','Bold');
    set(gca,'LineWidth',2);
end
```

利用互相关算法对方框内标记的气泡进行轨迹跟踪的结果如图9-6所示。

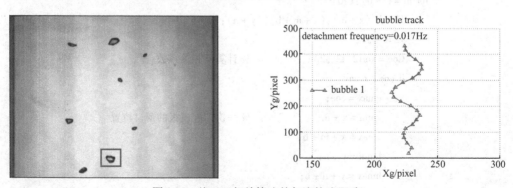

图9-6　基于互相关算法的气泡轨迹跟踪

对连续拍摄的气泡图像序列采用互相关算法，能够得到多个气泡上升时的运动轨迹。但是由于图像序列中图像数量较多，且图像的分辨率较高，匹配模板的搜索时间较长，很难用于实时跟踪。

9.2.2 基于 Mean - Shift 算法的目标跟踪

Mean - Shift 最早是由 Fukunaga 等人提出来的，它指代的是一个向量，但随着 Mean - Shift 理论的发展，Mean - Shift 的含义也发生了变化，现在的 Mean - Shift 算法，一般是指一个迭代的步骤，即先算出当前点的偏移均值，移动该点到其偏移均值，然后以此为新的起始点继续移动，直到满足一定的条件结束。

Mean - Shift 算法常用在目标跟踪领域。通常，将基于 Mean - Shift 算法的目标跟踪问题描述为一个利用均值漂移向量进行目标跟踪的迭代过程。目标跟踪是以目标物体的外部特征为基础，Mean - Shift 算法采用颜色直方图作为描述物体的特征，利用 Bhattacharyya 系数作为物体相似程度的度量标准，再利用均值漂移向量获取目标物体的位置。

在实际的目标跟踪过程中，Mean - Shift 算法首先建立目标模型的描述，然后在后序图像序列中寻找与目标模型相匹配的候选区域。在搜寻过程中，不断计算均值漂移向量，更改搜索位置中心，通过巴氏系数定位目标物体的位置。

1. 目标模型建立

描述一个目标，首先要选择合适的特征空间。通常利用直方图建立跟踪目标的模板，也就是目标模型。在 Mean - Shift 算法中，目标模型由当前图像帧中的目标模型和下一帧图像中的候选目标模型两种模型组成。在初始图像帧中，计算所有属于目标区域像素点特征值的概率，即利用特征概率密度函数来表示当前帧的目标模型，式（9-3）为目标模型的定义：

$$q = \{q_u\}, u = 1, \cdots, m \tag{9-3}$$

定义函数 $b: R_2 \rightarrow \{1, 2, \cdots, m\}$，$b(xi)$ 是所有像素特征 x_i 在量化的特征空间的映射函数。概率特征 $u = 1, \cdots, m$，则目标模型可由式（9-4）表示：

$$q_u = C \sum_{i=1}^{n} k\left(\left\|\frac{x_i - x_0}{h}\right\|^2\right) \delta[b(x_i) - u] \tag{9-4}$$

式（9-4）中，$\delta(x)$ 是 Kronecker Delta 函数，C 是归一化因子，为了使得 $\sum_{u=1}^{m} q_u = 1$，C 应满足式（9-5）。

$$C = \frac{1}{\sum_{i=1}^{n} k\left(\left\|\frac{x_i - x_0}{h}\right\|^2\right)} \tag{9-5}$$

Mean - Shift 算法是从当前帧相邻的后一帧图像中原来的目标区域（即候选区域）开始执行迭代，对候选区域提取的直方图特征称为目标候选模型。则候选目标模型可以由式（9-6）表示：

$$p_u(y) = C_h \sum_{i=1}^{n_g} k\left(\left\|\frac{y - x_i}{h}\right\|^2\right) \delta[b(x_i) - u] \tag{9-6}$$

其中，C_h 是归一化因子，使得 $\sum_{u=1}^{m} p_u = 1$，且归一化因子满足式（9-7），其他参数定义与式（9-4）相同。

$$C_h = \cfrac{1}{\sum\limits_{i=1}^{n_g} k\left(\left\|\cfrac{y - x_i}{h}\right\|^2\right)} \tag{9-7}$$

2. 相似性函数

在利用 Mean-Shift 算法进行目标跟踪时，常使用 Bhattacharyya 系数来描述目标与候选目标的相似程度，该系数越大，目标与候选目标越近似，两个离散分布之间的距离越小。式（9-8）给出了 Bhattacharyya 系数的具体定义：

$$\rho(y) = \rho\left[p(y) - q\right] = \sum\limits_{u=1}^{m} \sqrt{p_u(y)q_u} \tag{9-8}$$

Bhattacharyya 系数可以有效地描述两个向量间的相似程度，Bhattacharyya 系数的几何意义是在多维空间中两个单位向量夹角的余弦函数值，图 9-7 为该系数的几何原理示意图。

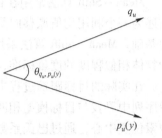

图 9-7　Bhattacharyya 系数的几何意义

在 Mean-Shift 算法中，相似程度具体的计算方法由式（9-9）给出：

$$d(y) = \sqrt{1 - \rho\left[p(y), q\right]} \tag{9-9}$$

在式（9-9）中，$d(y)$ 越小表示两者越相似，即两区域间的距离越短。

3. 目标定位

由 Mean-Shift 算法原理可知，在当前帧图像中搜索目标区域时，需要以目标在前一帧图像中的位置 y_0 为起始位置。由式（9-10）表示：

$$\rho\left[p(y), q\right] \approx \frac{1}{2}\sum\limits_{u=1}^{m} \sqrt{p_u(y_0)q_u} + \frac{1}{2}\sum\limits_{u=1}^{m} p_u(y)\sqrt{\frac{q_u}{p_u(y_0)}} \tag{9-10}$$

将式（9-6）代入式（9-10）得

$$\rho\left[p(y), q\right] \approx \frac{1}{2}\sum\limits_{u=1}^{m} \sqrt{p_u(y_0)q_u} + \frac{C_h}{2}\sum\limits_{i=1}^{n_g} w_i k\left(\left\|\frac{y - x_i}{h}\right\|\right)^2 \tag{9-11}$$

其中 w_i 由式（9-12）给出：

$$w_i = \sum\limits_{u=1}^{m} \delta\left[b(x_i) - u\right]\sqrt{\frac{q_u}{p_u(y_0)}} \tag{9-12}$$

式（9-11）中第一项与 y 无关，为得到 $\rho\left[p(y), q\right]$ 的最大值，式（9-11）中的第二项最需要取最大值，在迭代中目标区域的中心位置由移动到新的位置，迭代函数由式（9-13）给出：

$$y_1 = \cfrac{\sum\limits_{i=1}^{n_g} x_i w_i g\left(\left\|\cfrac{y_0 - x_i}{h}\right\|\right)^2}{\sum\limits_{i=1}^{n_g} w_i g\left(\left\|\cfrac{y_0 - x_i}{h}\right\|\right)^2} \tag{9-13}$$

从本质上讲，可以将 Mean-Shift 算法的迭代过程看作从目标起始位置到当前位置不断移动的过程，每一个均值漂移向量确定一次移动，同时相似性函数增大，最终到达相似性函

202

数的最大值处。综合前面对 Mean – Shift 算法的叙述，可归纳出完整的跟踪算法步骤。

1）首先初始化中心位置 y_0，计算在 y_0 处的候选目标特征 $\{pu(y_0)\}$，$u=1,2,\cdots,m$，计算相似程度；

2）求权值 w_i，得到目标的新位置 y_1；

3）更新候选目标特征 $\{pu(y_1)\}$，$u=1,2,\cdots,m$，再次计算相似程度；

4）比较步骤 1）和步骤 3）的计算结果，如果 $\rho[p(y_1),q] < \rho[p(y_0),q]$，那么使 $y_1 = (y_0+y_1)/2$，计算新的 $\rho[p(y_1),q]$，直到满足 $\rho[p(y_1),q] > \rho[p(y_0),q]$；

5）如果 $\|y_1 - y_0 < \varepsilon\|$，停止计算，否则将新位置代替当前位置，即使 $y_0 = y_1$，继续从步骤 2）开始重复上述算法。

考虑到算法的实际计算量，可以将其实际的迭代次数进行限制，通常将算法的最大迭代次数设定为 20 次。同时因为在 Bhattacharyya 系数近似计算过程中可能产生漂移误差传递问题，所以在实际的算法中加入步骤 5），其中 y_1 为算法的停止阈值，将其设定为一个像素距离的大小。在实际的计算过程中，这种情况出现的概率极小，所以通常在实际的算法执行过程中可以不执行步骤 5）。

基于 Mean – Shift 算法的气泡轨迹跟踪 MATLAB 程序代码如下：

```
close all;
clear all;
%%根据一幅目标全可见的图像圈定跟踪目标%%
I = imread('1. jpg');
figure(1);
imshow(I)
[temp,rect] = imcrop(I);
[a,b,c] = size(temp);                    % a:row,b:col
%%计算目标图像的权值矩阵%%
y(1) = a/2;
y(2) = b/2;
tic_x = rect(1) + rect(3)/2;
tic_y = rect(2) + rect(4)/2;
m_wei = zeros(a,b);                      % 权值矩阵
h = y(1)^2 + y(2)^2 ;                    % 带宽
for i = 1:a
    for j = 1:b
        dist = (i - y(1))^2 + (j - y(2))^2;
        m_wei(i,j) = 1 - dist/h;% epanechnikov profile
    end
end
C = 1/sum(sum(m_wei));                    % 归一化系数
% 计算目标权值直方图
% hist1 = C * wei_hist(temp,m_wei,a,b);% target model
hist1 = zeros(1,4096);
for i = 1:a
```

```matlab
    for j = 1:b
        %rgb 颜色空间量化为 16 * 16 * 16 bins
        q_r = fix( double( temp( i,j,1))/16);              %fix 趋近 0 取整函数
        q_g = fix( double( temp( i,j,2))/16);
        q_b = fix( double( temp( i,j,3))/16);
        q_temp = q_r * 256 + q_g * 16 + q_b;                %设置每个像素点红色、绿色
        %蓝色分量所占比重
        hist1( q_temp + 1) = hist1( q_temp + 1) + m_wei( i,j);     %计算直方图统计中
        %每个像素点占的权重
    end
end
hist1 = hist1 * C;
rect(3) = ceil( rect(3));
rect(4) = ceil( rect(4));
jishu = 1;
%%读取序列图像
for i = 1:20;                                          %%迭代次数
    Im = imread([ 'int2str( i) ','. jpg']);            %%修改路径
    jishu = jishu + 1;
%   myfile = dir( 'D:\minsong_image\ *. jpg');
%   lengthfile = length( myfile);
%   for l = 1:lengthfile
%       Im = imread( myfile( l). name);
    num = 0;
    Y = [2,2];
    %% mean shift 迭代
    while(( ( Y(1)^2 + Y(2)^2 > 0.5)&num < 20)         %迭代条件
        num = num + 1;
        temp1 = imcrop( Im, rect);
        %计算候选区域直方图
        %hist2 = C * wei_hist( temp1, m_wei, a, b);%target candidates pu
        hist2 = zeros( 1,4096);
        for i = 1:a
            for j = 1:b
                q_r = fix( double( temp1( i,j,1))/16);
                q_g = fix( double( temp1( i,j,2))/16);
                q_b = fix( double( temp1( i,j,3))/16);
                q_temp1( i,j) = q_r * 256 + q_g * 16 + q_b;
                hist2( q_temp1( i,j) + 1) = hist2( q_temp1( i,j) + 1) + m_wei( i,j);
            end
        end
        hist2 = hist2 * C;
        figure(2);
```

```matlab
            subplot(1,2,1);
            plot(hist2);
            hold on;
            w = zeros(1,4096);
            for i = 1:4096
                if(hist2(i) ~ = 0)
                    w(i) = sqrt(hist1(i)/hist2(i));
                else
                    w(i) = 0;
                end
            end
            % 变量初始化
            sum_w = 0;
            xw = [0,0];
            for i = 1:a;
                for j = 1:b
                    sum_w = sum_w + w(uint32(q_temp1(i,j)) + 1);
                    xw = xw + w(uint32(q_temp1(i,j)) + 1) * [i - y(1) - 0.5, j - y(2) - 0.5];
                end
            end
            Y = xw/sum_w;
            % 中心点位置更新
            rect(1) = rect(1) + Y(2);
            rect(2) = rect(2) + Y(1);
        end
        %% 跟踪轨迹矩阵%%
        tic_x = [tic_x; rect(1) + rect(3)/2];
        tic_y = [tic_y; rect(2) + rect(4)/2];
        v1 = rect(1);
        v2 = rect(2);
        v3 = rect(3);
        v4 = rect(4);
        %% 显示跟踪结果%%
        subplot(1,2,2);
        imshow(uint8(Im));
        title('目标跟踪结果及其运动轨迹');
        hold on;
        plot([v1,v1 + v3],[v2,v2],[v1,v1],[v2,v2 + v4],[v1,v1 + v3],[v2 + v4,v2 + v4],
        [v1 + v3,v1 + v3],[v2,v2 + v4],'LineWidth',2,'Color','r');
        plot(tic_x,tic_y,'LineWidth',2,'Color','b');
    end
```

第10章 工程应用：人脸识别

人脸识别是目前模式识别领域中被广泛研究的热门课题，它在安全领域以及经济领域都有极其广泛的应用前景。人脸识别就是采集人脸图像进行分析和处理，从人脸图像中获取有效的识别信息，用来进行人脸及身份鉴别的一门技术。本书在 MATLAB 环境下，取 ORL 人脸数据库的部分人脸样本集，基于 PCA 方法提取人脸特征，形成特征脸空间，然后将每个人脸样本投影到该空间得到一投影系数向量，该投影系数向量在一个低维空间表述了一个人脸样本，这样就得到了训练样本集。同时将另一部分 ORL 人脸数据库的人脸做同样处理得到测试样本集。然后基于 BP 神经网络算法和 k - 近邻算法进行综合决策对待识别的人脸进行分类。该方法的识别率比单独的 BP 神经网络算法和 k - 近邻法有一定的提高。

10.1 ORL 人脸数据库简介

实验时人脸图像取自英国剑桥大学的 ORL 人脸数据库，ORL 数据库由 40 个人组成，每个人有 10 幅不同的图像，每幅图像是一个 92×112 像素、256 级的灰度图，他们是在不同时间、光照略有变化、不同表情以及不同脸部细节下获取的。如图 10-1 所示。

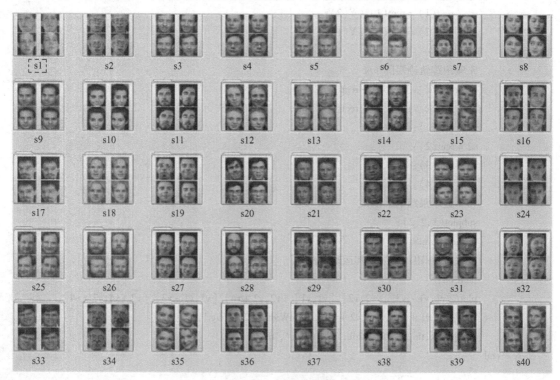

图 10-1 ORL 人脸库

10.2 基于 PCA 的人脸图像的特征提取

PCA 法是模式识别中的一种行之有效的特征提取方法。在人脸识别研究中，可以将该方法用于人脸图像的特征提取。

一个 $m \times n$ 的二维脸部图片将其按列首位相连，可以看成是 $m \times n$ 的一个一维向量。ORL 人脸数据库中每张人脸图片大小是 92×112 像素，它可以看成是一个 10304 维的向量，也可以看成是一个 10304 维空间中一点。图片映射到这个巨大的空间后，由于人脸的构造相对来说比较接近，因此可以用一个相应的低维子空间来表示。我们把这个子空间叫作"脸空间"。PCA 的主要思想就是找到能够最好地说明图片在图片空间中的分布情况的那些向量，这些向量能够定义"脸空间"。每个向量的长度为 $m \times n$，描述一张 $m \times n$ 的图片，并且是原始脸部图片的一个线性组合，称为"特征脸"。对于一副 $m \times n$ 的人脸图像，将其每列相连构成一个大小为 $D = m \times n$ 维的列向量。D 就是人脸图像的维数，即是图像空间的维数。设 D 是训练样本的数目；jx 表示第 j 幅人脸图像形成的人脸向量；u 为训练样本的平均图像向量，则所需样本的协方差矩阵为：

$$S_r = \sum_{j=1}^{N} (x_j - u)(x_i - u)^{\mathrm{T}} \tag{10-1}$$

$$u = \left(\sum_{j=1}^{N} x_j \right) / N \tag{10-2}$$

令 $A = [x_1 - u \; x_2 - u \cdots x_N - u]$，则有 $S_r = AA^{\mathrm{T}}$，其维数为 $D \times D$。

根据 K–L 变换原理，需要求得的新坐标系由矩阵 AA^{T} 的非零特征值所对应得特征向量组成。直接计算的计算量比较大，所以采用奇异值分解（SVD）定理，通过求解获得 AA^{T} 的特征值和特征向量。依据 SVD 定理，令 $l_i (i = 1, 2, \cdots, r)$ 为矩阵 AA^{T} 的 r 个非零特征值，v_i 为 AA^{T} 对应于 l_i 的特征向量。由于特征值越大，与之对应的特征向量对图像识别的贡献越大，为此将特征值按大小排列，依照公式

$$p = \min_k \left(\frac{\sum_{i=1}^{k} l_i}{\sum_{i=1}^{r} l_i} \geqslant 0.9, k \leqslant r \right) \tag{10-3}$$

选取前 p 个特征值对应的特征向量，构成了降维后的特征脸子空间。则 AA^{T} 的正交归一特征向量 u_i 为：

$$u_i = (A v_i) / \sqrt{l_i} \, (i = 1, 2, \cdots, p) \tag{10-4}$$

则特征脸空间为：

$$W = (u_1, u_2, \cdots, u_P) \tag{10-5}$$

将训练样本 y 投影到"特征脸"空间 W，得到一组投影向量 $Y = W^{\mathrm{T}} y$，构成人脸识别的训练样本数据库。

10.3 人脸图像识别方法

10.3.1 k - 近邻算法

在识别时，先将每一幅待识别的人脸图像投影到"特征脸"空间，再利用 k - 近邻分类器，比较其与库中 k 个人脸的位置，从而识别出该图像是否是库中那个人的人脸。本实验令 $k = 3$，如果判断得到最短三个距离对应了三个类别（三个人），则取该人脸属于距离最短对应的人脸类别，此时相当于最近邻算法；其他情况按投票法判别，相当于 k - 近邻算法。

10.3.2 BP 神经网络法

BP 神经网络的算法又称为误差反向传播算法，BP 神经网络具有良好的自适应性和分类识别等能力。BP 神经网络模型的结构如图 10-2 所示。它由输入层、隐层和输出层组成。

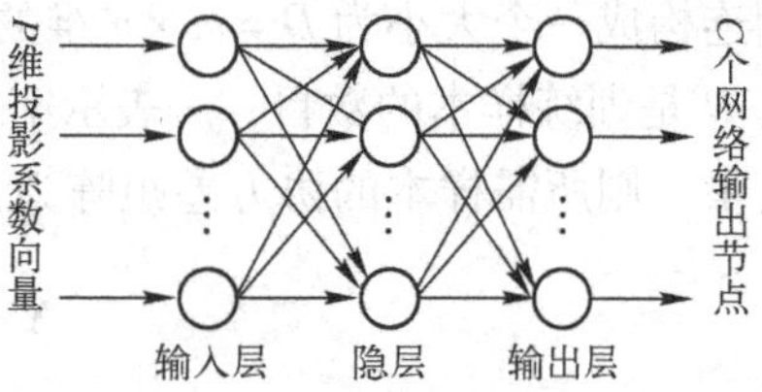

对于 p 维投影系数，则 BP 网络的输入层需要 p 个节点，每一个投影系数对应 40 个人中某一个，若对应第 i 个人，则期望输出向量定义为

图 10-2 BP 网络结构图

$$t_{40 \times 1} = (0, 1, \cdots, 0.2, 0.9, 0.1, \cdots, 0.1)^T, t[i, 1] = 0.9$$
$$(10-6)$$

即第 i 行为 0.9，其他均为 0.1，故输出层需要 40 个节点，隐层结点个数可根据经验公式获得。将测试样本输入该网络训练，得到训练好的网络后可将测试样本输入网络得到输出值进行判断。

10.3.3 基于 BP 神经网络法和 k - 近邻法的综合决策分类

k - 近邻法分类是选择测试样本与样本空间最近的 k 个样本的类别而决策分类的；而 BP 神经网络法本质上是根据输入输出关系通过学习而确定一个非线性空间映射关系，在此映射关系下对于每个输入得到一个输出，此输出根据网络输出的定义而确定类别。因此考虑将两种方法综合起来进行决策分类。

实际的实验过程中，k - 近邻法得到的结果稳定，而 BP 网络法是一种次优算法，需要根据经验确定隐层数目及训练算法。当网络比较小时尚可通过不断的实验得到一个较好的结果，而当如本实验的网络，其输入层节点 $p = 71$，输出层节点 $c = 40$，隐层节点数至少要几十上百个才能得到比较好的结果，因此不适合用试凑法；而直接根据经验公式并不能得到满意的网络，有时网络的识别率甚至不及 k - 近邻分类法的识别率。经过分析 BP 网络法得到的输出结果我们发现，当输出向量 $t_{40 \times 1}$ 满足 $\max\{t(i, 1)\} > \beta$ 时，分类正确无误；而 $\max\{t(i, 1)\} < \beta$ 时，分类会出现错误。我们对出现 $\max\{t(i, 1)\} < \beta$ 的所有样本使用 k - 近邻算法辅助分类，综合得到的结果为最终分类的结果。经实验，该方法分类正确率高于单一的 k - 近邻法和 BP 网络法，且结果比较稳定。

根据上述实验原理分析，该算法流程如下：

（1）读入人脸库

每个人取前5张作为训练样本，后5张为测试样本，共40人，则训练样本和测试样本数分别 $N=200$ 维。人脸图像为 92×112 维，按列相连就构成 $N=10304$ 维矢量 x_j，x_j 可视为 N 维空间中的一个点。

（2）构造平均脸和偏差矩阵

平均脸：

$$u=\left(\sum_{j=1}^{N}X_j\right)/N \tag{10-7}$$

偏差矩阵：

$$S_r=\sum_{j=1}^{N}(x_j-u)(x_i-u)^{\mathrm{T}}=AA^{\mathrm{T}},A=[x_1-u\ x_2-u\cdots x_N-u] \tag{10-8}$$

（3）计算通过 K–L 变换的特征脸子空间

A 为 10304×200 矩阵，其自相关矩阵 $R_{200\times200}=A^{\mathrm{T}}A$，计算得到矩阵的特征值 l_i，对应于 l_i 的特征向量为 v_i。对特征值按大小降序排列，选取前 p（此实验 $p=71$）个特征值对应的特征向量，构成了降维后的特征脸子空间。

则 AA^{T} 的正交归一特征向量 u_i 为：

$$u_i=(Av_i)/\sqrt{l_i}\ (i=1,2,\cdots,p) \tag{10-9}$$

则特征脸空间为：$W_{10304\times71}=[u_1,u_2,\cdots,u_p]$

（4）计算训练样本在特征脸子空间上的投影系数向量，生成训练集的人脸图像主分量 $allcoor_{200\times71}$。

（5）计算测试样本在特征脸子空间上的投影系数向量，生成测试集的人脸图像主分量 $tcoor_{200\times71}$。

（6）k–近邻算法分类

计算测试集的人脸图像主分量 $tcoor_{200\times71}$ 与训练集的人脸图像主分量 $allcoor_{200\times71}$ 的欧式距离为：

$$mdist(i,j)=\begin{bmatrix}\cdots & \cdots & \cdots \\ \cdots & \sqrt{\sum_{k=1}^{71}\left[(tcoor_{200\times71}(i,k)-allcoor_{200\times71}(j,k))\right]^2} & \cdots \\ \cdots & \cdots & \cdots\end{bmatrix}_{200\times200} \tag{10-10}$$

由此得出 200 个测试样本与 200 个训练样本的欧氏距离，根据 k–近邻算法决策分类。

（7）BP 网络分类

200 个训练样本输入训练 BP 网络后，然后将另外 200 测试样本分别输入训练好的网络，对于每个输入 x_j，得到输出 $t_{40\times1}$，找出 $k=\max_i\{t(i,1)\}$，则该输入 x_j 属于第 k 个人的人脸。

（8）BP 神经网络法和 k–近邻法的综合决策分类

对于（7）得到的输出 $t_{40\times1}$，给定一个阈值 $\beta(\beta<0.5)$，若 $\max_i\{t(i,1)\}>\beta$，则类别为 $k=\max_i\{t(i,1)\}$，若 $\max_i\{t(i,1)\}<\beta$，其对应输入 x_j 使用 k–近邻算法分类。

10.3.4 实验的结果

1. k–近邻算法分类

取 $k=3$，得到识别率 accuracy $=0.88$，有 24 张照片分类错误。另外我们也得到了 71 张特征脸图像，图 10-3 为部分特征脸，图 10-4 为平均脸。

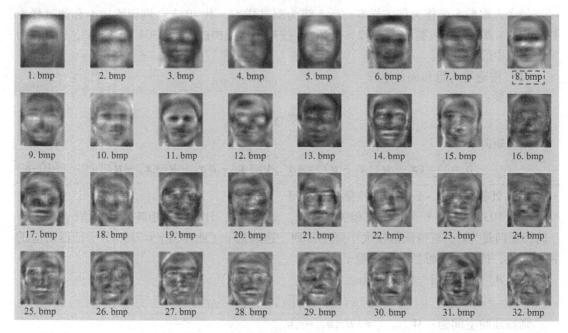

图 10-3　部分特征脸

取测试样本集的第 8 个人的第 10 张人脸和第 37 个人的第 9 张人脸，投影到特征脸空间得到系数，分别取特征脸空间的前 15、30、45、60、75 个特征脸，由此得到重构的人脸如图 10-5 和图 10-6 所示，可以看到特征脸越多，重构出的人脸细节越丰富。另外，人脸朝向对重构图有较大影响：正面构图接近原图，偏向构图模糊。

图 10-4　平均脸

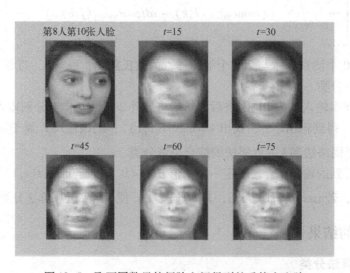

图 10-5　取不同数目特征脸空间得到的重构女人脸

210

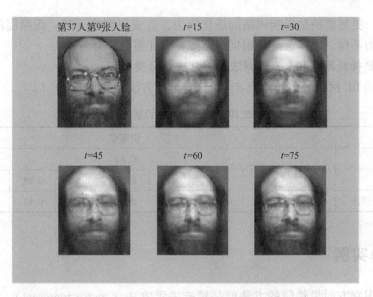

图 10-6　取不同数目特征脸空间得到的重构男人脸

2. BP 神经网络法分类

经过大量的实验，选择网络参数如下：

net = newff(minmax(P) , [100,40] , { 'tansig' 'logsig' } , 'trainscg') ;

net. trainparam. epochs = 5000 ;

net. trainparam. goal = 0. 0006 ;

即隐层为 100 个节点，传输函数为 tansig 函数，输出层为 logsig 函数，网络训练算法为 Scaled Conjugate Gradient 算法。某次训练的网络学习性能如图 10-7 所示。

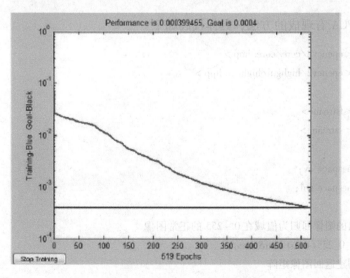

图 10-7　BP 网络学习性能图

输入测试样本后，此 BP 网络识别率 accuracy = 0. 89。

在网络的训练过程中，并不是隐层节点越多越好，误差限也不是越小越好，否则网络的训练时间过长，更重要的是影响网络的泛化能力，造成识别率下降。而隐层网络节点过少，网络的学习能力不佳，同样会造成识别率下降，因此需要综合考虑。

3. 基于 BP 神经网络和 k - 近邻法的综合决策分类

设置不同的 BP 网络参数和阈值 β，该综合分类方法性能见表 10-1。

表 10-1　三种方法识别率

	识别率								
k - 近邻法	0.88								
BP 网络法	0.84	0.855	0.85	0.865	0.87	0.88	0.88	0.885	0.89
BP 网络 + k - 近邻法	0.905	0.895	0.905	0.895	0.90	0.90	0.91	0.905	0.905

10.4　简单实例

当前人脸识别方面最热门的方法就是稀疏表示方法（sparse represent），其主要思想是利用线性的或者非线性的表示方法将检查样本用训练样本表示出来，训练样本前的系数为代表比重，选取比重较大的训练样本所属的类来标记测试样本。这种方法在某些模式识别中效果较好，但是其原理并不明确，没有很好的理论基础，所以就方法的科学性而言相对欠缺。本书提出两步法，第一步利用所有训练样本来标示出测试样本，并提取 M 近邻训练样本；第二步利用第一步中提取的 M 近邻样本表示出测试样本，选取代表比重大的训练样本所属于的类来标记测试样本。

重点在于算法的实现上：算法中将实现分为两步，第一步是用所有训练样本表示出测试样本，可以用 SVD 来计算出系数阵，但在这之前要通过 PCA 或者 LDA 的方法给特征向量降维。

OpenCV 中 PCA 有现成的方法，具体代码如下：

```
#include < opencv2/core/core. hpp >
#include < opencv2/highgui/highgui. hpp >

#include < fstream >
#include < sstream >

using namespace cv;
using namespace std;

% 将给出的图像回归为值域在 0 ~ 255 的正常图像
Mat norm_0_255( const Mat& src) {
    % 构建返回图像矩阵
    Mat dst;
    switch( src. channels( ) ) {
    case 1;% 根据图像通道情况选择不同的回归函数
        cv::normalize( src, dst, 0, 255, NORM_MINMAX, CV_8UC1) ;
```

212

```cpp
        break;
    case 3:
        cv::normalize(src,dst,0,255,NORM_MINMAX,CV_8UC3);
        break;
    default:
        src. copyTo(dst);
        break;
    }
    return dst;
}
```

% 将一副图像的数据转换为 Row Matrix 中的一行;这样做是为了对接 Opencv 给出的 PCA 类的接口
% 对应参数中最重要的就是第一个参数,表示的是训练图像样本集合

```cpp
Mat asRowMatrix(const vector < Mat > & src,int rtype,double alpha = 1,double beta = 0) {
    % 样本个数
    size_t n = src. size();
    % 如果样本为空,返回空矩阵
    if(n ==0)
        return Mat();
    % 样本的维度
    size_t d = src[0]. total();
    % 构建返回矩阵
    Mat data(n,d,rtype);
    % 将图像数据复制到结果矩阵中
    for(int i = 0;i < n;i ++) {
        % 如果数据为空,抛出异常
        if(src[i]. empty()) {
            string error_message = format("Image number % d was empty,please check your input data. ",i);
            CV_Error(CV_StsBadArg,error_message);
        }
        % 图像数据的维度要是 d,保证可以复制到返回矩阵中
        if(src[i]. total()! = d) {
            string error_message = format("Wrong number of elements in matrix #% d! Expected % d was % d. ",i,d,src[i]. total());
            CV_Error(CV_StsBadArg,error_message);
        }
        % 获得返回矩阵中的当前行矩阵
        Mat xi = data. row(i);
        % 将一副图像映射到返回矩阵的一行中
        if(src[i]. isContinuous()) {
            src[i]. reshape(1,1). convertTo(xi,rtype,alpha,beta);
        } else {
```

```
                    src[i].clone().reshape(1,1).convertTo(xi,rtype,alpha,beta);
          }
     }
     return data;
}


int main(int argc,const char * argv[]){
     %训练图像集合
     vector < Mat > db;

     %本例中使用的是 ORL 人脸库,可以自行在网上下载
     %将数据读入到集合中

     db.push_back(imread("s1/1.pgm",IMREAD_GRAYSCALE));
     db.push_back(imread("s1/2.pgm",IMREAD_GRAYSCALE));
     db.push_back(imread("s1/3.pgm",IMREAD_GRAYSCALE));

     db.push_back(imread("s2/1.pgm",IMREAD_GRAYSCALE));
     db.push_back(imread("s2/2.pgm",IMREAD_GRAYSCALE));
     db.push_back(imread("s2/3.pgm",IMREAD_GRAYSCALE));

     db.push_back(imread("s3/1.pgm",IMREAD_GRAYSCALE));
     db.push_back(imread("s3/2.pgm",IMREAD_GRAYSCALE));
     db.push_back(imread("s3/3.pgm",IMREAD_GRAYSCALE));

     db.push_back(imread("s4/1.pgm",IMREAD_GRAYSCALE));
     db.push_back(imread("s4/2.pgm",IMREAD_GRAYSCALE));
     db.push_back(imread("s4/3.pgm",IMREAD_GRAYSCALE));

     %将训练数据读入到数据集合中,实现 PCA 类的接口
     Mat data = asRowMatrix(db,CV_32FC1);

     %PCA 中设定的主成分的维度,这里我们设置为 10 维度
     int num_components = 10;

     %构建一份 PCA 类
     PCA pca(data,Mat(),CV_PCA_DATA_AS_ROW,num_components);

     %复制 PCA 方法获得的结果
     Mat mean = pca.mean.clone();
     Mat eigenvalues = pca.eigenvalues.clone();
     Mat eigenvectors = pca.eigenvectors.clone();
```

```
% 平均脸
imshow( "avg" , norm_0_255( mean. reshape( 1 , db[ 0 ]. rows ) ) );

% 前三个训练人物的特征脸
imshow( "pc1" , norm_0_255( pca. eigenvectors. row( 0 ) ). reshape( 1 , db[ 0 ]. rows ) );
imshow( "pc2" , norm_0_255( pca. eigenvectors. row( 1 ) ). reshape( 1 , db[ 0 ]. rows ) );
imshow( "pc3" , norm_0_255( pca. eigenvectors. row( 2 ) ). reshape( 1 , db[ 0 ]. rows ) );

% Show the images
waitKey( 0 );

% Success
return 0;
}
```

获得的结果如图 10-8 所示。

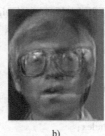

a)   b)

图 10-8   结果图

a) 平均脸   b) 特征脸

我们已经可以获得 ORL 数据库中每个人物的 PCA 特征脸，下一步也是我们下一节要研究的就是用训练样本表示出测试样本，从而找到 M 近邻样本。

基于 PCA 降维后的数据，我们接着要做的是用训练数据将测试数据表示出来，具体如下：

$$y = a_1 x_1 + \cdots + a_n x_n \tag{10-11}$$

接着通过以下的误差判别式来找到 M 近邻（误差值越小说明该训练样本跟测试样本的相似度越大）

$$e_i = \| y - a_i x_i \|^2 \tag{10-12}$$

以上就完成了两步法中的第一步，第二步中用 M 近邻样本将测试样本再次标出（实际上这里的本质还是稀疏表示的方法，但是改进之处是单纯的稀疏法中稀疏项不确定，两步法中通过第一步的误差筛选确定了贡献度较大的训练样本）

$$y = b_1 \tilde{x}_1 + \cdots + b_M \tilde{x}_M \tag{10-13}$$

在 M 近邻中包含多个类的训练样本，我们要将每个类的训练样本累加起来，分别同测试样本做误差对比，将测试样本判定给误差最小的类。

$$g_r = b_s \tilde{x}_s + \cdots + b_M \tilde{x}_M \tag{10-14}$$

215

$$D_r = \|y - g_r\|^2, r \in C \qquad (10\text{-}15)$$

人脸识别过程的完整代码如下：

```
#include < opencv2/core/core. hpp >
#include < opencv2/highgui/highgui. hpp >

#include < fstream >
#include < sstream >
#include < iostream >
#include < string >

using namespace cv;
using namespace std;

const double u = 0. 01f;
const double v = 0. 01f;% the global parameter
const int MNeighbor = 40;% the M nearest neighbors
% Number of components to keep for the PCA
const int num_components = 100;
% the M neighbor mats
vector < Mat > MneighborMat;
% the class index of M neighbor mats
vector < int > MneighborIndex;
% the number of object which used to training
const int Training_ObjectNum = 40;
% the number of image that each object used
const int Training_ImageNum = 7;
% the number of object used to testing
const int Test_ObjectNum = 40;
% the image number
const int Test_ImageNum = 3;

% Normalizes a given image into a value range between 0 and 255
Mat norm_0_255( const Mat& src) {
    % Create and return normalized image
    Mat dst;
    switch( src. channels( ) ) {
    case 1:
        cv::normalize( src, dst, 0, 255, NORM_MINMAX, CV_8UC1);
        break;
    case 3:
        cv::normalize( src, dst, 0, 255, NORM_MINMAX, CV_8UC3);
        break;
```

```
        default:
            src. copyTo( dst) ;
            break;
        }
        return dst;
}


% Converts the images given in src into a row matrix
Mat asRowMatrix( const vector < Mat > & src,int rtype,double alpha = 1 ,double beta = 0 ) {
    % Number of samples
    size_t n = src. size( ) ;
    % Return empty matrix if no matrices given
    if( n == 0)
        return Mat( ) ;
    % dimensionality of( reshaped) samples
    size_t d = src[ 0 ]. total( ) ;
    % Create resulting data matrix
    Mat data( n,d,rtype) ;
    % Now copy data
    for( int i = 0 ;i < n;i ++ ) {
        %
        if( src[ i ]. empty( ) ) {
            string error_message = format ( " Image number % d was empty,please check your input
data. " ,i) ;
            CV_Error( CV_StsBadArg,error_message) ;
        }
        % Make sure data can be reshaped,throw a meaningful exception if not
        if( src[ i ]. total( ) ! = d) {
            string error_message = format( " Wrong number of elements in matrix #% d! Expected % d
was % d. " ,i,d,src[ i ]. total( ) ) ;
            CV_Error( CV_StsBadArg,error_message) ;
        }
        % Get a hold of the current row
        Mat xi = data. row( i) ;
        % Make reshape happy by cloning for non – continuous matrices
        if( src[ i ]. isContinuous( ) ) {
            src[ i ]. reshape( 1 ,1). convertTo( xi,rtype,alpha,beta) ;
        } else {
            src[ i ]. clone( ). reshape( 1 ,1). convertTo( xi,rtype,alpha,beta) ;
        }
    }
    return data;
}
```

```
% convert int to string
string Int_String( int index )
{
    stringstream ss;
    ss << index;
    return ss. str( );
}

% % show the element of mat( used to test code )
% void showMat( Mat RainMat )
% {
%     for( int i = 0; i < RainMat. rows; i ++ )
%     {
%         for( int j = 0; j < RainMat. cols; j ++ )
%         {
%             cout << RainMat. at < float > (i,j) << "   ";
%         }
%         cout << endl;
%     }
% }
%
% % show the element of vector
% void showVector( vector < int > index )
% {
%     for( int i = 0; i < index. size( ); i ++ )
%     {
%         cout << index[ i ] << endl;
%     }
% }
%
% void showMatVector( vector < Mat > neighbor )
% {
%     for( int e = 0; e < neighbor. size( ); e ++ )
%     {
%         showMat( neighbor[ e ] );
%     }
% }

% Training function

void Trainging( )
{
    % Holds some training images
```

```
vector < Mat > db ;

% This is the path to where I stored the images , yours is different
for( int i = 1 ; i <= Training_ObjectNum ; i ++ )
{
    for( int j = 1 ; j <= Training_ImageNum ; j ++ )
    {
        string filename = "s" + Int_String( i ) + "/" + Int_String( j ) + ". pgm" ;
        db. push_back( imread( filename , IMREAD_GRAYSCALE ) ) ;
    }
}

% Build a matrix with the observations in row
Mat data = asRowMatrix( db , CV_32FC1 ) ;

% Perform a PCA
PCA pca( data , Mat( ) , CV_PCA_DATA_AS_ROW , num_components ) ;

% And copy the PCA results
Mat mean = pca. mean. clone( ) ;
Mat eigenvalues = pca. eigenvalues. clone( ) ;
Mat eigenvectors = pca. eigenvectors. clone( ) ;

% The mean face
% imshow( "avg" , norm_0_255( mean. reshape( 1 , db[ 0 ]. rows ) ) ) ;

% The first three eigenfaces
% imshow( "pc1" , norm_0_255( pca. eigenvectors. row( 0 ) ). reshape( 1 , db[ 0 ]. rows ) ) ;
% imshow( "pc2" , norm_0_255( pca. eigenvectors. row( 1 ) ). reshape( 1 , db[ 0 ]. rows ) ) ;
% imshow( "pc3" , norm_0_255( pca. eigenvectors. row( 2 ) ). reshape( 1 , db[ 0 ]. rows ) ) ;

% % get and save the training image information which decreased on dimensionality
Mat mat_trans_eigen ;
Mat temp_data = data. clone( ) ;
Mat temp_eigenvector = pca. eigenvectors. clone( ) ;
gemm( temp_data , temp_eigenvector , 1 , NULL , 0 , mat_trans_eigen , CV_GEMM_B_T ) ;

% save the eigenvectors
FileStorage fs( ". \\eigenvector. xml" , FileStorage : : WRITE ) ;
fs << "eigenvector" << eigenvectors ;
fs << "TrainingSamples" << mat_trans_eigen ;
fs. release( ) ;
}
```

```
% Line combination of test sample used by training samples
% parameter:y stand for the test sample column vector
% x stand for the training samples matrix
Mat LineCombination( Mat y, Mat x)
{
        % the number of training samples
        size_t col = x. cols;
        % the result mat
        Mat result = cvCreateMat( col,1,CV_32FC1) ;
        % the transposition of x and also work as a temp matrix
        Mat trans_x_mat = cvCreateMat( col,col,CV_32FC1) ;
        % construct the identity matrix
        Mat I = Mat::ones( col,col,CV_32FC1) ;

        % solve the Y = XA
        % result = x. inv( DECOMP_SVD) ;
        % result * = y;
        Mat temp = ( x. t( ) * x + u * I) ;

        Mat temp_one = temp. inv( DECOMP_SVD) ;
        Mat temp_two = x. t( ) * y;
        result = temp_one * temp_two;

        return result;

}


% Error test
% parameter:y stand for the test sample column vector
% x stand for the training samples matrix
% coeff stand for the coefficient of training samples
void    ErrorTest( Mat y, Mat x, Mat coeff)
{
        % the array store the coefficient
        map < double, int > Efficient;

        % compute the error
        for( int i = 0; i < x. cols; i ++ )
        {
            Mat temp = x. col( i) ;
            double coefficient = coeff. at < float > ( i,0) ;
            temp = coefficient * temp;
            double e = norm( ( y - temp) , NORM_L2) ;
            Efficient[ e] = i; % insert a new element
```

220

```cpp
}

% select the minimum w col as the w nearest neighbors
map < double, int > : : const_iterator map_it = Efficient. begin( ) ;
int num = 0 ;
% the map could sorted by the key one
while( map_it ! = Efficient. end( ) && num < MNeighbor)
{
    MneighborMat. push_back( x. col( map_it -> second) ) ;
    MneighborIndex. push_back( map_it -> second) ;
    ++ map_it ;
    ++ num ;
}

% return MneighborMat
}


% error test of two step
% parameter : MneighborMat store the class information of M nearest neighbor samples
int ErrorTest_Two( Mat y, Mat x, Mat coeff)
{
    int result ;
    bool flag = true ;
    double minimumerror ;
    %
    map < int, vector < Mat >> ErrorResult ;

    % count the class of M neighbor
    for( int i = 0 ; i < x. cols ; i ++ )
    {
        % compare
        % Mat temp = x. col( i) == MneighborMat[ i]
        % showMat( temp)
        % if( temp. at < float > ( 0 ,0) == 255)
        % {
            int classinf = MneighborIndex[ i] ;
            double coefficient = coeff. at < float > ( i ,0) ;
            Mat temp = x. col( i) ;
            temp = coefficient * temp ;
            ErrorResult[ classinf/Training_ImageNum]. push_back( temp) ;
        % }

    }
```

```
%
map < int, vector < Mat >> : : const_iterator map_it = ErrorResult. begin( ) ;
while( map_it! = ErrorResult. end( ) )
{
    vector < Mat > temp_mat = map_it -> second;
    int num = temp_mat. size( ) ;
    Mat temp_one;
    temp_one = Mat: : zeros( temp_mat[ 0 ]. rows, temp_mat[ 0 ]. cols, CV_32FC1 ) ;
    while( num > 0 )
    {
        temp_one += temp_mat[ num - 1 ] ;
        num -- ;
    }
    double e = norm( ( y - temp_one ) , NORM_L2 ) ;
    if( flag )
    {
        minimumerror = e;
        result = map_it -> first + 1 ;
        flag = false;
    }
    if( e < minimumerror )
    {
        minimumerror = e;
        result = map_it -> first + 1 ;
    }
    ++ map_it;
}
return result;
}


% testing function
% parameter: y stand for the test sample column vector
% x stand for the training samples matrix
int testing( Mat x, Mat y)
{
    % the class that test sample belongs to
    int classNum;

    % the first step: get the M nearest neighbors
    Mat coffecient = LineCombination( y. t( ) , x. t( ) ) ;

    % cout << " the first step coffecient" << endl;
    % showMat( coffecient) ;
```

```
% map < Mat, int > MneighborMat = ErrorTest( y, x, coffecient) ;
ErrorTest( y. t( ) , x. t( ) , coffecient) ;

% cout << "the M neighbor index" << endl;
% showVector( MneighborIndex) ;
% cout << "the M neighbor mats" << endl;
% showMatVector( MneighborMat) ;

% the second step
% construct the W nearest neighbors mat
int row = x. cols ; %  should be careful
Mat temp( row, MNeighbor, CV_32FC1) ;
for( int i = 0 ; i < MneighborMat. size( ) ; i ++ )
    {
        Mat temp_x = temp. col( i) ;
        if( MneighborMat[ i]. isContinuous( ) )
            {
                MneighborMat[ i]. convertTo( temp_x, CV_32FC1 ,1 ,0) ;
            }
        else
            {
                MneighborMat[ i]. clone( ). convertTo( temp_x, CV_32FC1 ,1 ,0) ;
            }
    }

% cout << "the second step mat" << endl;
% showMat( temp) ;

Mat coffecient_two = LineCombination( y. t( ) , temp) ;

% cout << "the second step coffecient" << endl;
% showMat( coffecient_two) ;

classNum = ErrorTest_Two( y. t( ) , temp, coffecient_two) ;
return classNum;
}

int main( int argc, const char * argv[ ]) {
    % the number which test true
    int TrueNum = 0 ;
    % the Total sample which be tested
    int TotalNum = Test_ObjectNum * Test_ImageNum;
```

% if there is the eigenvector. xml, it means we have got the training data and go to the testing stage directly

```
FileStorage fs( ". % eigenvector. xml" ,FileStorage: : READ) ;
if( fs. isOpened( ) )
{
    % if the eigenvector. xml file exist ,read the mat data
    Mat mat_eigenvector;
    fs[ "eigenvector" ] >> mat_eigenvector;
    Mat mat_Training;
    fs[ "TrainingSamples" ] >> mat_Training;

    for( int i = 1 ;i <= Test_ObjectNum;i ++ )
    {
        int ClassTestNum = 0 ;
        for( int j = Training_ImageNum + 1 ;j <= Training_ImageNum + Test_ImageNum;j ++ )
        {
            string filename = "s" + Int_String( i) + "/" + Int_String( j) + ". pgm" ;
            Mat TestSample = imread( filename ,IMREAD_GRAYSCALE) ;
            Mat TestSample_Row;
            TestSample. reshape( 1 ,1) . convertTo( TestSample_Row,CV_32FC1 ,1 ,0) ;% con-
vert to row mat
            Mat De_deminsion_test;
             gemm ( TestSample _ Row, mat _ eigenvector, 1 , NULL, 0 , De _ deminsion _ test, CV _
GEMM_B_T) ;% get the test sample which decrease the dimensionality

            % cout << "the test sample" << endl;
            % showMat( De_deminsion_test. t( ) ) ;
            % cout << "the training samples" << endl;
            % showMat( mat_Training) ;

            int result = testing( mat_Training ,De_deminsion_test) ;
            % cout << "the result is" << result << endl;
            if( result == i)
            {
                TrueNum ++ ;
                ClassTestNum ++ ;
            }
            MneighborIndex. clear( ) ;
            MneighborMat. clear( ) ;% 及时清除空间
        }
        cout << "第" << Int_String( i) << "类测试正确的图片数:" << Int_String( ClassTest-
Num) << endl;
    }
```

```
            fs. release( ) ;
        }
        else
        {
            Trainging( ) ;
        }
        % Show the images
        waitKey(0) ;

        % Success
        return 0 ;
    }
```

第11章 工程应用：基于SURF特征点匹配的图像三维识别

我们身在一个三维的世界中，三维的世界是立体的。同时，我们处于一个信息化的时代里，信息化的时代是以计算机和数字化为表征的。随着计算机在各行各业的广泛应用，人们开始不满足于计算机仅能显示二维的图像，更希望计算机能表达出具有强烈真实感的现实三维世界。三维建模可以使计算机做到这一点。所谓三维识别，就是利用三维数据将现实中的三维物体或场景在计算机中进行重建，最终实现在计算机上模拟出真实的三维物体或场景。而三维数据就是使用各种三维数据采集仪采集得到的数据，它记录了有限体表面在离散点上的各种物理参量。它包括的最基本的信息是物体的各离散点的三维坐标，以及物体表面的颜色、透明度、纹理特征等。三维识别在建筑、医用图像、文物保护、三维动画游戏、电影特技制作等领域起着重要的作用。

在建筑领域，一个建筑物如果用普通二维图片（比如照片）表示，会不方便观察某些细节部位或内部构造。而建造时使用的图纸虽然包含了大量的信息，对于非专业人士来说却不容易看懂而且很不直观。如果使用三维建模的方法重建出这个建筑的三维模型，那么就可以直接观察这个建筑的各个侧面及整体构造，甚至内部的构造，如图11-1所示。这无论对于建筑师观看设计效果，还是对于客户观看都是很方便的。

图11-1　华清池飞霜殿三维重建效果图

在医学方面，由于环境污染，心脑血管疾病、腹腔肿瘤、胃肠炎、肝硬化等疾病，成为危害人类健康的主要元凶。但是这些疾病的治疗方式都需要通过手术来进行，而传统的手术治疗，例如心脏手术，需要开胸腔，锯断胸骨，术后恢复非常困难。随着我国步入老龄化社会，这些疾病的手术量不断增加，手术风险日益提高。我国目前医疗人员极度短缺，从医科大学毕业到可以达到手术水平的医师需要10~15年的时间。这些因素是造成国内看病难、看病贵的主要根源。因此，在未来的医学发展中，三维医学影像技术将是微创手术中重要的信息获取技术，可以提升医生判断能力，具有减少手术并发症、降低病人痛苦、缩短医师培训周期等优势，可以有效地解决我国医患矛盾。手术机器人如图 11-2 所示。

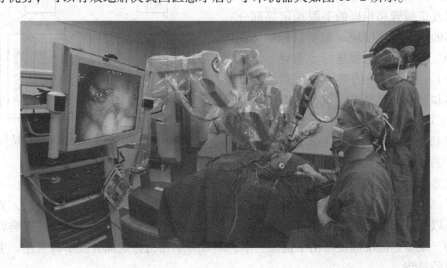

图 11-2　达芬奇机器人

　　三维图像识别在文物保护中也发挥着重要的作用。有的文物或古建筑由于年代久远或者各种侵蚀难以保存，有些文物有着珍贵的价值但不能直接供人们观赏。可以利用三维建模将文物和古建筑通过影像采集、数字处理、数据压缩等技术制成三维图像，然后人们就可以随意的从各个角度观看和欣赏文物和古建筑，同时也是一种保存和研究文物的办法。当数据积累到一定程度，还可以开展网络博物馆等文物展览项目，可以在保护文物的同时达到更广泛推广的目的。

　　在电影特技制作方面，三维建模技术也有着广泛的应用。起先，电影中的很多特殊场景如外星球、古代城市等都要通过搭建微缩模型来实现拍摄，不仅成本高、耗时长、后期制作困难，而且也不容易有真实的效果。对于某些危险的镜头，需要精密的布置和策划，采用各种防护措施，最后还是不能保证万无一失。当三维建模技术被引进之后，现实世界中不可能出现的场景都可以被完美地构造出来，许多危险的镜头现在只需要在计算机前操作鼠标就可以完成，而且制作速度快、效果好。

　　总之，三维图像识别正在广泛地应用于越来越多的领域，并且以其提供直观、方便的三维图像等特点在各领域中发挥越来越重要的作用。

11.1　图像三维识别系统的方案设计

　　本案例主要介绍双目内窥镜三维识别系统，该系统主要由硬件和软件两个部分组成，硬件部分有：视觉传感器（双目 CMOS 相机）、主控计算机以及冷光源、机械臂与控制柜及标定靶标，软件部分有：机械臂主控算法、图像处理算法、双目系统的标定和图像匹配算法、三维重建算法。系统的整体结构如图 11-3 所示。

为了实现系统所要求的实时三维重建的功能，完整的双目内窥镜系统的软件设计主要包括两个模块：系统的标定模块（包括双目相机的标定以及机械臂和相机的手眼标定等部分），目标物体的三维重建模块（包括目标物体图像预处理和立体匹配，三维坐标点重建，坐标转换等部分）。我们搭建的整个工作系统软件算法的编写和运行，都是在主机配置为 Inter(R) Core(TM) i5 - 2450M CPU @ 2.50 GHz 内存为 4 GB，64 位操作系统的环境下实现的。系统的软件设计的流程如图 11-4 所示。

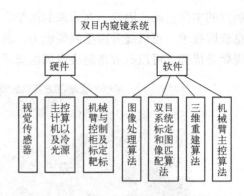

图 11-3　双目内窥镜系统的整体结构图

相机参数的标定对于场景中的物体进行精确定位或者测量，都是必不可少的一个环节，它建立了二维相机图像坐标系下像素点和三维世界坐标系下的空间点的对应关系，为后续图像的校正以及三维空间点的重建打下了基础，所以，相机标定的精确度将直接影响后续对目标物体的三维重建的准确度。由于篇幅有限，本章对于相机标定部分就不再赘述，主要介绍三维重建的过程。

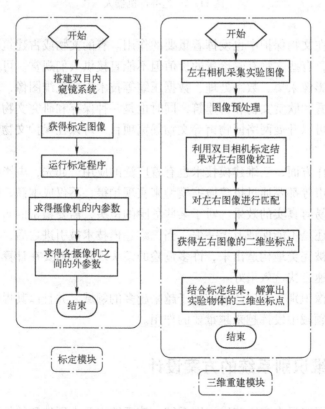

图 11-4　双目内窥镜系统的软件设计的流程图

228

11.2 图像三维识别过程

11.2.1 三维图像预处理

由于相机的自身问题、周围光照的因素、拍摄过程中的抖动等原因，在图像的采集或传输过程中，可能会出现不同种类的噪声干扰，使采集到的图像严重失真，对后面的特征提取、立体匹配，三维测量等造成很大的影响，所以，在进行后面的操作之前需要对图像进行预处理，降低或滤除无用的信息，保留有用的图像信息。

图像平滑是数字图像处理中一种处理方式，其主要目的是在保留图像细节特征的前提下，对采集到的图像的噪声进行抑制，噪声去除的好坏对后续图像特征匹配、三维重建的有效性和可靠性有直接的影响。

本案例是在搭建的双目内窥镜环境下进行实验，对采集的五组图像数据进行图像滤波处理，五组数据分别是以猪的肝脏和鸡的肝脏为例进行处理的，对猪和鸡的肝脏图片分别使用均值滤波、高斯滤波、中值滤波、双边滤波进行去噪处理，从而得到适合本系统的去噪方法。

利用以下程序段可实现各种滤波方式的对比：

```
#include < iostream >
#include < opencv2/core/core. hpp >
#include < opencv2/highgui/highgui. hpp >
#include < opencv2/imgproc/imgproc. hpp >

using namespace std;
using namespace cv;

int main( )
{
    Mat image = imread( "zhugan. jpg",1);

    namedWindow( "均值滤波原图");
    namedWindow( "均值滤波效果图");
    imshow( "均值滤波原图",image);
    Mat out1;
    blur( image,out1,Size(3,3));
    imshow( "均值滤波效果图",out1);
    waitKey(0);

    namedWindow( "高斯滤波原图");
    namedWindow( "高斯滤波效果图");
    imshow( "高斯滤波原图",image);
    Mat out2;
```

```
GaussianBlur(image,out2,Size(3,3),0,0);
imshow("高斯滤波效果图",out2);
waitKey(0);

namedWindow("双边滤波原图");
namedWindow("双边滤波效果图");
imshow("双边滤波原图",image);
Mat out3;
bilateralFilter(image,out3,25,25*2,25/2);
imshow("双边滤波效果图",out3);
waitKey(0);

namedWindow("中值滤波原图");
namedWindow("中值滤波效果图");
imshow("中值滤波原图",image);
Mat out4;
medianBlur(image,out4,7);
imshow("中值滤波效果图",out4);
waitKey(0);

return 0;
}
```

实验结果如图 11-5 和图 11-6 所示。

经实验，可以得到图 11-5b ~ 11-5e 以及 11-6b ~ 11-6e 的效果图，通过对比发现，经由中值滤波和双边滤波处理后的效果能够比较好地保护图像的细节信息，但是双边滤波处理并没有消除噪声，而中值滤波滤除噪声的效果很好。因而本系统采用中值滤波的方法来对获取二维图像进行处理。

11. 2. 2　基于 SURF 算法的特征点匹配

由于在图像处理的过程中，SIFT 的算法对图像的尺度变化、平移、旋转、光照的影响比较不敏感即鲁棒性较好，有效地抑制了噪声的干扰。所以被广泛地应用到机器视觉、三维重建等领域。SIFT 的算法的基本原理及实现方法见本书第六章。

Bay 提出的 SURF 算法（全称）是一个速度较快、鲁棒性能较好的方法。它是 SIFT 算法的改进，融合了 Harris 特征和积分图像，加快了程序的运行速度。具体来说，该算法可分为建立积分图像、构建 Hessian 矩阵和高斯金字塔尺度空间、尺度空间表示、精确定位极值点、生成特征点描述向量等几步完成。

1.　建立积分图像

由于 SURF 算法的积分图用于加速图像卷积，所以加快了 SURF 算法的计算速度，计算时间减少。对于一个灰度图像 I，(i,j) 为在积分图像中的像素。

$$I_{\sum(X)} = \sum_{i=0}^{i \leq x} \sum_{j=0}^{j \leq y} I(i,j) \tag{11-1}$$

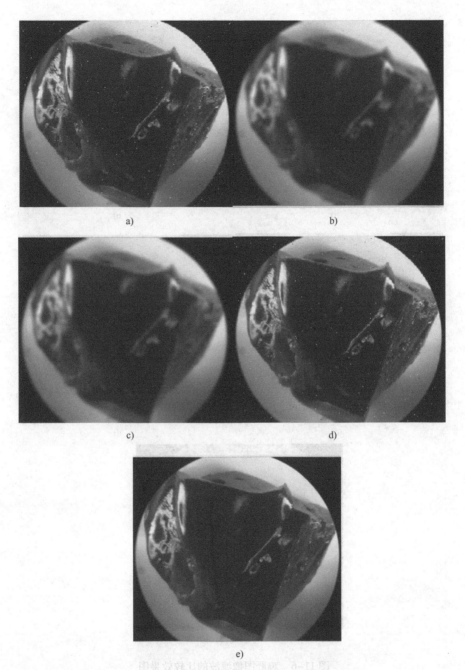

图 11-5 猪肝图像滤波的比较效果图

a) 右相机采集猪肝图像 b) 均值滤波 c) 高斯滤波 d) 双边滤波 e) 中值滤波

2. 构建 Hessian 矩阵和高斯金字塔尺度空间

(x,y) 为图像中的任意一点，在图像坐标点 (x,y) 处，尺度为 σ 的 Hessian 矩阵 $\boldsymbol{H}(x,y,\sigma)$ 可以表示为：

$$\boldsymbol{H}(x,y,\sigma) = \begin{pmatrix} L_{xx}(x,y,\sigma) & L_{xy}(x,y,\sigma) \\ L_{xy}(x,y,\sigma) & L_{yy}(x,y,\sigma) \end{pmatrix} \tag{11-2}$$

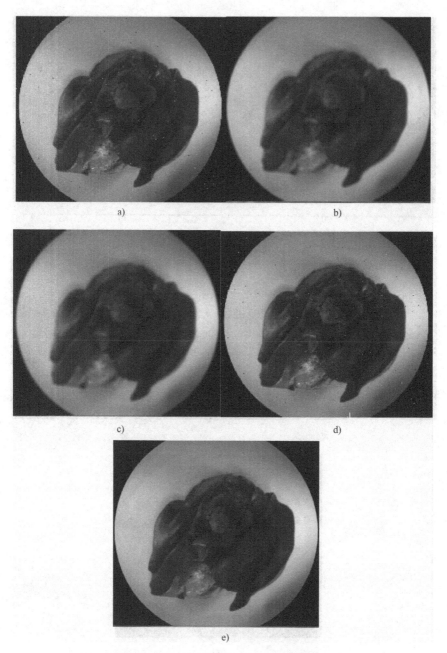

图 11-6　鸡肝图像滤波的比较效果图

a）右相机采集鸡肝图像　b）均值滤波　c）高斯滤波　d）双边滤波　e）中值滤波

其中，$L_{xx}(x,y,\sigma)$ 是高斯函数与二阶微分 $\dfrac{\partial^2 g(\sigma)}{\partial x^2}$ 在点 (x,y) 处与图像 $I(x,y)$ 的卷积，$L_{xy}(x,$

$y,\sigma)$ 和 $L_{yy}(x,y,\sigma)$ 与此类似，SURF 算法选用 DOG 算子 $D(x,y,\sigma)$ 代替 LoG 算子来近似的

表达，得到类似的 Hessian 矩阵的结果如下：

$$\det(\boldsymbol{H}_{approx}) = \boldsymbol{D}_{xx}\boldsymbol{D}_{yy} - (\omega\boldsymbol{D}_{xy})^2 \tag{11-3}$$

其中 $\omega = 0.9$ 为矩阵的权重值，$\boldsymbol{D}_{xx},\boldsymbol{D}_{yy},\boldsymbol{D}_{xy}$ 表示箱式滤波和图像卷积的值，取代了 $L_{xx},L_{yy},$

L_{xy} 的值。在进行极值点判断时，如果 $\det(\boldsymbol{H}_{approx})$ 的符号为正，则该点为极值点。

3. 定位极值点

得到各像素点的 Hessian 矩阵后，根据其行列式的正负判断是否为极值点，并使用非极大值抑制法在 $3\times3\times3$ 立体邻域检测极值点，只有比它所在尺度层的周围 8 个点和上下两层对应的 9 个点都大或者都小的极值点作为候选特征点，如图 11-7 所示。

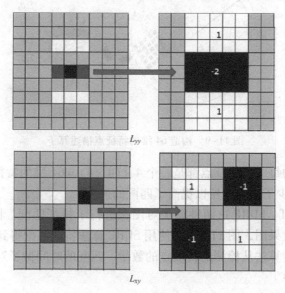

图 11-7　使用 SURF 箱式滤波器定位极值点

4. 确定主方向

对于每个候选特征点作为中心，$6S$ 被作为特征点尺度的半径，Harr 小波统计了总响应的 $60°$ 扇区和 X 在 Y 方向的所有特征点（Harr 小波尺寸 $4S$），高斯分配权重系数的响应，然后以中心角 $60°$ 扇区模板遍历整个圆形区域，如图 11-8 所示，将最长的向量作为特征点的方向。如图 11-8 所示。

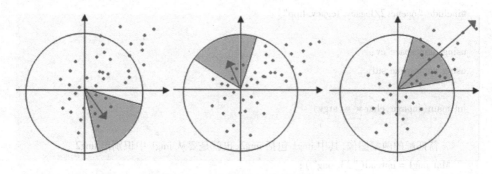

图 11-8　选取特征点的主方向

5. 生成特征点描述子

确定主要方向后，需要生成特征点描述子。利用 $20S\times20S$ 的正方形区域将感兴趣区域分割成 4×4 正方形子区域（每个子区域的大小是 $5S\times5S$）。在图 11-9 中，被计算的每一个子区域，Harr 小波响应的水平方向表示为 d_x，垂直方向表示为 d_y，然后响应区域 d_x，d_y 的

和以及响应的绝对值 $|d_x|,|d_y|$ 被计算出来，每个子区域形成一个四维的描述符矢量：

$$v = (\sum d_x, \sum d_y, \sum |d_x|, \sum |d_y|) \tag{11-4}$$

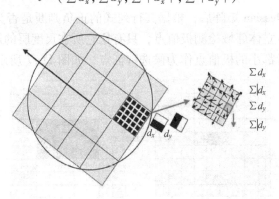

图 11-9　构造 64 维的特征点描述算子

这样，最终生成的每一个特征点都是一个 $4 \times (4 \times 4) = 64$ 维的特征向量，如图 11-9 所示，比 SIFT 算法，减少了很多，所以提高了匹配的速度。

我们分别使用 SIFT、SURF 这两种算法对图像进行了特征匹配。图 11-10 为使用 SIFT 算法特征匹配得到的效果图，图 11-11 为使用 SURF 算法特征匹配得到的效果图。在匹配的过程中，我们也对三种算法从检测的特征点的数量、匹配的时间做了对比，对比的结果统计于表 11-1、表 11-2 中。

SIFT 算法匹配的程序如下：

```
#include "stdafx. h"
#include "opencv2/core/core. hpp"
#include "highgui. h"
#include "opencv2/imgproc/imgproc. hpp"
#include "opencv2/features2d/features2d. hpp"
#include "opencv2/nonfree/nonfree. hpp"
#include "opencv2/legacy/legacy. hpp"

using namespace cv;
using namespace std;

int main( intargc, char * * argv)
{
    % 待匹配的两幅图像,其中 img1 包括 img2,也就是要从 img1 中识别出 img2
    Mat img1 = imread( "33. png" );
    Mat img2 = imread( "44. png" );
    SIFT sift1, sift2;
    vector < KeyPoint > key_points1, key_points2;
    Mat descriptors1, descriptors2, mascara;
    sift1( img1, mascara, key_points1, descriptors1 );
    sift2( img2, mascara, key_points2, descriptors2 );
```

```
    % 实例化暴力匹配器 -- BruteForceMatcher
BruteForceMatcher < L2 < float > > matcher;
    % 定义匹配器算子
vector < DMatch > matches;
    % 实现描述符之间的匹配,得到算子 matches
matcher. match( descriptors1 , descriptors2 , matches );

    % 提取出前 30 个最佳匹配结果
% std :: nth_element( matches. begin( ) , % 匹配器算子的初始位置
    % matches. begin( ) + 29 ,      % 排序的数量
    % matches. end( ));             % 结束位置
    % 剔除掉其余的匹配结果
% matches. erase( matches. begin( ) + 30 , matches. end( ));

namedWindow( "SIFT_matches" );
    Mat img_matches;
    % 在输出图像中绘制匹配结果
drawMatches( img1 , key_points1 ,        % 第一幅图像和它的特征点
    img2 , key_points2 ,                 % 第二幅图像和它的特征点
    matches,                             % 匹配器算子
img_matches ),                           % 匹配输出图像; imshow( "SIFT_matches" , img_matches );
imwrite( "SIFT_matches. png" , img_matches );
waitKey( 0 );

    return 0;
}
```

其匹配效果如图 11-10 所示。

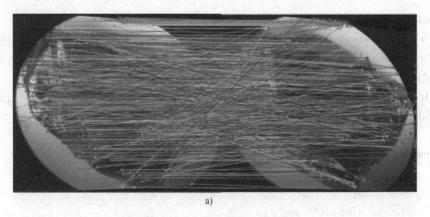

a)

图 11-10　SIFT 算法匹配的效果图

a) 猪肝 SIFT 算法匹配

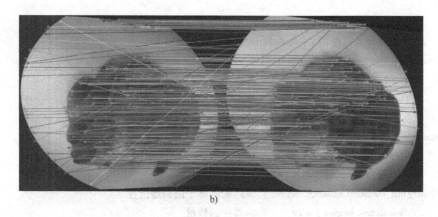

b)

图 11-10　SIFT 算法匹配的效果图 （续）

b) 鸡肝 SIFT 算法匹配

SURF 算法的匹配程序如下所示：

```
#include "stdafx. h"
#include "opencv2/highgui/highgui. hpp"
#include "opencv2/imgproc/imgproc. hpp"
#include "opencv2/nonfree/nonfree. hpp"
#include "opencv2/nonfree/features2d. hpp"
#include <iostream>
#include <stdio. h>
#include <stdlib. h>

using namespace cv;
using namespace std;

int main( )
{
initModule_nonfree( );%初始化模块,使用 SIFT 或 SURF 时用到
Ptr < FeatureDetector > detector = FeatureDetector∷create("SURF");%创建 SIFT 特征检测器
Ptr < DescriptorExtractor > descriptor_extractor = DescriptorExtractor∷create("SURF");%创建特征向
量生成器
Ptr < DescriptorMatcher > descriptor_matcher = DescriptorMatcher∷create("BruteForce");%创建特征
匹配器
    if(detector. empty( ) || descriptor_extractor. empty( ))
cout << "fail to create detector!";

    %读入图像
    Mat img1 = imread("0. png");
    Mat img2 = imread("10. png");
    %特征点检测
    int64 t = getTickCount( );%当前滴答数
```

```
        vector < KeyPoint > keypoints1, keypoints2;
        detector -> detect(img1, keypoints1);% 检测 img1 中的 SIFT 特征点,存储到 keypoints1 中
        detector -> detect(img2, keypoints2);
cout << "图像 1 特征点个数:" << keypoints1. size() << endl;
cout << "图像 2 特征点个数:" << keypoints2. size() << endl;


        % 根据特征点计算特征描述子矩阵,即特征向量矩阵
        Mat descriptors1, descriptors2;
descriptor_extractor -> compute(img1, keypoints1, descriptors1);
descriptor_extractor -> compute(img2, keypoints2, descriptors2);
        t = ((int64)getTickCount() - t)/getTickFrequency();
cout << "SURF 算法用时:" << t << "秒" << endl;
cout << "图像 1 特征描述矩阵大小:" << descriptors1. size()
        << ",特征向量个数:" << descriptors1. rows << ",维数:" << descriptors1. cols << endl;
cout << "图像 2 特征描述矩阵大小:" << descriptors2. size()
        << ",特征向量个数:" << descriptors2. rows << ",维数:" << descriptors2. cols << endl;
        % 画出特征点
        Mat img_keypoints1, img_keypoints2;
drawKeypoints(img1, keypoints1, img_keypoints1, Scalar∷all(-1),0);
drawKeypoints(img2, keypoints2, img_keypoints2, Scalar∷all(-1),0);
        % imshow("Src1", img_keypoints1);
        % imshow("Src2", img_keypoints2);


        % 特征匹配
        vector < DMatch > matches;% 匹配结果
descriptor_matcher -> match(descriptors1, descriptors2, matches);% 匹配两个图像的特征矩阵
cout << "Match 个数:" << matches. size() << endl;


        % 计算匹配结果中距离的最大和最小值
        % 距离是指两个特征向量间的欧式距离,表明两个特征的差异,值越小表明两个特征点越
接近
        double max_dist = 0;
        double min_dist = 100;
        for( int i = 0; i < matches. size(); i++)
        {
            double dist = matches[i]. distance;
            if( dist < min_dist) min_dist = dist;
            if( dist > max_dist) max_dist = dist;
        }
cout << "最大距离:" << max_dist << endl;
cout << "最小距离:" << min_dist << endl;


        % 筛选出较好的匹配点
```

```
    vector < DMatch > goodMatches;
    for( inti = 0;i < matches. size( );i + + )
    {
        if( matches[i]. distance < 0. 1  *  max_dist)
        {
goodMatches. push_back( matches[i]);
        }
    }
cout << "goodMatch 个数:" << goodMatches. size( ) << endl;

    % 画出匹配结果
    Mat img_matches;
    % 红色连接的是匹配的特征点对,绿色是未匹配的特征点
    drawMatches( img1,keypoints1,img2,keypoints2,goodMatches,img_matches,
            Scalar∷all( - 1)/ * CV_RGB(255,0,0) * /,CV_RGB(0,255,0),Mat( ),2);
imshow( "MatchSIFT",img_matches);
waitKey(0);
    return 0;
}
```

匹配效果如图 11-11 所示。

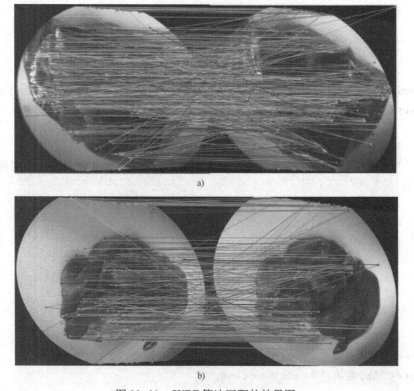

a)

b)

图 11-11 SURF 算法匹配的效果图

a) 猪肝 SURF 算法匹配   b) 鸡肝 SURF 算法匹配

从图 11-10、图 11-11 的匹配结果和表 11-1、表 11-2 两种算法的比较结果可以看到：从特征点检测数量分析，SURF 方法特征点较少，SIFT 方法检测到的特征点较多；从特征匹配的时间上分析，SURF 算法快，SIFT 算法慢。因为在实际应用中对内窥镜系统实时性的要求，从比较结果的两个特性综合考虑，SURF 算法不仅能检测较多的特征点，而且速度又快，所以本案例利用 SURF 特征匹配的算法进行图像的三维识别。

表 11-1   第一组（猪肝）两种算法的比较结果

性能	SIFT	SURF
图像特征点数量/个	1276	676
匹配时间/s	4.35	2.08

表 11-2   第二组（鸡肝）两种算法的比较结果

性能	SIFT	SURF
图像特征点数量/个	1086	514
匹配时间/s	3.35	1.58

11.2.3   最优匹配点的提取

PROSAC（Pro-gressive Sample Consensus）算法是对 RANSAC（Random Sample Consensus）算法的改进。RANSAC 算法是将 SURF 算法所有的特征点都同等看待，而 PROSAC 算法是根据特征点和模型的相关性进行排序，然后按相关性的大小进行迭代，经过不断的假设，再逐一进行验证，直到取得最优解。

如果有 N 个特征点的集 U_n，将这些特征点按照质量进行降序排列，质量函数 Q 可以表示为：

$$u_i, u_j \in U_n : i < j \Rightarrow Q(u_i) < Q(u_j) \tag{11-5}$$

下面从 PROSAC 算法实现过程中的增长函数和抽样、终止条件这两个问题进行研究。

1. 增长函数和抽样

PROSAC 算法定义了样本集合的增长函数，用来确定在每次抽样的时候选取的子集的大小，使算法能不断地采样到符合预期数学模型的特征点。

假设 u_i 是正确的特征点，$p(u_i)$ 为采样到正确特征点的概率，通过将 $p(u_i)$ 和 $Q(u_i)$ 关系进行排序，如果这些点越靠前，它们就很有可能是正确的特征点，并且被采样的会增大：

$$q(u_i) \geq q(u_j) \Rightarrow p(u_i) < p(u_j), i < j \Rightarrow p(u_i) < p(u_j) \tag{11-6}$$

在标准的 RANSAC 算法，从特征点的集 U_n 中进行采样 T_n 个势为 m 的集合为 $\{M_i\}_{i=1}^{T_n}$。将其依照质量进行降序排列表示为：

$$i < j \Rightarrow q(M_{(i)}) \geq q(M_{(j)}) \tag{11-7}$$

当按照 $M_{(i)}$ 的顺序进行采样时，优先提取质量高的内点，然后再提取质量低的外点。假设 n 个质量高的内点的集合为 A_n，A_n 中的高质量点的平均数为 B_n：

$$B_n = B_N \frac{\binom{n}{m}}{\binom{N}{m}} = B_N \prod_{i=0}^{m-1} \frac{n-i}{N-i} \tag{11-8}$$

因为 $\dfrac{B_{n+1}}{B_N} = \dfrac{B_N}{B_N} \displaystyle\prod_{i=0}^{m-1} \dfrac{n+1-i}{N-i} \prod_{i=0}^{m-1} \dfrac{N-i}{n-i} = \dfrac{n+1}{n+1-m}$，所以 B_{n+1} 可以表示为：

$$B_{n+1} = \frac{n+1}{n+1-m} B_n \tag{11-9}$$

其中 B_n 的取值通常设定为 $B_m' = 1$，$B_{n+1}' = B_n' + |B_{n+1} - B_n|$。

通常我们定位增长函数为：$g(t) = \min\{n : T_n' \geq t\}$，在 PROSAC 中，第 t 次采样集合 M_t 为 $M_t = \{u_{g(t)}\} \cup M_t'$，这里 $M_t' \subset U_{g(t)}$ 为一个从 $U_{g(t)}$ 集合中随机抽取的势为 $|M_t'| = m-1$ 的子集。

PROSAC 的算法步骤如下：

1）设定初始值 $t:0$，$n:m$，$n:N$，循环执行 2），3），4）直到满足终止条件；

2）选定假设生成集令 $t := t+1$，如果 $t = T_n'$，并且 $n < n^*$，有 $n := n+1$；

3）对于视为 m 的半随机采样集合 M_i，如果 $B_n' < t$，从 U_{n-1} 集合中随机抽取 $m-1$ 个点和 u_n，否则，从 U_n 中随机选取 m 个点；

4）模型参数的预测，利用采样集合 M_t 进行估算模型参数 p_t；

5）模型检验，通过第 4）步估算出来的模型，从余集中搜索与模型匹配的点，根据终止条件判断迭代过程是否结束。

2. 终止条件

PROSAC 算法退出循环迭代的两个条件为：

1）非随机性，非正确模型内点的数量 I_n 的概率小于 5%；

2）极大性，在 U_n 中内点的数量大于 I_n，并且经过 k 次抽样后的概率仍然小于 5% 时。

使用改进的 SURF 匹配算法进行图像匹配实验，并与传统的 SURF 算法进行比较，统计比较结果于表 11-3 中，图 11-12 和图 11-13 展示了五组图像数据中的其中两组数据，使用改进的 SURF 算法进行匹配的效果图。

改进的 SURF 算法的实现程序如下：

```
#include "stdafx. h"
#include <stdio. h>
#include <iostream>
#include <opencv2/core/core. hpp>
#include "opencv2/nonfree/features2d. hpp"
#include <opencv2/legacy/legacy. hpp>
#include <opencv2/highgui/highgui. hpp>

using namespace cv;
using namespace std;
int main()
{
    Mat img_1 = imread("33. png");
    Mat img_2 = imread("44. png");

    if (! img_1. data || ! img_2. data)
    {
```

```
        return -1;
}
% 检测 SURF 特征点
intminHessian = 500;
SurfFeatureDetector detector(minHessian);
vector < KeyPoint > keypoints_1,keypoints_2;
detector. detect(img_1,keypoints_1);
detector. detect(img_2,keypoints_2);


% 计算特征描述子
SurfDescriptorExtractor extractor;
Mat descriptors_1,descriptors_2;
extractor. compute(img_1,keypoints_1,descriptors_1);
extractor. compute(img_2,keypoints_2,descriptors_2);

% 利用 FLANN 匹配器对特征点进行匹配
FlannBasedMatcher matcher;
vector < DMatch > matches;
vector < vector < DMatch > > m_knnMatches;

matches. clear();
const float minRatio = 1. f/2. 8f;
matcher. knnMatch(descriptors_1,descriptors_2,m_knnMatches,2);

for (inti = 0;i < m_knnMatches. size();i ++)
{
    constDMatch&bestMatch = m_knnMatches[i][0];
    constDMatch&betterMatch = m_knnMatches[i][1];

    float distanceRatio = bestMatch. distance/betterMatch. distance;

    if (distanceRatio < minRatio)
    {
        matches. push_back(bestMatch);
    }
}

vector < DMatch > good_matches;

if (!matches. size())
{
    cout << "matches is empty! " << endl;
    return -1;
```

```
    }
else if (matches. size( ) < 4)
    {
        cout << matches. size( ) << " points matched is not enough " << endl;
    }
else % 单应性矩阵的计算最少得使用 4 个点
    {
        for (inti = 0;i < matches. size( );i + + )
        {
            good_matches. push_back(matches[i]);
        }

        Mat img_matches;
        drawMatches(img_1,keypoints_1,img_2,keypoints_2,
            good_matches,img_matches,Scalar::all( -1),Scalar::all( -1),
            vector < char > ( ),DrawMatchesFlags::NOT_DRAW_SINGLE_POINTS);
        vector < Point2f > obj;
        vector < Point2f > scene;

        for (inti = 0;i < good_matches. size( );i + + )
        {
            % -- Get the keypoints from the good matches
            obj. push_back(keypoints_1[good_matches[i]. queryIdx]. pt);
            scene. push_back(keypoints_2[good_matches[i]. trainIdx]. pt);
        }
        Mat H = findHomography(obj,scene,CV_RANSAC);

        % -- Get the corners from the image_1 (the object to be "detected")
        vector < Point2f > obj_corners(4);
        obj_corners[0] = cvPoint(0,0);
        obj_corners[1] = cvPoint(img_1. cols,0);
        obj_corners[2] = cvPoint(img_1. cols,img_1. rows);
        obj_corners[3] = cvPoint(0,img_1. rows);
        vector < Point2f > scene_corners(4);

        perspectiveTransform(obj_corners,scene_corners,H);

for (inti = 0;i < 4;i + + )
    {
        double x = obj_corners[i]. x;
        double y = obj_corners[i]. y;
        double Z = 1. /(H. at < double > (2,0) * x + H. at < double > (2,1) * y + H. at < double > (2,2));
        double X = (H. at < double > (0,0) * x + H. at < double > (0,1) * y +
```

```
        H. at < double > (0,2)) * Z;
            double Y = ( H. at < double > (1,0) * x + H. at < double > (1,1) * y + H. at < double > (1,
2)) * Z;
            scene_corners[ i ] = cvPoint( cvRound( X ) + img_1. cols,cvRound( Y )); * /
            Vscene_corners[ i ]. x += img_1. cols;
            }


        % line( img_matches,scene_corners[0],scene_corners[1],Scalar(0,255,0),2);
        % line( img_matches,scene_corners[1],scene_corners[2],Scalar(0,255,0),2);
        % line( img_matches,scene_corners[2],scene_corners[3],Scalar(0,255,0),2);
        % line( img_matches,scene_corners[3],scene_corners[0],Scalar(0,255,0),2);
        imshow("Good Matches & Object detection",img_matches);
        imwrite("Good Matches & Object detection. png",img_matches);
        }
    waitKey(0);
    return 0;
    }
```

其匹配效果如图 11-12 和图 11-13 所示。

图 11-12　改进的算法进行猪肝匹配的效果图

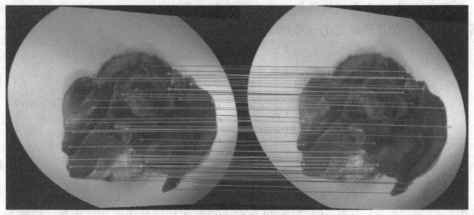

图 11-13　改进的算法进行鸡肝匹配的效果图

表 11-3　改进的 SURF 算法、SURF 算法的比较

匹配方法	SURF	改进的 SURF 算法
匹配时间/s	1.66	0.34
特征点数量/个	587	242
正确匹配率	79%	92%

11.2.4　图像三维坐标的计算

通过上一节的立体匹配，我们得到了各个特征点的视差信息，并基于视差的原理，通过三角测量的方法确定各点的空间深度信息，从而完成空间点的三维重建。在图 11-14 中，空间中任意一点 P，当用左相机 C_l 观测时，p_l 为它在左相机上的投影点，由于直线 O_lP 上的任意一点 p' 的投影点都是 p_l，所以仅仅依靠 p_l 不能确定 P 的三维位置。

当用两个相机 C_1 和 C_2 同时观测 P 点时，P 点不仅位于 O_lP_l，而且位于 O_rP_r 上，是两直线的交点，所以空间 P 的三维位置就唯一确定了。以上就是空间三维点重建的基本原理，下面将介绍空间 P 点的三维坐标点的计算方法。

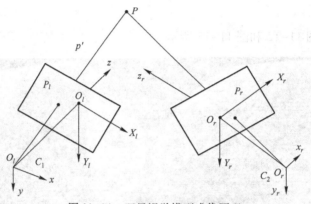

图 11-14　双目视觉模型成像原理

三维空间点是构成目标物体的最基本的要素，如果能够得到目标物体的三维空间点坐标，就可以唯一确定该物体在三维空间中的形状与位置。

在完成了对双目内窥镜系统中左右相机的标定，其投影矩阵分别为 M_l 和 M_r，空间中的任意一点 $P(X,Y,Z)$ 在左右相机成像平面上的投影点分别为 $p_l(u_l,v_l)$ 和 $p_r(u_r,v_r)$，而且经过第四章的图像匹配算法确定了一对对应的匹配点。

$$Z_{c1}\begin{pmatrix} u_l \\ v_l \\ 1 \end{pmatrix} = \boldsymbol{M}_l \begin{pmatrix} X \\ Y \\ Z \\ 1 \end{pmatrix} = \begin{pmatrix} m_{11}^l & m_{12}^l & m_{13}^l & m_{14}^l \\ m_{21}^l & m_{22}^l & m_{23}^l & m_{24}^l \\ m_{31}^l & m_{32}^l & m_{33}^l & m_{34}^l \end{pmatrix} \begin{pmatrix} X \\ Y \\ Z \\ 1 \end{pmatrix} \tag{11-10}$$

$$Z_{cr}\begin{pmatrix} u_r \\ v_r \\ 1 \end{pmatrix} = \boldsymbol{M}_r \begin{pmatrix} X \\ Y \\ Z \\ 1 \end{pmatrix} = \begin{pmatrix} m_{11}^r & m_{12}^r & m_{13}^r & m_{14}^r \\ m_{21}^r & m_{22}^r & m_{23}^r & m_{24}^r \\ m_{31}^r & m_{32}^r & m_{33}^r & m_{34}^r \end{pmatrix} \begin{pmatrix} X \\ Y \\ Z \\ 1 \end{pmatrix} \tag{11-11}$$

其中，m_{ij}^l 和 $m_{ij}^r (i=1,2,3;j=1,2,3,4)$ 分别表示左右相机的投影矩阵中第 i 行第 j 列的元

素，$(X,Y,Z,1)$是P点在世界坐标系下的齐次坐标。将式（11-10）和式（11-11）中的Z_{cl}和Z_{cr}消除可得到式（11-12）和式（11-13）。

$$\begin{aligned}
(u_l\, m_{31}^l - m_{11}^l)X + (u_l\, m_{32}^l - m_{12}^l)Y + (u_l\, m_{33}^l - m_{13}^l)Z = m_{14}^l - u_l\, m_{34}^l \\
(v_l\, m_{31}^l - m_{21}^l)X + (v_l\, m_{32}^l - m_{22}^l)Y + (v_l\, m_{33}^l - m_{23}^l)Z = m_{24}^l - v_l\, m_{34}^l
\end{aligned} \tag{11-12}$$

$$\begin{aligned}
(u_r\, m_{31}^r - m_{11}^r)X + (u_r\, m_{32}^r - m_{12}^r)Y + (u_r\, m_{33}^r - m_{13}^r)Z = m_{14}^r - u_r\, m_{34}^r \\
(v_r\, m_{31}^r - m_{21}^r)X + (v_r\, m_{32}^r - m_{22}^r)Y + (v_r\, m_{33}^r - m_{23}^r)Z = m_{24}^r - v_r\, m_{34}^r
\end{aligned} \tag{11-13}$$

将式（11-12）和式（11-13）写成矩阵形式，表示为：

$$MP = Q \tag{11-14}$$

其中：

$$M = \begin{pmatrix}
(u_l\, m_{31}^l - m_{11}^l) & (u_l\, m_{32}^l - m_{12}^l) & (u_l\, m_{32}^l - m_{12}^l) \\
(v_l\, m_{31}^l - m_{21}^l) & (v_l\, m_{32}^l - m_{22}^l) & (u_l\, m_{33}^l - m_{23}^l) \\
(u_r\, m_{31}^r - m_{11}^r) & (u_r\, m_{32}^r - m_{12}^r) & (u_r\, m_{32}^r - m_{12}^r) \\
(v_r\, m_{31}^r - m_{21}^r) & (v_r\, m_{32}^r - m_{22}^r) & (u_r\, m_{33}^r - m_{23}^r)
\end{pmatrix} \tag{11-15}$$

$$P = \begin{bmatrix} X & Y & Z \end{bmatrix} \tag{11-16}$$

$$Q = \begin{bmatrix}
m_{14}^l - u_l\, m_{34}^l \\
m_{24}^l - v_l\, m_{34}^l \\
m_{14}^r - u_r\, m_{34}^r \\
m_{24}^r - v_r\, m_{34}^r
\end{bmatrix} \tag{11-17}$$

则有：

$$P = (M^{\mathrm{T}}M)^{-1} M^{\mathrm{T}} Q \tag{11-18}$$

利用最小二乘法来求得空间点P点的三维坐标，这样就得到了匹配点对应的三维坐标值，所以目标物体在相机坐标系下的一系列三维离散空间点就可以得到。

11.2.5 图像三维识别

本案例使用双目内窥镜系统对目标物体进行采集，经过图像预处理、摄像机标定、特征匹配后可计算得到物体的视差图，利用三角测量原理最终生成三维重建的效果图。图 11-15 为得到的猪肝的视差图，经过三维重建后，我们得到的物体在空间中三维点的坐标，为了更直观地展示目标物体三维重建的效果，最后通过纹理映射的方式，重建出不同坐标系下具有可视性和真实感的模型结构。图 11-16 为猪肝在相机坐标系下三维重建的效果图，图 11-17 为鸡肝的视差图，图 11-18 为鸡肝在相机坐标系下三维重建的效果图。

生成图像三维数据的程序具体如下：

```
#include "stdafx.h"
#include "cv.h"
#include "cvaux.h"
#include "cxcore.h"
#include "highgui.h"

int main(intargc,char ** argv)
```

```
IplImage  *  cv_left_rectified;
IplImage  *  cv_right_rectified;

% note the sequence of the stereo pairs
cv_left_rectified = cvLoadImage("5. png",CV_LOAD_IMAGE_GRAYSCALE);
cv_right_rectified = cvLoadImage("6. png",CV_LOAD_IMAGE_GRAYSCALE);
CvSize size = cvGetSize(cv_left_rectified);

CvMat *  disparity_left = cvCreateMat(size. height,size. width,CV_16S);
CvMat *  disparity_right = cvCreateMat(size. height,size. width,CV_16S);
CvStereoGCState *  state = cvCreateStereoGCState(16,2);
cvFindStereoCorrespondenceGC(cv_left_rectified,
cv_right_rectified,
disparity_left,
disparity_right,
  state,
  0);
cvReleaseStereoGCState(&state);
    % post - progressing the result
CvMat *  disparity_left_visual = cvCreateMat(size. height,size. width,CV_8U);
cvConvertScale(disparity_left,disparity_left_visual, - 16);
cvSave("disparity. png",disparity_left_visual);

cvNamedWindow("disparity",1);
cvShowImage("disparity",disparity_left_visual);
cvWaitKey(0);
cvDestroyWindow("disparity");
return 0;
    }
```

其结果如图 11-15、图 11-16、图 11-17 和图 11-18 所示。

图 11-15　猪肝的视差图

图 11-16 猪肝的三维重建的效果图

图 11-17 鸡肝的视差图

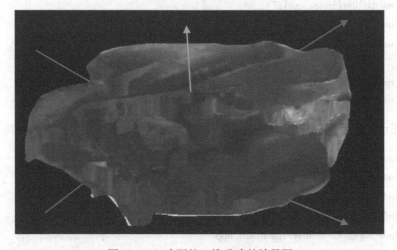

图 11-18 鸡肝的三维重建的效果图

从以上的实验结果可以看到基于本案例搭建的双目内窥镜系统得到的物体的三维重建效果图可以直观看到物体的三维状态，但是精度不高，有些地方的深度计算的不太正确。造成这些误差的原因主要有：相机标定时的标定结果存在误差；在特征点匹配方面虽然改进的 SURF 算法较传统的 SURF 算法有较高的匹配准确度和较短的匹配时间，但是由于对特征点的数量上控制不是很精确，可能会使部分特征点被去除，最终会影响深度信息提取的结果，这是需要进一步改进的地方。

11.3 基于 SURF 特征点匹配的图像三维识别的 OpenCV 完整代码

整个实验代码分为 3 个部分：图像滤波、图像特征点匹配、三维数据生成。
图像滤波代码如下：

```
#include <iostream>
#include <opencv2/core/core. hpp>
#include <opencv2/highgui/highgui. hpp>
#include <opencv2/imgproc/imgproc. hpp>

using namespace std;
using namespace cv;

int main()
{
    Mat image = imread("zhugan. jpg",1);

    namedWindow("中值滤波原图");
    namedWindow("中值滤波效果图");
    imshow("中值滤波原图",image);
    Mat out4;
    medianBlur(image,out4,7);
    imshow("中值滤波效果图",out4);
    waitKey(0);

    return 0;
}
```

图像特征点匹配代码如下：

```
#include "stdafx. h"
#include <stdio. h>
#include <iostream>
#include <opencv2/core/core. hpp>
#include "opencv2/nonfree/features2d. hpp"
#include <opencv2/legacy/legacy. hpp>
```

```cpp
#include <opencv2/highgui/highgui.hpp>

using namespace cv;
using namespace std;
int main()
{
    Mat img_1 = imread("33.png");
    Mat img_2 = imread("44.png");

    if (!img_1.data || !img_2.data)
    {
        return -1;
    }
    % 检测 SURF 特征点
    intminHessian = 500;
    SurfFeatureDetector detector(minHessian);
    vector<KeyPoint> keypoints_1, keypoints_2;
detector.detect(img_1, keypoints_1);
detector.detect(img_2, keypoints_2);

% 计算特征描述子
SurfDescriptorExtractor extractor;
Mat descriptors_1, descriptors_2;
extractor.compute(img_1, keypoints_1, descriptors_1);
extractor.compute(img_2, keypoints_2, descriptors_2);

% 利用 FLANN 匹配器对特征点进行匹配
FlannBasedMatcher matcher;
vector<DMatch> matches;
vector<vector<DMatch> > m_knnMatches;

matches.clear();
const float minRatio = 1.f/2.8f;
matcher.knnMatch(descriptors_1, descriptors_2, m_knnMatches, 2);

for (inti = 0; i < m_knnMatches.size(); i++)
{
    constDMatch&bestMatch = m_knnMatches[i][0];
    constDMatch&betterMatch = m_knnMatches[i][1];

    float distanceRatio = bestMatch.distance/betterMatch.distance;

    if (distanceRatio < minRatio)
```

```
        {
        matches. push_back(bestMatch);
        }
    }

    vector < DMatch > good_matches;

    if ( ! matches. size( ) )
    {
        cout << "matches is empty! " << endl;
        return -1;
        }
    else if ( matches. size( ) < 4 )
        {
        cout << matches. size( ) << " points matched is not enough " << endl;
        }
    else % 单应性矩阵的计算最少得使用 4 个点
        {
        for ( inti = 0;i < matches. size( );i ++ )
        {
            good_matches. push_back(matches[i]);
        }

        Mat img_matches;
        drawMatches(img_1, keypoints_1, img_2, keypoints_2,
        good_matches, img_matches, Scalar :: all( -1), Scalar :: all( -1),
        vector < char > ( ), DrawMatchesFlags :: NOT_DRAW_SINGLE_POINTS);
        vector < Point2f > obj;
        vector < Point2f > scene;

        for ( inti = 0;i < good_matches. size( );i ++ )
        {
        % 特征点匹配
        obj. push_back(keypoints_1[good_matches[i]. queryIdx]. pt);
        scene. push_back(keypoints_2[good_matches[i]. trainIdx]. pt);
        }
        Mat H = findHomography(obj, scene, CV_RANSAC);

        % 从图一中得到特征点描述子
            vector < Point2f > obj_corners(4);
            obj_corners[0] = cvPoint(0,0);
            obj_corners[1] = cvPoint(img_1. cols,0);
            obj_corners[2] = cvPoint(img_1. cols,img_1. rows);
```

```
                obj_corners[3] = cvPoint(0,img_1. rows);
                vector < Point2f > scene_corners(4);
                perspectiveTransform(obj_corners,scene_corners,H);

                for ( inti = 0;i < 4;i ++ )
                {
double x = obj_corners[i]. x;
double y = obj_corners[i]. y;
double Z = 1. /( H. at < double > (2,0) * x + H. at < double > (2,1) * y + H. at < double > (2,2));
double X = ( H. at < double > (0,0) * x + H. at < double > (0,1) * y +
H. at < double > (0,2)) * Z;
double Y = ( H. at < double > (1,0) * x + H. at < double > (1,1) * y + H. at < double > (1,2)) * Z;
scene_corners[i] = cvPoint(cvRound(X) + img_1. cols,cvRound(Y)); */
scene_corners[i]. x  += img_1. cols;
                }

                % line( img_matches,scene_corners[0],scene_corners[1],Scalar(0,255,0),2);
                % line( img_matches,scene_corners[1],scene_corners[2],Scalar(0,255,0),2);
                % line( img_matches,scene_corners[2],scene_corners[3],Scalar(0,255,0),2);
                % line( img_matches,scene_corners[3],scene_corners[0],Scalar(0,255,0),2);
                imshow( "Good Matches & Object detection",img_matches);
                imwrite( "Good Matches & Object detection. png",img_matches);
        }
        waitKey(0);
        return 0;
}
```

三维数据生成代码如下:

```
    #include " stdafx. h"
    #include " cv. h"
    #include " cvaux. h"
    #include " cxcore. h"
    #include " highgui. h"

    int main( intargc,char * * argv)
    {
    IplImage * cv_left_rectified;
    IplImage * cv_right_rectified;

    % note the sequence of the stereo pairs
    cv_left_rectified = cvLoadImage( "5. png",CV_LOAD_IMAGE_GRAYSCALE);
    cv_right_rectified = cvLoadImage( "6. png",CV_LOAD_IMAGE_GRAYSCALE);
    CvSize size = cvGetSize( cv_left_rectified);
```

```
CvMat * disparity_left = cvCreateMat( size. height , size. width , CV_16S ) ;
CvMat * disparity_right = cvCreateMat( size. height , size. width , CV_16S ) ;
CvStereoGCState * state = cvCreateStereoGCState( 16 , 2 ) ;
cvFindStereoCorrespondenceGC( cv_left_rectified ,
cv_right_rectified ,
disparity_left ,
disparity_right ,
  state ,
  0 ) ;
cvReleaseStereoGCState( &state ) ;
    % post − progressing the result
CvMat * disparity_left_visual = cvCreateMat( size. height , size. width , CV_8U ) ;
cvConvertScale( disparity_left , disparity_left_visual , − 16 ) ;
cvSave( "disparity. png" , disparity_left_visual ) ;

cvNamedWindow( "disparity" , 1 ) ;
cvShowImage( "disparity" , disparity_left_visual ) ;
cvWaitKey( 0 ) ;
cvDestroyWindow( "disparity" ) ;
return 0 ;
  }
```

第 12 章　工程应用：基于 OpenCV 的灯脚质量检测

自从白炽灯问世以来，通过一个多世纪的应用和发展，灯泡已成为今天人类最重要的照明光源之一，已广泛适用于道路机动车辆中，前照灯、雾灯和信号灯等的车用灯泡，便是其核心组件之一。为了确保汽车的产品质量，提高安全系数以及用户体验，中华人民共和国国家质量监督检验检疫总局和中国国家标准化管理委员会联合发布了道路机动车辆灯泡尺寸、光电性能要求的强制性国家标准（National Standard GB15766.1-2008），用以对汽车灯泡生产的科学规范，对其质量严格把关。

现有的车用灯泡测量方法有接触性测量和非接触性测量。对于接触性测量，最传统的是人工检测，利用卡尺、量规、万能工具显微镜等进行测量，虽然这些手段有较高的精度，且在工业生产中曾发挥过巨大的作用，但由于劳动强度大，效率低，与现代工业所要求的在线检测、高精度、一体化的要求不符，现已基本淘汰。现在工厂中使用较多的是夹具检测，这些工厂根据自身情况，都有设计出或简单或复杂的夹具系统，可以在流水线上判断灯泡尺寸。但是接触性测量会带来很多不利因素，比如灯泡本身在接触性测量时会由于碰触而产生损伤，一次检测的项目十分有限，所以接触性检测的应用前景十分有限。对于非接触性检测，大致分为两类方法，投影法，机器视觉检测法。投影法是 GB15766.1-2008 所提供的检测方法，该方法精度高，操作简便，但是难以应用于工厂流水线的实际生产。机器视觉检测法具有非接触、柔性好、精度高、速度快、自动化和智能化水平高等优点，可以很好地满足灯丝灯泡的检测要求。

12.1　灯脚质量检测的方案设计

本案例的主要任务是检测 H3 型号车用灯泡灯脚，在工厂生产 H3 型号车用灯泡时，有一个十分重要的环节，就是封装 H3 型号车用灯泡灯脚，其封装前后对比图如图 12-1 所示，其中图 12-1a 为原始灯泡，图 12-1b 为封装后的图片。由于封装盖底部是封闭的，并且有一只灯脚必须焊接在封装盒里面，所以灯脚的长度是必须严格限制的，灯脚太长会挤压到封装片底部以致灯脚弯曲或者断裂甚至短路，灯脚太短便无法封装灯脚。所以本项目将设计一个 H3 型号车用灯泡灯脚检测系统，完成在线实时检测，并对不合格的灯泡进行分类剔除，以满足工厂的实际需求。

如图 12-2 所示，本文根据项目实际需求搭建了一套检测平台，为方便在企业普及使用以及安装，检测平台使用的是工业常用的传送带，该检测平台将红色 LED 环形光源以低角度照射待检测灯泡，再通过垂直于待检测灯泡方向的相机捕获图像，检测完成后，通过判断该灯泡的属性然后控制气阀运动，将相应的灯泡推入到对应的采集盒之中，合格的灯泡将继续前行，做下一步工艺处理。依据企业要求，系统将灯泡做如下分类。

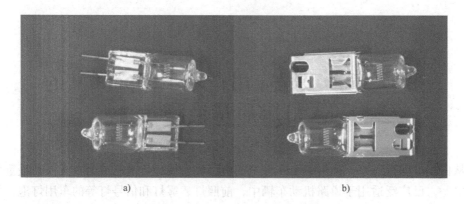

a)   b)

图 12-1　灯泡灯脚封装前后比较

a）原始灯泡图像　b）封装后的灯泡图像

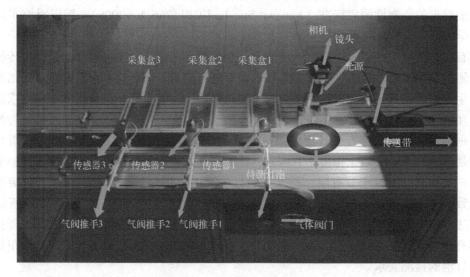

图 12-2　系统结构图

合格产品：双灯脚长度均为 8 mm，误差小于 0.15 mm。

不合格产品：①只有一个灯脚长度合格，存入采集盒 1；②其他不合格产品，存入采集盒 2；③待添加的新分类不合格产品，存入备用采集盒 3。

一般传送带的颜色都为暗镉绿色，由补色原理可知，选用红色光源可以将皮带本身的颜色给掩盖，并且自然界红色光源较少，可以滤除一些杂光干扰。由于灯泡较小，如果集中光线照射灯泡本身可以减少灯泡周围其他物体的反光，降低干扰，由于系统后续进行图像处理时，需要捕获灯泡灯脚与灯泡本体之间的接触面，利用低角度照明方式会相对合适，所以本系统选用红色环形 LED 光源，照明方式为低角度照射。图 12-3 为选取照明光源及照明方式时的实验对比图：图 12-3a 为白色环形 LED 光源照射的效果图，此时皮带显示其本身颜色并有些许泛白，灯泡灯脚与皮带颜色对比度较小；图 12-3b 为蓝色环形 LED 光源照射的效果图，此时皮带显蓝色且颜色不均匀，灯泡灯脚与皮带颜色对比度特别小；图 12-3c 为红色同轴 LED 光源照射的效果图，由于同轴光源本身的原因，此时皮带捕获的颜色为红色并且还呈有玻璃纹理，而且同轴光源也不适合在流水线上安装；图 12-3d 为红色长条 LED 光源照射的效果图，此时皮带颜色呈现黑色,虽然灯泡灯脚与皮带颜色对比度较高,但是显然灯泡周边有不少细小噪声干扰;图 12-3e 为红色环形 LED 光源高角度照射的效果图,此时皮带颜色呈现黑色,虽然灯泡灯脚与皮带颜色对比度较高,但是灯泡灯脚与灯泡本体之间的接触面并未凸显;图 12-3f 为红色环形 LED 光源低角度照射的效果图,此时皮带颜色呈现黑色,而且灯泡灯脚与皮带颜色对比度较高,特别是灯泡灯脚与灯泡本体之间的接触面特别明显。

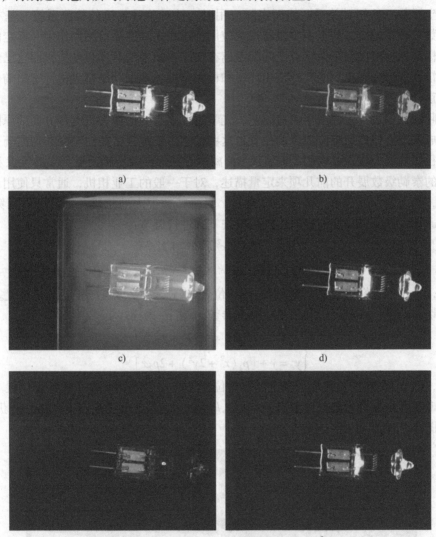

图 12-3 不同照明光源以及照明方式的比较

a)白色环形 LED b)蓝色环形 LED c)红色同轴 LED d)红色长条 LED

e)红色环形 LED 高角度照射 f)红色环形 LED 低角度照射

12.2 灯脚质量检测过程

12.2.1 相机标定

为了将获得的像素信息转换为实际的长度信息,需要对系统进行标定,来矫正偏差,并正确计算每两个像素点之间的距离在实际空间中的具体长度值。

相机标定是机器视觉中非常重要的一环，特别是针对一般的工业相机，利用相机标定，可以有效地去除畸变，并且可以得到相机的内外参数矩阵，由此可以确定空间物体的空间坐标系与其在二维图像中的图像坐标系的相互关系。理论上标定可以捕获内参矩阵、畸变参数矩阵、外参矩阵，然后建立四个坐标系（世界坐标系、摄像机坐标系、图像像素坐标系、图像物理坐标系）的相对关系，然而实际应用时，针对单目相机的检测系统，基本只需使用畸变参数来矫正畸变，甚至不少机器视觉应用公司在实际产品检测操作中，标定的作用仅限于利用标定块标定出两个像素点之间的距离在实际空间中的具体长度值，而这已经可以达到足够的精度。考虑到工厂的实际使用环境和检测精度，本书利用棋盘格标定出畸变参数然后进行矫正。

在实际的成像过程中，由于制造工艺、光学透镜固有的透视失真等各方面的原因，相机上的最终成像点会偏离原来应成像的位置，这些偏移主要包含了径向畸变和切向畸变。

对于径向畸变，成像仪中心的畸变为 0，离中心越远则畸变越明显，一般可以利用 $r=0$ 位置周围的泰勒级数展开的前几项来定量描述，对于一般的工业相机，通常只使用泰勒级数的前两项，其中第一项为 k_1，而第二项为 k_2，对于畸变很大的相机，则可以利用第三项 k_3 来逼近。通常，成像仪某点的径向位置可以按下式进行调节：

$$\begin{cases} x_c = x(1 + k_1 r^2 + k_2 r^4 + k_3 r^6) \\ y_c = y(1 + k_1 r^2 + k_2 r^4 + k_3 r^6) \end{cases} \quad (12\text{-}1)$$

其中，(x,y) 是畸变点在成像仪上的原始位置，(x_c,y_c) 是该点校正后的新位置。

对于切向畸变，一般可以利用两个额外参数 p_1 和 p_2 来描述：

$$\begin{cases} x_c = x + \left[2p_1 y + p_2(r^2 + 2x^2) \right] \\ y_c = y + \left[p_1(r^2 + 2y^2) + 2p_2 x \right] \end{cases} \quad (12\text{-}2)$$

其中，(x,y) 是畸变点在成像仪上的原始位置，(x_c,y_c) 是该点校正后的新位置。

定义畸变参数向量为 k_c，一般有 $k_c = [k_1,k_2,p_1,p_2,k_3]$，利用标定棋盘格，捕获 12 张不同位置的图像，如图 12-4 所示。

图 12-4　标定图片

本文利用角点检测来标定，实际的标定结果如下：

$kc = [\ -0.342443344805118;\ 7.448158391979414;\ 0.006397937251900;\ -0.001658864698950;$
$0.000000000000000\ ]$

利用此标定系数来去畸变，效果如图 12-5 所示，其中，图 12-5a 为其中一张标定图片
的角点示意图，红色十字的交叉点为所检测的角点，图 12-5b 和图 12-5c 分别为原始图片
以及利用上述畸变矩阵去除畸变的效果图。

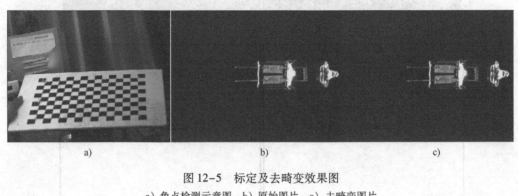

a)　　　　　　　　　　　b)　　　　　　　　　　　c)

图 12-5　标定及去畸变效果图

a）角点检测示意图　b）原始图片　c）去畸变图片

本系统利用 (50 ± 0.0001) mm 的量块进行测量，利用 (20 ± 0.0001) mm 的量块进行验算
和误差估计。系统对每个量块测量 20 次并随机抽取 10 次测量结果计算平均值，对于 $(50 \pm$
$0.0001)$ mm 量块，测量边像素点数均值 $N_1 = 1220$，则一个像素点所代表的实际空间中的长
度 $L_1 = (50/1220)$ mm，对于 (20 ± 0.0001) mm 量块测量边像素点数均值 $N_2 = 487$，长度 $L_2 =$
$(20/487)$ mm，假设，(20 ± 0.0001) mm 的量块的测量误差为 σ_1，每一个像素点实际长度的
误差为 σ_2，对于灯泡的测量，需要测得的最长距离为 8.5 mm，则在测量上的最大误差约
σ_3，而最低测量精度为 $\sigma_4 = 0.15$ mm，通过式（12-3）可以计算得出 σ_1、σ_2、σ_3。通过比
较可以发现，σ_2 远小于 σ_4，可以忽略不计，σ_3 约低于 σ_4 一个数量级，所以，此标定方法
适用于本文所搭建的系统。

$$\begin{cases} \sigma_1 = \left| \dfrac{50}{N_1} \times N_2 - 20 \right| \approx 0.041\ \text{mm} \\[2mm] \sigma_2 = \left| \dfrac{50}{N_1} - \dfrac{20}{N_2} \right| = \left| L_1 - L_2 \right| \approx 1.7 \times 10^{-4}\text{mm} \\[2mm] \sigma_3 = \dfrac{8.5}{20} \times \sigma_1 \approx 0.017\ \text{mm} \end{cases} \quad (12\text{-}3)$$

12.2.2　灯脚图像检测

系统利用所搭建的硬件平台，捕获待检测的灯泡，根据后续处理需要，依次对图像灰度
化、中值滤波、最小误差阈值选择算法进行边缘提取，开运算改良灯脚形状，它们的具体效
果如图 12-6 所示。

图像信号在其形成、传输和记录过程中，由于成像系统、传输介质、工作环境和记录设
备的不完善均会引入噪声而使图像质量下降。我们采用中值滤波进行处理，将图像的每个像

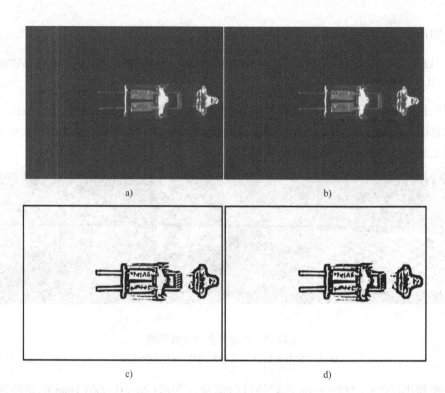

a)   b)

c)   d)

图 12-6   待检测灯泡预处理
a）灰度化　b）中值滤波　c）边缘提取　d）开运算

素用邻域（以当前像素为中心的正方形区域）像素的中值代替。这样可以较好地去除掉灯丝和支架之间的连接部分并且滤除噪声，为接下来的处理做好准备。

```
% 中值滤波处理注意参数为奇数
medianBlur( GrayImg,MedianblurImg,3) ;
```

如图 12-7 所示，边缘信息是重要的图像特征信息，是识别灯脚和测量长度的基础。考虑到实时性，本软件利用自适应二值化对图像进行处理。

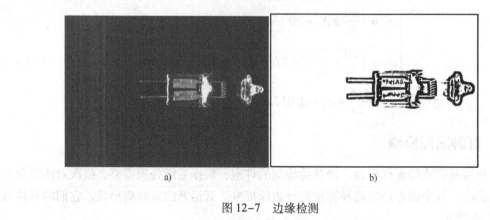

a)   b)

图 12-7   边缘检测
a）原始采集图像　b）自适应二值化

自适应二值化代码如下：

adaptiveThreshold (MedianblurImg, ThresholdingImg, 255 , CV _ ADAPTIVE _ THRESH _ MEAN _ C , CV _

　　THRESH_BINARY , 2 * AdtThrbarPosition + 3 , 5) ;

　　MedianblurImg 表示原始图像（经过中值滤波），ThresholdingImg 表示处理后得到的图像，255 为使用 CV_THRESH_BINARY 和 CV_THRESH_BINARY_INV 的最大值，方法 CV_A-DAPTIVE_THRESH_MEAN_C，先求出块中的均值，再减掉 param1，其中 param1 = 5。CV_THRESH_BINARY 为取阈值类型，2 * AdtThrbarPosition + 3 为用来计算阈值的像素邻域大小，其中 AdtThrbarPosition 表示当前滚动条的值。

　　系统的核心任务是提取到灯脚并进行尺寸判断，图像检测到的灯脚包络轮廓可用一个多边形来表示,如图 12-8a 所示。为了获得灯脚的矩形轮廓,将多边形轮廓的其中一条边与矩形轮廓一条边重合,需先将多边形轮廓旋转至图 12-8b 所示。

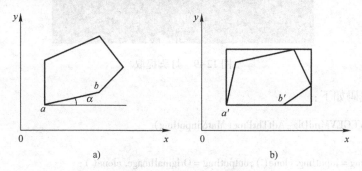

图 12-8　包络矩形示意图

a)灯脚包络轮廓　b)灯脚包络轮廓旋转图

　　在图 12-8a 中取凸多边形中的两点 a 和 b，设 a 点的坐标为 (x_1, y_1)，所述的 b 点的坐标为 (x_2, y_2)，则直线 ab 旋转之前和之后的夹角 α 可由式（12-4）获得：

$$\alpha = \arctan \frac{y_1 - y_2}{x_1 - x_2} \tag{12-4}$$

　　对凸多边形进行旋转时，需要对所述的凸多边形的所有的点进行旋转，则以原点 $(0,0)$ 为旋转中心的多边形逆时针旋转的计算公式可由式（12-5）获得：

$$\begin{pmatrix} x_1' & y_1' \\ \cdots & \cdots \\ x_i' & y_i' \\ \cdots & \cdots \\ x_n' & y_n' \end{pmatrix} = \begin{pmatrix} x_1 & y_1 \\ \cdots & \cdots \\ x_i & y_i \\ \cdots & \cdots \\ x_n & y_n \end{pmatrix} \times \begin{pmatrix} \cos\alpha & \sin\alpha \\ -\sin\alpha & \cos\alpha \end{pmatrix} \tag{12-5}$$

　　其中，(x_i, y_i) 是旋转前图像中的坐标点，(x_i', y_i') 是旋转后图像中的坐标点。据此公式，假设已知旋转中心 $o(x_0, y_0)$，待旋转点 $A(x, y)$，逆时针旋转角度 α，旋转后的点为 $B(x', y')$，则有

$$x' = x_0 + (x - x_0) * \cos\alpha + (y - y_0) * \sin\alpha \tag{12-6}$$

$$y' = y_0 + (x - y_0) * \cos\alpha - (y - y_0) * \sin\alpha \tag{12-7}$$

　　完成旋转计算之后，再求凸多边形的包络矩形，通过计算包络矩形的特征参数判断针脚是否合格。

对于针脚轮廓是凹多边形的情况，可先将凹点以及与凹点相临的两条直线去掉，然后连接两点，即可将其转换为凸多边形，由此对图像进行旋转包络矩形处理。检测到的灯脚如图 12-9 所示。

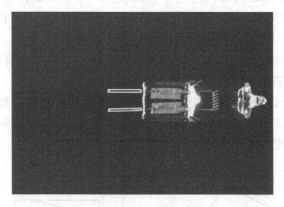

图 12-9　灯脚提取

部分检测代码如下：

```
voidCMVCGEVMiniDlg∷AdtThrProc(Mat&inputImg)
{
    Mat Img = inputImg. clone(), outputImg = OriginalImage. clone();
    int k = 0;
% 循环找出最终得到的两个灯丝矩形
    float rectCenter, distance[2];                    % 圆心和矩阵中心的距离
    Point2f vect[4];                                  % 留给结果矩阵的四个角点
    RotatedRectrectboxR[2];                           % 存储最终得到的两个灯丝矩形
    Mat pointsf; % 为灯脚和灯丝的椭圆拟合和矩形拟合存储每个轮廓的点集矩阵
    % 开辟各字符串存储空间
    char rectCenterStr[30], lengthStr[30], frontdistanceStr[30], peakStr[30];
    vector < vector < Point > > contours;             % 灯丝轮廓存储

    % 在二值化后的图像中查找轮廓
    findContours(Img, contours, CV_RETR_LIST, CV_CHAIN_APPROX_SIMPLE);

    % 显示出轮廓,有助于观察
    DrawImg = Mat∷zeros(inputImg. size(), CV_8UC3);
    for( size_ti = 0;i < contours. size();i + + )
        {
            drawContours(DrawImg, contours, i, Scalar(0,255,255),3,8);
        }
    showimage(DrawImg, IDC_PIC4);

    % 寻找所需矩形
    for( size_ti = 0;i < contours. size();i + + )
```

```
            size_t count = contours[i].size();        % count 为每一个轮廓中的像素定义个数,
                                                       % 为无符号整形
    % 限定轮廓大小,此步骤用于去除像素点个数不符合要求的轮廓
    if( count < 10 || count > 80)
        continue;
            Mat(contours[i]).convertTo(pointsf,CV_32F);    % 将向量型整型点阵转换到 Mat 型浮
                                                           % 点型矩阵,以供后续调用
        RotatedRectrectbox = minAreaRect(pointsf);         % 最小外界倾斜矩阵拟合
                                                           % 数据存储到 rectbox

        % 限定大小,查找矩形
    if(( 25 < min( rectbox. size. height, rectbox. size. width)) || ( min( rectbox. size. height, rectbox. size.
    width) < 5) || ( max( rectbox. size. height, rectbox. size. width) < 100) || ( max( rectbox. size. height, rect-
    box. size. width) > 150))
            {
    continue;
            }
    else
            {
                    % 判断是否为合格的灯脚
    rectbox. points( vect);
        rectboxR[k] = rectbox;
            k++;
            if( k == 2)
                    {
                        k = 0;
                        check[2] = 4;
                    } else
                    {
                    check[2] = 0;
                    }
                    % 画出矩形
                    for( size_t j = 0;j < 4;j++)
                    { line( outputImg,vect[j],vect[(j+1)%4],Scalar(0,255,255),5,8);}


            showimage( outputImg,IDC_PIC2);

    }
```

由于利用灯脚和接触面两者的关系便于判定,而且出错率极低,所以根据检测的分类任务,本文利用检测到的两个灯脚和一个接触面做如下判断。

(1) 合格产品

首先利用矩形限定算法,假设 $R_1. w$、$R_2. w$、$R_3. w$ 分别为两个灯脚和一个接触面的矩形

长度，$R_1.h$、$R_2.h$、$R_3.h$ 分别为两个灯脚和一个接触面的矩形宽度，利用式（12-8）可以限定得出基本符合要求的矩形，然后利用三个拟合矩形的矩形中心的相对位置判断，如式（12-9）所示，其中拟合出的三个矩形的矩形中心坐标值分别为 $R_1(R_1.x, R_1.y)$，$R_2(R_2.x, R_2.y)$，$R_3(R_3.x, R_3.y)$。

$$\begin{cases} 7.5\ \text{mm} < R_1.w < 8.5\ \text{mm} \\ 0.4\ \text{mm} < R_1.h < 1\ \text{mm} \\ 7.5\ \text{mm} < R_2.w < 8.5\ \text{mm} \\ 0.4\ \text{mm} < R_2.h < 1\ \text{mm} \\ 10\ \text{mm} < R_3.w < 12\ \text{mm} \\ 1\ \text{mm} < R_3.h < 3\ \text{mm} \end{cases} \tag{12-8}$$

$$\begin{cases} (5\ \text{mm})^2 < (R_1.x - R_2.x)^2 + (R_1.y - R_2.y)^2 < (6\ \text{mm})^2 \\ (2\ \text{mm})^2 < (R_3.x - R_1.x)^2 + (R_3.y - R_1.y)^2 - (R_3.x - R_2.x)^2 - (R_3.y - R_2.y)^2 < (4\ \text{mm})^2 \end{cases} \tag{12-9}$$

（2）不合格产品

① 方法和合格产品类似，由于只能检测到一个灯脚和接触面，即此时没有矩形 R_2（$R_2.x, R_2.y$），所以检测的公式略有变化，如式（12-10）所示。

$$\begin{cases} 7.5\ \text{mm} < R_1.w < 8.5\ \text{mm} \\ 0.4\ \text{mm} < R_1.h < 1\ \text{mm} \\ 10\ \text{mm} < R_3.w < 12\ \text{mm} \\ 1\ \text{mm} < R_3.h < 3\ \text{mm} \\ (4\ \text{mm})^2 < (R_3.x - R_1.x)^2 + (R_3.y - R_1.y)^2 < (6\ \text{mm})^2 \end{cases} \tag{12-10}$$

② 其他不合格产品，存入采集盒2。

利用灯脚和接触面的相对关系可以很容易、很准确限定出灯脚轮廓，再利用拟合出的矩形直接计算长边就可得出灯脚的长度。图 12-10 举例了几种常见的情况，其中图 12-10a 为矩形限定后合格品的灯脚和接触面，图 12-10b 为确定合格品的灯脚显示图，图 12-10c 为矩形限定后不合格品①的灯脚和接触面，图 12-10d 为确定不合格品①的灯脚，图 12-10e 为不合格品②的矩形拟合图，图 12-10f 为接触面在无灯脚灯泡上的显示图。

12.2.3 灯脚检测界面及结果分析

本案例是针对车用灯泡检测系统利用机器视觉的相关检测方法而编写的，系统的硬件为 PC，且 PC 处理器的硬件内存为 2.0 GHz，主频为 3.2 GHz，系统的软件为 VS2012，利用 C++编程，基于 MFC 编写的对话框应用程序，其中也加入了 OpenCV 函数库。整个系统利用远心镜头搭配 CCD 获取图像，然后针对灯丝灯泡的实际情况进行一系列的图像处理。在实际应用中，该方法较传统的测量方法具有测量速度快、精度高的优点，并且可移植性较好，可以广泛应用于其他零件的测量之中，对于灯泡灯脚的检测具有重要意义。软件的初始界面如图 12-11 所示，包含了图像显示区域、PLC 状态区域、相机参数区域、相机操作区域、采集图像信息区域和产品计数信息区域。

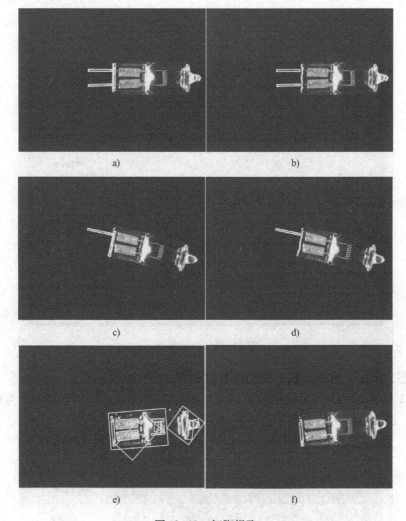

图 12-10　灯脚提取

a）合格品的灯脚和接触面　b）合格品的灯脚　c）不合格品①灯脚和接触面
d）不合格品①灯脚　e）不合格品②矩形拟合图　f）无灯脚灯泡的接触面

　　图像显示区域包含原始采集图像和结果显示图像，原始采集图像用于显示实时捕获到的图像，便于观察实际视场范围内的情况，结果显示图像中可以设置实际轮廓提取时的阈值参数，图像阈值是可以在 1～100 任意选择的，可以拖动滚动条或者点击滚动条两端的三角符号，具体阈值也会在阈值状态显示栏中显示，并在图像中直观地显示捕获到的灯脚，便于观察和修改阈值。其中，系统利用 CreateThread（NULL，0，Processfunc，this，0，&ThreadId）函数开辟一个新的线程用于显示图像，在线程中利用 CreateEvent（NULL，FALSE，FALSE，NULL）创建自动重置的事件对象进行线程同步，显示图像利用本案例编写的 showimage（Mat&image，int IDC）函数进行具体显示处理，重写 OnHScroll（UINT nSBCode，UINT nPos，CScrollBar * pScrollBar）函数以控制滚动条。采集图像信息区域主要显示图像采集帧率，处理图像并实时显示的帧率，采集的图像总数，数据传输的带宽值以及每一帧图像的宽和高。产品计数信息区域主要显示测得的合格数和不合格数，当单击"开始计数"时才会

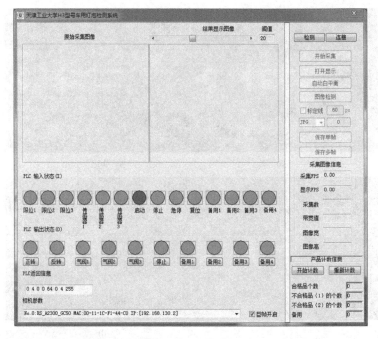

图 12-11　初始界面

进入计数状态，单击"重新计数"便会将数据清零。

图 12-12 与图 12-13 为系统测试运行时随机捕获的状态。其中图 12-12 为检测到合格品时的情况，图 12-13 为检测到不合格品时的情况。

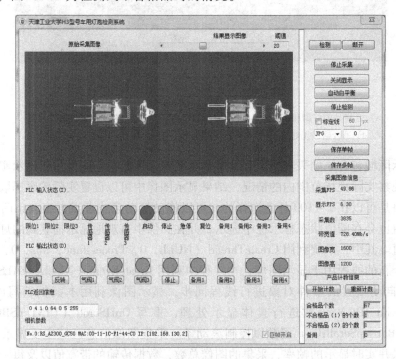

图 12-12　合格品处理界面

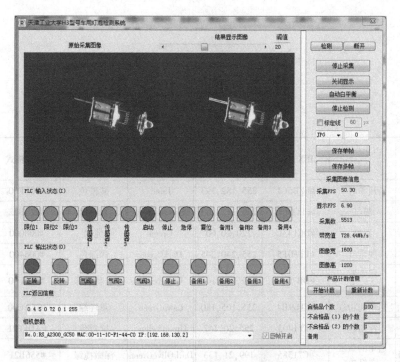

图 12-13　不合格品处理界面

附录 颜色集

英文颜色代码	中文颜色形象名称	HEX 格式	RGB 格式	英文颜色代码	中文颜色形象名称	HEX 格式	RGB 格式
LightPink	浅粉红	#FFB6C1	255,182,193	Lime	酸橙色	#00FF00	0,255,0
Pink	粉红	#FFC0CB	255,192,203	ForestGreen	森林绿	#228B22	34,139,34
Crimson	猩红	#DC143C	220,20,60	Green	纯绿	#008000	0,128,0
LavenderBlush	淡紫红	#FFF0F5	255,240,245	DarkGreen	深绿色	#006400	0,100,0
PaleVioletRed	浅紫罗兰红色	#DB7093	219,112,147	Chartreuse	查特酒绿	#7FFF00	127,255,0
HotPink	热情的粉红	#FF69B4	255,105,180	LawnGreen	草坪绿	#7CFC00	124,252,0
DeepPink	深粉色	#FF1493	255,20,147	GreenYellow	绿黄色	#ADFF2F	173,255,47
MediumVioletRed	适中的紫罗兰红色	#C71585	199,21,133	DarkOliveGreen	深橄榄绿	#556B2F	85,107,47
Orchid	兰花的紫色	#DA70D6	218,112,214	YellowGreen	黄绿色	#9ACD32	154,205,50
Thistle	蓟紫	#D8BFD8	216,191,216	OliveDrab	橄榄土褐色	#556B2F	85,107,47
plum	紫红色	#DDA0DD	221,160,221	Beige	米色（浅褐色）	#6B8E23	107,142,35
Violet	紫罗兰	#EE82EE	238,130,238	LightGoldenrodYellow	亮菊黄	#FAFAD2	250,250,210
Magenta	洋红	#FF00FF	255,0,255	Ivory	象牙黄	#FFFFF0	255,255,240
Fuchsia	灯笼海棠（紫红色）	#FF00FF	255,0,255	LightYellow	浅黄色	#FFFFE0	255,255,224
DarkMagenta	深洋红色	#8B008B	139,0,139	Yellow	纯黄	#FFFF00	255,255,0
Purple	紫色	#800080	128,0,128	Olive	橄榄色	#808000	128,128,0
MediumOrchid	适中的兰花紫	#BA55D3	186,85,211	DarkKhaki	深卡其布	#BDB76B	189,183,107
DarkViolet	深紫罗兰色	#9400D3	148,0,211	LemonChiffon	柠檬薄纱	#FFFACD	255,250,205
DarkOrchid	深兰花紫	#9932CC	153,50,204	PaleGoldenrod	灰菊黄	#EEE8AA	238,232,170
Indigo	靛青	#4B0082	75,0,130	Khaki	卡其布	#F0E68C	240,230,140
BlueViolet	深紫罗兰的蓝色	#8A2BE2	138,43,226	Gold	金	#FFD700	255,215,0
MediumPurple	适中的紫色	#9370DB	147,112,219	Cornsilk	玉米色	#FFF8DC	255,248,220
MediumSlateBlue	适中板岩暗蓝灰色	#7B68EE	123,104,238	GoldEnrod	鲜黄色	#DAA520	218,165,32
SlateBlue	板岩暗蓝灰色	#6A5ACD	106,90,205	DarkGoldEnrod	深秋黄色	#B8860B	184,134,11
DarkSlateBlue	深岩暗蓝灰色	#483D8B	72,61,139	FloralWhite	花白色	#FFFAF0	255,250,240
Lavender	熏衣草花的淡紫色	#E6E6FA	230,230,250	OldLace	旧蕾丝色	#FDF5E6	253,245,230

266

英文颜色代码	中文颜色形象名称	HEX 格式	RGB 格式	英文颜色代码	中文颜色形象名称	HEX 格式	RGB 格式
GhostWhite	幽灵的白色	#F8F8FF	248,248,255	Wheat	小麦色	#F5DEB3	245,222,179
Blue	纯蓝	#0000FF	0,0,255	Moccasin	鹿皮鞋	#FFE4B5	255,228,181
MediumBlue	适中的蓝色	#0000CD	0,0,205	Orange	橙色	#FFA500	255,165,0
MidnightBlue	午夜的蓝色	#191970	25,25,112	PapayaWhip	番木色	#FFEFD5	255,239,213
DarkBlue	深蓝色	#00008B	0,0,139	BlanchedAlmond	白杏仁色	#FFEBCD	255,235,205
Navy	海军蓝	#000080	0,0,128	NavajoWhite	土白色	#FFDEAD	255,222,173
RoyalBlue	皇家蓝	#4169E1	65,105,225	AntiqueWhite	古董白色	#FAEBD7	250,235,215
CornflowerBlue	矢车菊的蓝色	#6495ED	100,149,237	Tan	黑褐色	#D2B48C	210,180,140
LightSteelBlue	淡钢蓝	#B0C4DE	176,196,222	BurlyWood	硬木色	#DEB887	222,184,135
LightSlateGray	浅石板灰	#778899	119,136,153	Bisque	橘黄色	#FFE4C4	255,228,196
SlateGray	石板灰	#708090	112,128,144	DarkOrange	深橙色	#FF8C00	255,140,0
DodgerBlue	道奇蓝	#1E90FF	30,144,255	Linen	亚麻布色	#FAF0E6	250,240,230
AliceBlue	爱丽丝蓝	#F0F8FF	240,248,255	Peru	秘鲁褐	#CD853F	205,133,63
SteelBlue	钢蓝	#4682B4	70,130,180	PeachPuff	桃色	#FFDAB9	255,218,185
LightSkyBlue	淡天蓝色	#87CEFA	135,206,250	SandyBrown	沙棕色	#F4A460	244,164,96
SkyBlue	天蓝色	#87CEEB	135,206,235	Chocolate	巧克力色	#D2691E	210,105,30
DeepSkyBlue	深天蓝	#00BFFF	0,191,255	SaddleBrown	马鞍棕色	#8B4513	139,69,19
LightBLue	淡蓝	#ADD8E6	173,216,230	SeaShell	海贝壳色	#FFF5EE	255,245,238
PowDerBlue	粉蓝	#B0E0E6	176,224,230	Sienna	黄土赭	#A0522D	160,82,45
CadetBlue	军校蓝	#5F9EA0	95,158,160	LightSalmon	浅鲜肉（鲑鱼）色	#FFA07A	255,160,122
Azure	蔚蓝色	#F0FFFF	240,255,255	Coral	珊瑚色	#FF7F50	255,127,80
LightCyan	淡青色	#E1FFFF	225,255,255	OrangeRed	橙红色	#FF4500	255,69,0
PaleTurquoise	浅绿宝石色	#AFEEEE	175,238,238	DarkSalmon	深鲜肉（鲑鱼）色	#E9967A	233,150,122
Cyan	青色	#00FFFF	0,255,255	Tomato	番茄色	#FF6347	255,99,71
Aqua	水绿色	#00FFFF	0,255,255	MistyRose	浅玫瑰色	#FFE4E1	255,228,225
DarkTurquoise	深绿宝石	#00CED1	0,206,209	Salmon	鲜肉（鲑鱼）色	#FA8072	250,128,114
DarkSlateGray	深石板灰	#2F4F4F	47,79,79	Snow	雪色	#FFFAFA	255,250,250
DarkCyan	深青色	#008B8B	0,139,139	LightCoral	淡珊瑚色	#F08080	240,128,128
Teal	蓝绿色	#008080	0,128,128	RosyBrown	玫瑰棕色	#BC8F8F	188,143,143
MediumTurquoise	适中的绿宝石	#48D1CC	72,209,204	IndianRed	印度红	#CD5C5C	205,92,92
LightSeaGreen	浅海洋绿	#20B2AA	32,178,170	Red	纯红	#FF0000	255,0,0
Turquoise	绿宝石	#40E0D0	64,224,208	Brown	棕色	#A52A2A	165,42,42
Aquamarine	绿玉，碧绿色	#7FFFAA	127,255,170	FireBrick	耐火砖色	#B22222	178,34,34

英文颜色 代码	中文颜色 形象名称	HEX 格式	RGB 格式	英文颜色 代码	中文颜色 形象名称	HEX 格式	RGB 格式
Medium- Aquamarine	适中的碧绿色	#66CDAA	102,205,170	DarkRed	深红色	#8B0000	139,0,0
Medium- SpringGreen	适中的春 绿色	#00FA9A	0,250,154	Maroon	栗色	#800000	128,0,0
MintCream	薄荷色	#F5FFFA	245,255,250	White	纯白	#FFFFFF	255,255,255
SpringGreen	春绿色	#00FF7F	0,255,127	WhiteSmoke	白烟	#F5F5F5	245,245,245
MediumSeaGreen	适中的海洋绿	#3CB371	46,139,87	Gainsboro	淡灰色	#DCDCDC	220,220,220
SeaGreen	海洋绿	#2E8B57	46,139,87	LightGrey	浅灰色	#D3D3D3	211,211,211
Honeydew	蜜色	#F0FFF0	240,255,240	Silver	银白色	#C0C0C0	192,192,192
LightGreen	淡绿色	#90EE90	144,238,144	DarkGray	深灰色	#A9A9A9	169,169,169
PaleGreen	浅绿色	#98FB98	152,251,152	Gray	灰色	#808080	128,128,128
DarkSeaGreen	深海洋绿	#8FBC8F	143,188,143	DimGray	暗淡的灰色	#696969	105,105,105
LimeGreen	酸橙绿	#32CD32	50,205,50	Black	纯黑	#000000	0,0,0

参 考 文 献

[1] 何明一, 卫保国. 数字图像处理 [M]. 北京: 科学出版社, 2008.

[2] 张铮, 徐超, 任淑霞, 等. 数字图像处理与机器视觉 [M]. 北京: 人民邮电出版社, 2016.

[3] Rafael C Gonzalez, Richard E Woods. Digital Image Processing [M]. 3rd ed. 北京: 电子工业出版社, 2015.

[4] 詹青龙, 卢爱芹, 李立宗, 等. 数字图像处理技术 [M]. 北京: 清华大学出版社, 2010.

[5] 朱虹, 蔺广逢, 欧阳光振. 数字图像处理基础与应用 [M]. 北京: 清华大学出版社, 2012.

[6] 张德丰. 数字图像处理 MATLAB 版 [M]. 北京: 人民邮电出版社, 2015.

[7] 陈莉. 数字图像处理算法研究 [M]. 北京: 科学出版社, 2016.

[8] 孙正. 数字图像处理技术及应用 [M]. 北京: 机械工业出版社, 2016.

[9] 曹茂勇. 数字图像处理 [M]. 北京: 机械工业出版社, 2016.

[10] 张国云. 数字图像处理及工程应用 [M]. 西安: 西安电子科技大学出版社, 2016.

[11] 王一丁, 李琛, 王蕴红. 数字图像处理 [M]. 西安: 西安电子科技大学出版社, 2015.

[12] 禹晶, 孙卫东, 肖创柏. 数字图像处理 [M]. 北京: 机械工业出版社, 2015.

[13] 张培珍. 数字图像处理及应用 [M]. 北京: 北京大学出版社, 2015.

[14] Wilhelm Burger, Mark J Burge. 数字图像处理基础 [M]. 金名, 等译. 北京: 清华大学出版社, 2015.

[15] 刘衍琦, 詹福宇. MATLAB 图像与视频处理实用案例详解 [M]. 北京: 电子工业出版社, 2015.

[16] 宋丽梅, 罗菁, 等. 模式识别 [M]. 北京: 机械工业出版社, 2015.

[17] 张良均, 杨坦, 肖刚, 等. MATLAB 数据分析与挖掘实践 [M]. 北京: 机械工业出版社, 2015.

[18] Barnea DI, Solverman HF. A Class of Algorithms for Fast Digital Image Registration [J]. IEEE TRANSACTIONS ON COMPUTERS, 1972.

[19] 赵启. 图像匹配算法研究 [D]. 西安: 西安电子科技大学, 2013.

[20] 陈皓, 马彩文, 陈岳承, 等. 基于灰度统计的快速模板匹配算法 [J]. 光子学报, 2009.

[21] 杨小冈, 曹摘菲, 缪栋, 等. 基于相似度比较的图像灰度匹配算法研究 [J]. 系统工程与电子技术, 2005.

[22] 高艳艳. 双目内窥镜三维重建方法的研究 [D]. 天津工业大学, 2016.

[23] Song L M, Gao Y Y, Zhu X J, et al. A 3D measurement method based on multi – view fringe projection by using a turntable [J]. OPTOELECTRONICS LETTERS, 2016, 12 (5): 0389 – 0393.

[24] Song L M, Li J, Qiao C Z, et al. High – precision spring 3D visual inspection and comprehensive error comparison [J]. Guangxue Jingmi Gongcheng/Optics and Precision Engineering, 2016, 24 (10): 613 – 621.

[25] Song L M, Wang P Q, Xi J T, et al. Multi – view coordinate system transformation based on robot [J], Optoelectronics Letters, 2015, 11 (6): 473 – 476.

[26] Song L M, Li Z Y, Chen C M, et al. A correction method of color projection fringes in 3D contour measurement [J]. Optoelectronics Letters, 2015, 11 (4): 303 – 306.

[27] Song L M, Wang P Q, Chang Y L, et al. A non – contact real – time measurement of lamp dimension based on machine vision [J]. Optoelectronics Letters, 2015, 11 (2): 145 – 148.

[28] 宋丽梅, 覃名翠, 杨燕罡, 等. 激光视觉方法用于检测齿轮加工误差 [J]. 光电工程, 2015, (01):

1 – 5.

[29] Song L M, Qin M C, Li Z Y, et al. A non – contact gear measurement method based on laser vision [J]. Optoelectronics Letters, 2014, 10 (3)：237 – 240.

[30] Song L M, Li D P, Qin M C, et al. Research on high – precision hole measurement based on robot vision method [J]. Optoelectronics Letters, 2014, 10 (5)：378 – 382.

[31] Song L M, Li Z Y, Chang Y L, et al. A color phase shift profilometry for the fabric defect detection [J] Optoelectronics Letters, 2014, 10 (4)：308 – 312.

[32] Song L M, Li D P, Chang Y L, et al. Steering knuckle diameter measurement based on optical 3D scanning [J]. Optoelectronics Letters, 2014, 10 (6)：473 – 476.

[33] Song L M, Dong X X, Xi J T, et al. A new phase unwrapping algorithm based on Three Wavelength Phase Shift Profilometry method [J]. Optics and Laser Technology, 2013, 45：319 – 329.

[34] 宋丽梅, 陈昌曼, 陈卓, 等. 环状编码标记点的检测与识别 [J]. 光学精密工程, 2013, 21 (12)：3239 – 3247.

[35] Song L M, Man C C, Zhuo C, et al. Essential parameter calibration for the 3D scanner with only single camera and projector [J]. Optoelectronics Letters, 2013, 9 (2)：143 – 147.

[36] 宋丽梅, 陈昌曼, 张亮, 等. 高精度全局解相在多频率三维测量中的应用 [J]. 光电工程, 2012, 39 (12)：18 – 25.

[37] Song L M, Yang C K, Dong X X, et al. Information Collection and Fast Modeling Technique for Dynamic Object [J]. Procedia Engineering, 2012, 29：4307 – 4312.

[38] Song L M, Zhang C B, Ying W Y, et al. Technique for calibration of chassis components based on encoding marks and machine vision metrology [J]. Optoelectronics Letters, 2011, 7 (1)：0061 – 0064.

[39] 宋丽梅, 董虓霄, 张春波, 等. 一种新型机器视觉教学系统的应用 [J]. 现代教育技术, 2011, 21 (06)：126 – 128.

[40] Song L M, Lu L, Huang J H. 3D image system based on novel grating matching method [J]. Journal of Information and Computational Science, 2008, 5 (3)：1023 – 1030.

[41] Song L M, Huang J H, Hu L Q. 3D visualization technique of human organs [J]. Journal of Information and Computational Science, 2008, 5 (2)：481 – 488.

[42] Song L M, Wang M P, Lu L, et al. High precision camera calibration in vision measurement [J]. Optics and Laser Technology, 2007, 39 (7)：1413 – 1420.

[43] Song L M, Qu X H, Ye S H. Improved SFS 3D measurement based on BP neural network [J]. Image and Vision Computing, 2007, 25 (5)：614 – 622.

[44] Song L M, Wang D N. A novel grating matching method for 3D reconstruction [J]. NDT & E International, 2006, 39 (4)：282 – 288.

[45] Song L M, Wang D N, et al. Auto – detection of strip area in 3D measurement [J]. NDT & E International, 2006, 39 (2)：117 – 122.

[46] 宋丽梅, 周兴林, 徐可欣, 等. 基于单幅测量图像的三维缺陷检测技术 [J]. 光学学报（Acta Optica Sinica）, 2005, 25 (9)：1195 – 1200.

[47] Song L M, Qu X H, Yang Y G, et al. Application of structured lighting sensor for online measurement [J]. Optics and Lasers in Engineering, 2005, 43 (10)：1118 – 1126.

[48] Song L M, Qu X H, et al. Three – dimensional measurement and defect detection based on single image [J]. Journal of Optoelectronics and Advanced Materials, 2005, 7 (2)：1029 – 1038.

[49] Li Z Y, Song L M, Xi J T, et al. A stereo matching algorithm based on SIFT feature and homography matrix [J]. Optoelectronics Letters, 2015, 11 (5)：390 – 394.